西南民族大学优秀学术文库

藏兽医

医药知识选编

陈朝喜　汤　承　岳　华　主编

中国农业出版社

图书在版编目（CIP）数据

藏兽医医药知识选编/陈朝喜，汤承，岳华主编
.—北京：中国农业出版社，2016.11
ISBN 978-7-109-21866-6

Ⅰ.①藏… Ⅱ.①陈…②汤…③岳 Ⅲ.①藏医－中兽医学 Ⅳ.①S853

中国版本图书馆 CIP 数据核字（2016）第 152567 号

中国农业出版社出版
（北京市朝阳区麦子店街 18 号楼）
（邮政编码 100125）
责任编辑 周锦玉

北京中兴印刷有限公司印刷 新华书店北京发行所发行
2016 年 11 月第 1 版 2016 年 11 月北京第 1 次印刷

开本：720mm×960mm 1/16 印张：15.25
字数：268 千字
定价：60.00 元

编 写 人 员

主 编 陈朝喜 汤 承 岳 华

参 编（按姓氏笔画排序）

王 利 王 前 王文佳 邓世金

兰道亮 师志海 任志华 刘 群

孙 艳 李 丹 余忠华 张 斌

林宝山 罗 彬

本书有关用药的声明

兽医科学是一门不断发展的学科，标准用药安全注意事项必须遵守。但随着科学研究的发展及临床经验的积累，知识也不断更新，因此治疗方法及用药也必须或有必要做相应的调整。建议读者在使用每一种药物之前，参阅厂家提供的产品说明以确认推荐的药物用量、用药方法、所需用药的时间及禁忌等。医生有责任根据经验和对患病动物的了解决定用药量及选择最佳治疗方案。

本书为对藏兽医领域医药知识、验方、偏方等的整理和选编，读者须根据实际需要，在执业兽医的指导下参考选用。出版社和作者对任何在治疗中所发生的对患病动物和/或财产所造成的伤害不承担任何责任。

中国农业出版社

前　言

藏兽医学是祖国兽医学的重要组成部分，历史悠久，诊疗方案独特，内容丰富翔实，是藏族劳动人民在长期的畜禽疾病防治实践中吸取传统中医理论与外来医学的精华，结合藏区特点建立和发展起来的具有独特理论体系和丰富临床实践经验的民族兽医学，对于防治畜禽疾病和减少家畜死亡，保证藏族牧区畜牧业的健康持续发展做出了重大贡献。新中国成立后，相关单位组织和编写的《藏兽医经验选编》《藏兽医验方选》和《高原中草药治疗手册》等藏兽医药学专著总结了藏兽医领域经典的藏兽医验方和偏方。然而，在验方和偏方的收集过程中，由于各种客观原因和条件的限制，对藏兽医验方的收集和整理仅局限在川西北高原畜牧业发达的地区（如阿坝藏族羌族自治州的若尔盖县和甘孜藏族自治州的色达县），很多藏兽医古方和验方只采用口传心授方式传承，使得藏兽医验方资源的发展和传承受到一定的限制，严重制约了藏兽医医药的发展和进一步推广。

为了不断收集整理、总结和分享藏兽医经验，及时将现代兽医药理学和毒理学理论应用到藏兽医领域，为川西北高原地区的兽医工作者提供较为系统完整的藏兽医药学资料，本书编者深入藏族地区，对藏兽医验方和偏方进行调研和收集，以期使宝贵的藏兽医验方得到系统的整理，对藏兽医资源进行发掘并加以推广，为藏兽医经验在藏区发展和传播提供依据，促进藏兽医文化传承，同时为藏兽医验方的现代药理学研究奠定基础。在编写过程中，本书强调科学性、先进性和实用性：首先，本书考虑民族地区的实际情况，同时兼顾现代药理学试验技术和研究方法的更新和发展，强调藏兽医医药知识的普及和提高；其次，本书针对藏族地区独特的药物资源优势，力求在编写中体现其用药特点及组方特色，强调其推广性和实用性；再者，本书结合现代药理学方法，以专题研究资料形式摘编部分藏兽医验方，以便于读者更好地学习掌握基本研究思路和方法，在试验设计和深层次的药效学和药动学研究时有所借鉴。本书可供广大藏兽医工作者参考。

本书在编写和方剂收集过程中，得到了四川省若尔盖县红星乡兽医站、阿坝州畜牧科学技术研究所、四川省甘孜州畜牧局、四川农业大学、阿坝藏族羌族自治州动物疫病预防控制中心，以及四川省黑水县农业畜牧和水务局等单位的支持，在此一并表示谢意！

由于作者水平有限，在编写过程中虽多次修改和补充，但表述不当和疏漏之处在所难免。此外，对书中引用的文献作者未能做到全面答谢，敬请见谅。同时，恳请广大读者多提宝贵意见，敬请各位斧正。

编　者

2015年4月于成都

目　　录

第一章　藏兽医学基本知识

第一节　藏兽医学的形成和发展

藏兽医学是祖国医学的一个分支，也是祖国兽医学的重要组成部分。藏兽医学与藏医藏药的发展有着极为密切的关系，它是随藏医学的产生而产生、发展而发展的，是藏族劳动人民在长期的医疗实践中，吸取中医理论与外来医学的精华，再结合本地区的特点建立起来的具有独特理论体系的民族兽医学。这一理论体系，先后由西藏传播到青海、甘肃、四川、云南、新疆等广大藏族同胞居住地区，对防治畜禽疾病、减少畜禽死亡发挥了积极的作用，为这些地区的畜牧兽医事业发展做出了重大贡献。

藏兽医学历史悠久，最早产生于 1 300 多年以前。据藏医史书《索日廓布》记载，早在西藏第一个统治者——聂赤赞布时代，藏区人民就有了药物的概念。公元 3 世纪时，已涌现出不少著名藏医，如董吉托觉、洛朱钦布和洛朱从美等。公元 6 世纪左右，中医学对藏医已开始产生影响。公元 7 世纪初期，松赞干布统一西藏后，其大臣叶咪三扎波创造了藏文。松赞干布非常重视医学的发展，聘请了内地著名中医韩文海、印度名医巴热达扎和波斯名医喀列那到西藏讲学传医，培养医才，他们一边行医，一边培训医徒，并编写了《民吉村卡》等医学书籍。这部医书兼收了中医药学、印度医学和波斯医学的长处，记载了 5 种诊法、6 种治法和 408 个处方的应用。值得一提的是，据《吐蕃王朝世系明鉴》记载：公元 641 年唐朝文成公主进藏，带去了百工技艺人员和大批书籍，带进了文学、艺术、医学、星算、农耕、纺织等技术。这批医书到达西藏后，由医生哈相、马和德和达马郭嘎等将其译成藏文，取名为《医学大全》。公元 710 年，金城公主进藏，又带去了一部分医书，并请一些内地医师著书立论、传播医学，这些都说明中医对藏医的发展起着重要的推动作用。

公元 8 世纪，藏医玛哈金纳、觉拉孟巴等与一个汉族医师共同编成《月王药诊》，成为藏医史上的第二部著名医书。藏医中更有成就的是玉妥·元丹贡布，他不仅广泛收集民间医疗经验，曾到印度和我国藏南、日喀则、西康、山西的五台山等地行医考察，而且结合国内外医学成果，历时 20 多年，吸收《医学大全》《无畏的武器》和《月王药诊》等著作的精华，总结藏医药的临床经验，收载中医药学、印度医学和波斯医学的内容，编写成《居悉》4 部医典，形成了藏医学的独特理论体系，为藏医学的发展做出了重大贡献。

《居悉》内容极为丰富，全书共分四卷，是藏医学的经典著作。第一卷《扎据》（藏语），对生理、病理、诊断、治疗都进行了详细论述；第二卷《协据》（藏语），主要介绍了卫生、预防、药性、配方等医学知识；第三卷《门阿据》（藏语），主要介绍诊断、防治方法的秘方；第四卷《其玛据》（藏语），主要介绍药物的加工、制作、功能、用法等各种专论，附有彩色解剖、药物图谱 76 张。同时，玉妥·元丹贡布还编写了关于诊治马病的兽医专册，对于常见的 30 余种马病都有较详细的论述，各病还附有病马图谱，形象生动。据《白玛嘎莫》记载：金城公主之子赤松德赞不但重视人医的发展，也非常重视兽医的发展，曾从内地聘请了著名兽医到藏区行医讲学并著书立说，对藏兽医药的发展起了重要的推动作用。这些著名兽医在行医讲学的同时，共同编写了《论马宝珠》和《医马论》两部书籍，成为藏兽医药史上最早的藏兽医药专著。公元 11 世纪末或 12 世纪初，藏医药学家老宇妥·元丹贡布的第 13 代后裔小宇妥·元丹贡布在他所著的《七美那真》一书中叙述了牛肺疫的防治方药——"洛则"（藏语），还记载有马病的防治经验。其后一位名叫元旦加措的人在其著作《参德则根》也叙述了畜病的防治经验，提出了有关牛的口蹄疫、马的腹痛病、家畜中毒和牛羊病的防治方法。这些有关藏区畜牧兽医方面的古农书，为我们研究藏兽医本草医药提供了宝贵的参考资料。

公元 1253 年以后的 300 多年间，元朝统一全国，结束了西藏的分割局面，建立政权，兴学设站，大大促进了藏医的发展，随之形成了南北医学派别。南方学派以素卡吁及萨迦药城的当地学派等为代表，擅长用一些清热药物治病；北方学派以师强巴及其弟子米尼玛、土娃顿殿为代表，总结了"六边四法"的教学经验，擅长用温热药物治病。这些学派各有特点，医术各有风格，对藏医的发展、提高都起到了一定的推动作用。

为了不断培训医徒，1753 年在拉萨建立了"甲果日"（即药王山寺）。1811 年，罗桑曲扎、次旺旦巴等，陆续编写了《平德宁布》《平德彭扎》《平德恰君》等医书。1840 年，帝麻尔·丹增彭措编写了《协称》（意为"晶珠本草"）和《拉林吉堆》（意为"实践集"）。1844 年，久民彭·郎杰加措编写了《计堆、彭德旁堆》和《森弟计堆》。1885 年，嘎玛俄利·丹增编写了《埃》和《旺》，嘎玛俄利·丹增写了《其美罗珍》。这些藏医学著作，不仅推动了藏医学藏药学的发展，而且丰富了祖国医学宝库，为后世医家提供了可贵的资料。1915 年，在拉萨建立了藏医、星算的综合学校“门孜康”。

藏兽医学具有悠久的历史和丰富的经验。但是受历史条件的限制，未能得到应有的发展，不少宝贵经验被埋没失传，同时也难免掺进了不少糟粕，特别是后期被宗教寺院所垄断，受到了压制和摧残，民间兽医被歧视，使藏兽医药学长期处于停滞不前的状态，几乎到了濒临灭绝的境地。导致藏区疫病流行，牲畜大批死亡，畜牧业生产受到严重破坏，劳动人民生活极端痛苦。新中国成立后，藏兽医获得了新生，推翻了三大领主的反动统治，实行了民主改革，百万农奴翻身做了主人，藏兽医学又回到劳动人民手中，在党的关怀下，出版了有关兽医书籍，培养了大批兽医人员，使藏兽医事业得到了蓬勃发展。从 1960 年开始，著名民族教育家、藏兽医专家罗让尼玛先生在阿坝州展开藏兽医相关职业教育，对川西北藏区藏兽医学的发展和发扬光大起到了非常重要的作用，也为发展藏区教育事业探索出了一条崭新的道路。

随着改革开放政策的实施和西部大开发战略的逐步推进，藏区的经济发展、医疗卫生、旅游文化和教育等领域都取得了可喜的成绩，尤其在养殖业领域，动物疫病防控体系不断完善，养殖水平也得到了大大改善和提高，藏区同胞结合区域优势发展的特色养殖和畜产品加工等产业，在国内外市场都占有相当的份额。此外，国家也非常重视藏族地区藏兽医学教育和畜牧兽医领域人才的培养，如西南民族大学从 2014 年起启动了针对甘孜藏族自治州进行藏汉双语学生招生和培养的计划，阿坝州中等职业学校设立了藏兽医学专业，对藏区的快速发展和藏族同胞生活水平的提高发挥着举足轻重的作用。

第二节　藏兽医学的基本理论

一、生　　理

（一）五行学说的衍用

1. 大五行与畜体　藏族古代哲学认为，土、水、火、风（气）和空（空间）是构成自然界的五大要素，简称大五行。藏兽医认为它们是构成整个生命活动的基本物质，并将此五大要素寓于畜体，用以说明生理、病理现象，并由此引出治疗法则，从而构成藏兽医学基本理论的核心，万物生长都离不开它：无土，无所依存；无水，无以滋润；无火，无以成熟；无气，无以生息；无空间，无以存身和发展。

藏兽医将畜体的生理要素，概括为“龙”“赤巴”和“白干”三种物质，简称为三体。“龙”，意为“气”“风”，简称“气”。“赤巴”，意为“胆火”，泛指诸“火”，简称“火”。“白干”，意为“土”“水”，简称“水”。大五行的内容寓于三体之中，即“龙”是“风”、“赤巴”是“火”、“白干”是“土”和“水”，“空间”则使脏腑及诸器官各得其所。

2. 小五行与畜体 藏兽医也沿用中医学和中兽医学中木、火、土、金、水的五行学说，简称小五行。小五行与脏腑的对应关系及小五行的相生相克，基本上保持了中兽医学有关理论的原貌（表1）。

表1 小五行与脏腑的对应关系

小五行	五脏	五腑	五窍	五色	五时
木	肝	胆	目	青	春72天
火	心	小肠	舌	赤	夏72天
土	脾	胃	唇	黄	四季中每季所余的18天，合计亦为72天
金	肺	大肠	鼻	白	秋72天
水	肾	膀胱	耳	黑	冬72天

小五行之间的相生相克关系，藏兽医用“我、子、友、敌、母”五个字来形容。“我”即本脏；“我”所生为“子”；生“我”者为“母”；“我”克者为“友”；克“我”者为“敌”。以五行中的“木”为例，“木”为“我”，“水”为“木”之“母”，“火”为“木”之“子”，“土”为“木”之“友”，“金”为“木”之敌，余脏以此类推。这种以五行生克表示的脏腑关系，反映了人们对脏腑间生理的和病理的诸方面关系的朴素认识，并由此产生明确的施治原则，对兽医临床也有一定的指导意义，至今仍被部分藏兽医在临证时参考采用。

（二）阴阳学说

藏兽医理论中的阴阳学说，亦源于中医和中兽医，并保持其原义。它概括了自然界及畜体中诸对立统一事物的两种属性。如自然界的天地（天为阳，地为阴）、日月（日为阳，月为阴）、昼夜（昼为阳，夜为阴）、晴阴（晴为阳，阴为阴），畜体生理的表里（表为阳，里为阴）、上下（上为阳，下为阴）、腹背（背为阳，腹为阴）、脏腑（腑为阳，脏为阴），病证的寒热（热为阳，寒为阴）、虚实（实为阳，虚为阴）等。然而，由于藏医的四部经典著作中论及阴阳者较少，故后世医家在阴阳学说的临床运用方面，远没有中医、中兽医那样广泛和系统。

（三）脏腑、经脉

1. 脏腑 藏兽医也将畜体脏腑归纳为五脏六腑，但与中兽医的五脏六腑学说有所不同。五脏是心、肝、脾、肺、肾，六腑是胆、胃、小肠、大肠、膀胱和精腑。它们的功能分别如下：

心：主神明，司血循，与小肠相联系，外应于舌。

肺：主呼吸，司皮毛，生力量，与大肠相联系，外应于鼻。藏医古籍把肺比作“内臣”和“太子”，这一方面是说其在生理上的重要性，另一方面又说其娇嫩易病的特点。

肝：藏血，养血，是“赤巴”之要地，与胆、小肠关系密切，外应于目。

脾：与胃、小肠协同，主纳谷、运化、分清泌浊，与血关系密切，外应于唇。

肾：主水泄，与膀胱关系密切，外应于耳。

胃：主纳谷，并腐熟水谷，与脾相联系。

小肠：主运化水谷，分清泌浊，与心、大肠相联系。

大肠：主传送糟粕，与肺相联系。

胆：贮存胆汁，助消化，与肝相联系。

精腑：贮精（公）、藏血（母），司繁殖后代。

膀胱：贮存并排出尿液，与肾相联系。

2. 经脉　藏医学和藏兽医学认为，人、畜体的五脏六腑、骨肉、四肢、七窍九孔和体表毛发，都是紧密地联接为一个整体的，其间的各类联系全靠“匝”（意为“经脉”）去完成。

经脉分为“主成形之经脉”“主统导之经脉”和“主联络之经脉”等数种。略述如下：

主成形之经脉：发于脐，分为三支。①上行，形成大脑，并产生“白干”；②入体之中心，形成命枢，并产生“赤巴”；③下行，形成隐所（即生殖器官），并产生“龙”。

主统导之经脉：称为“白经”或“水经”。脑为白经之源，亦为诸经之海。由脑分经十九条，联系脏腑者十三条，隐于内；达于四肢者六条，显于外。脑为神明之府，心为神明之主，命枢居于心。

主联络之经脉：称为“黑经”或“命经”。黑经如树，歧分干、枝。干经二十四条，入脏腑者八条，隐于内；达四肢者十六条，显于外，养骨肉，实脏腑。黑脉之外露者，又分枝七十七条，皆可针刺放血。

从以上经脉论中，可以看出：所谓“主成形之经脉”，主要指胚胎的发育过程，即母血经由脐带传给胎儿，血管分支，供应全身，使胎儿的三体得以形成；所谓“主统导之经脉”，则主要指神经系统；“主联络之经脉”，指血管。古藏医注重试验，详于解剖，由此可见一斑。

(四)三体学说

三体学说和五行学说相配合,构成藏兽医基本理论的核心和主体。三体学说是指导藏兽医生理学、病理学、诊断学和治疗学的纲领,被极为广泛地应用于藏兽医临床实践中。

所谓三体,即前文提及的“龙”“赤巴”和“白干”,在家畜体内缺一不可。三体的相对平衡,是畜体正常生理功能的保证,即健康无病;反之,若失去相对平衡,则发生疾病。

1. 三体的生理功能

(1)“龙” 主运动,司呼吸,产生力量,使感觉敏锐,是推动诸脏腑维持其正常功能的动力。

(2)“赤巴” 主“阳”,主“火”,增胆量,助消化,产生热能,是诸脏腑阳气之根源。

(3)“白干” 主“土”,主“水”,腐熟水谷,分清泌浊,水液疏布,濡润全身,强身健智,促使睡眠,联接关节,增强韧任,是诸脏腑水液的源泉。

“赤巴”属阳,“白干”属阴,阴阳失调,则病寒热,阳盛则生热病,阴盛则生寒病。“龙”本身无寒热属性。但是,一旦“赤巴”与“白干”失调,出现寒证或热证时,“龙”即参与其间,助其过盛之邪,并贯穿疾病的始终,故藏兽医学称“龙”为一切疾病的“首导”“传布”和“收尾”。总之,病的寒热属性,由“赤巴”“白干”的盛衰来决定,而疾病的全过程,则由“龙”起主导作用。

2. 三体的特性

(1)“龙”的特性

糙:粗糙不润,急躁不缓。

轻:轻浮上行,变化快。

寒:易受寒邪。

细:风气善窜,无孔不入。

固:无法阻挡或割裂。

摇:来去很快,易动易摇。

(2)“赤巴”的特性

腻:黏腻,“赤巴”与“白干”同病,或为湿热,或为寒湿,舌苔必厚腻,不思饮食。

锐:锐利强悍,炽烈如火焰。

热:心热,身热,口鼻气热,二便热。

轻:热气向上,善走。

味（嗅）：热病气味厚，如热痢大便腥臭，肺热经久则出气臭，内热口臭、口苦。

泻："赤巴"盛衰，或寒或热，皆可致泻，如热痢后重，热毒暴泻，相克泻而腹痛，寒泻食物不化。

渗：稀而兼热者易渗，如家畜疮黄热毒，流注于胸腹下，或渗于四肢，而发肿痛。

（3）"白干"的特性

腻：土易生湿，湿则腻。

凉：水性凉，水盛则病寒证，土衰亦多寒凉。

重：土性重，水性亦重坠下行，土病则四肢沉重，水病则肢肿难移。

缓：水性缓，能制火之躁急，使之归于和缓。

柔（滑）：水性柔滑，能制"龙"之粗糙不润，又能制"赤巴"之强悍炽烈，使之归于柔和。

牢：牢固不去之意，血属"白干"，血结痞块，难于消溶，牢而不去。

黏：黏而不消之意，水土皆性黏，土为湿困，水液泛难，流于肢体，黏而不消。

3. 三体的分类

（1）"龙"的类别

"松曾龙"：意为持命之气，居于头顶，下行达于咽、喉、胸和背，维持"神明"，主呼吸，司吞咽等。

"坚居龙"：意为上行之气，居于胸中，上行颌下及鼻舌，司发声，生力量，润泽皮毛。

"恰布切龙"：意为遍布之气，居于心中，布气于全身，主运动，司孔窍。

"买年木龙"：意为助火之气，居胃中，循于小肠，配合胃火，主消化水谷，分清泌浊。

"图尔塞龙"：意为下行之气，居于肛门，循于大肠、膀胱、阴部和臀部，司二便，主精血和繁殖。

（2）"赤巴"的类别

"赤巴居协"：意为消化之火，居于胃中，主消化，分清浊，温暖身体，统帅诸火。

"赤巴当居尔"：意为变色之火，居于肝中，主肝之分清泌浊，产生各种不同颜色的物质。

"赤巴珠布切"：意为成事之火，居于心中，主心神，坚意志，避险克敌。

"赤巴统切"：意为视物主火，居于目中，主望形视物。

"赤巴多洒"：意为明泽之火，居于皮肤中，主润泽皮毛。

(3)"白干"的类别

"白干颠切"：意为作源泉之水，居于胸中，主水液之疏布和分泌，是诸水之源泉。

"白干聂切"：意为磨腐之水，居于胃中，主湿润、搅拌和消化胃内之水谷。

"白干娘切"：意为尝味之水，居于舌，主味觉。

"白干次木切"：意为知足之水，居于脑，司神明，抑制其亢盛，不使妄动，归于平静。

"白干觉尔切"：意为连接之水，居于各关节孔隙间，濡润关节，以利屈伸。

(五) 二十五种生理基础

三体除分为上述十五种外，还分为七形与三废，它们合称作二十五种生理基础。

七形：藏语称为"雷松敦"，意为构成身体的七种有形物质，即清液、血、肉、脂、骨、髓和精。

三废：藏语称为"知玛松"，意为三种排泄物，即粪、尿和汗。

二十五种生理基础：各有其形，紧密配合，相互为用，维持生物体的正常生理活动。若盛衰失调，就会出现生理障碍，甚至形成疾病。

以从食物下咽开始的消化过程为例，略述二十五种生理基础的相互关系：饮食入口，由"作源泉之水"湿润之，靠"持命之气"传送入胃。入胃后，由"腐熟之水"再湿润和搅拌之，再由"助火之气"与"消化之火"配合进行腐熟和消化。起初，"腐熟之水"使六味之食变成甜味，成泡沫状，并滋养"白干"。之后，"消化之火"使甜味变成酸味，滋养"赤巴"。接着，"助火之气"使其变成苦味，滋养"龙"。食物在经过上述加工处理之后，转入分清泌浊的过程。这个分清泌浊的全过程，仍然是在"消化之火"和"助火之气"的联合推动下才得以进行的。在分清泌浊过程中，首先将食物分作清液和糟粕两部分。糟粕中的稠实者，传送大肠成粪便；糟粕中的稀薄者（多余的水液），经肾下输膀胱作尿出。清液即食物的精华，经由九条通道汇总进入肝脏。再经肝之分解，其糟粕变作胆汁贮于胆囊或胆管，其精华变成血液。在血液内，再经分解，其糟粕化为孔窍的分泌物，其精华变为骨。骨内再经分解，其糟粕化为油脂，其精华变为骨髓。髓内再经分解，其糟粕化为蹄甲和头角，其精华变为精液。精液再经分解，其糟粕用作繁殖后代，其精华变成最精最纯的清液，存于心，滋养寿命，并滋润全身皮肤，使之润泽有神。

二、病因病理

藏兽医病因病理学说，是用三体纲要的理论解释家畜疾病的发生、变化、转归的一门科学。在各种内外因素的影响下，“龙”“赤巴”“白干”会失去常态，打破平衡，家畜也就出现各种不同的临床症状，下面分别对病因病理加以叙述。

（一）病因

引起家畜发生疾病的各种原因称为病因。在藏兽医学理论中，病因有内因和外因之分，内因指畜体的各种内在因素，外因指能引起畜体发生疾病的各种外界条件。内因在外因的影响下会发生变化，致畜体各种机能失调并出现各种症状而发生疾病，这些引起发病的内外因素通称为病邪。

1. 内因　藏兽医将内因分为远因和近因两类。

（1）远因　主要有欲、瞋和痴等三条。

欲：指家畜的各种欲望，如生存、饮食、避敌和繁殖等。过欲可产生“龙”的病。

瞋：指家畜的激烈行为，如争食、抗拒、敌斗和挣扎等。过瞋可产生“赤巴”的病。

痴：是家畜的各种静态的表现，如休息、睡眠、知足和好静等。过痴可产生“白干”的病。

（2）近因　指“龙”“赤巴”“白干”的异常，因乱而致病。

“龙”乱：“龙”遍布畜体各部，其性善动易变，可乱寒热，助其发展。近“赤巴”则助热，近“白干”则助寒，故“龙”是百病之总因。

“赤巴”乱：赤巴属火，其乱则身如火焚。“赤巴”位居于下，火盛能燃于上，故“赤巴”是一切热病之根。

“白干”乱：“白干”属水、属土，性寒质重，其乱则盛，能灭畜体正常之火。“白干”位居于上，可注于下，是一切寒病之源。

2. 外因　包括天时、不良的饲养管理及偶然因素三个方面。

（1）天时　主要指寒冷、暑热、雨雪三种自然因素。这三种因素的过余或混乱，都能致畜体发生疾病。如过于寒冷会致畜体发生寒性病；过热会发生热性病；过雨雪会发生“白干”的病。

（2）不良的饲养管理　包括饲料的质量和放牧使役的情况。饲料质地粗糙易引起“龙”的病；饲料气味过于单纯易破坏畜体的相对平衡；过度使役会引起“龙”的病；激烈奔跑常会引起“赤巴”的病等。

（3）偶然因素　指能使家畜突然发病或死亡的不可预知因素，如雷击、刀枪伤、摔跌、虫兽伤和急性中毒等。

（二）病理

藏兽医学运用三体纲要的基本理论，解释疾病的发展及其变化，把患畜所表现出来的各种症状都归纳在“龙”“赤巴”“白干”之中。诸种致病因素，藏兽医统称为病邪。病邪散布于体表会造成各种皮肤病；渗于肌肉会引起肌肉瘀肿疼痛；附于筋骨则筋骨不舒，甚至疼痛难忍；落于脏腑则引起脏腑的各种病症等。病因的差异、三体的特性和不同的患病部位，引发了各种各样的疾病。

藏兽医根据疾病的表现和“龙”“赤巴”“白干”的生理特性，认为“白干”之病邪多居于上，易行于下，主要表现在清液、肉、脂、髓、精液、粪、尿、膀胱、鼻、舌、肺、脾、胃和肾的病变；“赤巴”之病邪多居于肝、胆和膈，且易于上冲，主要表现是血、汗、目、肝、胆囊与小肠的病变；“龙”之病邪多居于髂、髋、腰和荐等部位，而易于上升四窜，主要以骨、耳、皮毛、心与命枢、大肠等发生病变。各种疾病总是以过盛、不足和机能紊乱为特征，分别叙述于下。

1. 过盛的病症　“龙”盛则口色偏红，渴饮身颤，烦躁不安，耳目不灵。“赤巴”盛则粪便干燥或稠浊恶臭，尿短赤黄，皮肤、眼睛、口腔等黏膜发黄，身热欲饮等。“白干”盛则草料不化，口色白而无光，多流清涎，贪睡，呼吸不畅，四肢软弱无力等。血盛则口目红赤或见斑疹，或黄疸、肿瘤、行动困难、尿短色赤、皮肤发红等。肉盛则生瘿块，多见于颈部、背部、头部及淋巴、腺体的增大等。脂盛则虚肥胖大而不耐劳。骨盛则骨质增生或长多余的牙。髓盛则跛行懒动、关节粗大等。精液盛则性欲亢盛。粪盛则腹胀或肠鸣腹泻。尿盛则小便清长或频频排尿，尿完后仍作排尿姿势。汗盛则多汗或汗臭，多有皮肤病。

2. 不足的病症　不足有衰退之义。“龙”衰则不耐劳苦，声音低微。“赤巴”衰则体热下降、鼻寒耳冷、畏寒颤抖，可视黏膜淡白无华。“白干”衰则骨节松弛，心悸易惊恐。清液衰则体瘦毛焦，采食难咽，皮肤粗糙，畏声响。血衰则黏膜苍白，被毛枯焦，脉管松软无力。肉衰则身体羸弱，关节疼痛。脂衰则消瘦。骨衰则牙齿摇动，被毛脱落，爪甲蹄壳枯裂易落。髓衰则骨质松软，视力减退，多生翳障。精液衰则有出血、阳痿、性欲减退等。粪衰则肚腹空鸣，回头观腹或起卧不安。尿衰则尿少。汗衰则被毛焦燥，皮肤干裂。

3. 机能紊乱　“龙”乱则脉象如空皮袋，尿清如水，搅拌或初便于地时都能见较多的泡沫，好动而不静，嗳气频繁，口色红燥，耳耷摇头，被毛焦乱，喜屈喜伸，体痛拒按，清晨多吐泡沫，时有颤抖，性情粗暴，腹满肠鸣，饥饿时易有疼痛表现。“赤巴”乱则脉象浮、紧、数，尿色赤黄而臭，排尿时可明显见到蒸发之气，鼻孔干燥，头低体热，口津多黏腻，眼目黄赤，口色红，时久口腔溃烂，口渴欲饮，汗有臭味，排泄物多具有血色和胆汁的颜色。“白干”乱脉象多沉、弱、迟，尿清长而臭气小，排尿时尿之蒸气少，舌质软，苔灰白，眼目色淡，浮胖，鼻涕多清稀，粪中多有未消化的饲料，嗜卧而懒动，行走迟缓，采食稍多则有腹痛表现，腰背转动不灵等。

上述盛、衰、机能紊乱的各种症状，在临床实践中，有单个出现的，也有混合出现的，混合出现的病情较复杂，所以在病因病理分析中，应同时参考年龄、地域、时节等其他因素。一般情况下，幼畜“白干”的成分多，容易患“白干”的病；壮龄家畜“赤巴”的成分多，易患“赤巴”的病；老龄家畜“龙”的成分多，易患“龙”的病。在地域方面，严寒之地风气重，具有“龙”的特性，易生“龙”病；干旱之地多热，具有“赤巴”的特性，易生“赤巴”的病；潮湿之地多黏腻，具有“白干”的特性，易生“白干”的病。在天时方面，黎明和黄昏其性为变，“龙”的病会发展；中午正当日照，其性热，“赤巴”的病会发展；每日的上午多清凉，“白干”的病会发展。

4. 病的传变　在藏兽医学理论中，认为疾病可以传变，并具有一定的规律，“赤巴”的病可传“龙”和“白干”，“白干”的病可传“龙”和“赤巴”，“龙”的病也能传“赤巴”和“白干”。在传变中有两种情况：①此病已结束又生它病。②此病未结束又添新病。如“龙”的病已息，传入“白干”则引起“白干”的病；“龙”的病未罢，传入“白干”，则会出现“龙”病与“白干”病交错。以此类推，“龙”病已息可传“赤巴”，引起“赤巴”的病，“龙”病未息，传于“赤巴”引起“龙”与“赤巴”同病。“赤巴”的病和“白干”的病亦可出现类似“龙”病的传变，此处不再一一赘述。

5. 疾病的转归　各种疾病，若得到正确的治疗，则多以痊愈为转归。如果出现下列几种情况，疾病多属难治或以死亡而告终。

（1）畜体内恢复健康的因素耗尽了，已没有医治的基础，不可救药。

（2）寒性病和热性病同时发生，相互交杂，病情比较复杂，治疗困难。

（3）治疗方法（包括改善了饲养管理、药物疗法、针灸疗法等）都用尽了仍然无效的，已无法可用，难以治疗。

（4）畜体的重要部位及脏腑，如头部、心脏、肝脏、肾脏等受了重伤，常在短时间内就会死亡，难以治疗。

（5）热性病、寒性病错过了治疗时机，难以治疗。

（6）畜体极度衰弱，难于耐受药物和外科手术治疗的，难以治疗。

（7）一些急性病，突然发生死亡的，难以治疗。

6. 疾病的归类法　藏兽医学对疾病的种类论述非常细致，把每一类疾病中有微小差异的细化为一种病症，如发热这一类病，热重的为一种，热轻的为一种，稍有热象的又是一种等；再根据发热的部位不同又分为若干种。以此类推，疾病的种类多达数百种。这样，不仅初学者不易掌握，对诊断治疗也极为不便，后世藏医经过临床实践，将类似的疾病作了归类，其归类的方法有如下几种。

（1）按三体的特性进行归类　此种方法，把疾病归在三体之中，总括为“龙”的病、“赤巴”的病、“白干”的病。在此归类的基础上，还总结了这类疾病的20种特性，它既是生理的又是病理的，详细内容可参看本节生理部分中的“三体”。

（2）根据发病的部位进行分类　如心病、肌肉病、肠病、皮肤病、骨病等。

（3）根据疾病的性质进行归类　在藏兽医学理论中，病性主要分为寒、热两类，其他病性没有明确分类，多贯穿在三体理论中。凡是具有热象的病归为热性病，具有寒象的病归为寒性病。

附：藏兽医学对传染病的认识

传统的藏兽医学认为：在健康的畜体内，存在着一种色如红铜、形状圆滑细长、肉眼看不见的微小虫体，这种虫体能在一瞬间从头到脚、从脚到头，帮助畜体产生力量，但是一旦受到病邪和外界条件的影响，这种虫体就会使家畜发生疾病。例如：放牧经过山岚瘴气之地，或者经过疾病流行和家畜死亡的地区，或者采食了死亡病畜污染过的草料，其中的污浊之气就能使体内的这种微小虫体活跃繁殖起来，耗损畜体血、肉、筋、骨，以至畜体出现特别危险的症状。要治疗这类疾病，必须用有毒而味浓性烈的药物才能降服。

因为病邪侵害畜体的部位不同，所出现的病状也不一样，如果侵犯喉咙，则咽喉肿痛，呼吸困难（如猪肺疫、牛出血性败血症）；侵犯下颌，则下颌硬肿或流脓（如马腺疫）；侵犯胃肠则腹泻（如犊牛副伤寒）；侵犯小腿则小腿疼痛（如马淋巴管炎）；侵犯全身则急性死亡（如炭疽及各种瘟病）等。

从现代医学和兽医学的角度来讲，传染病的发生总是与病原微生物的存在息息相关。细菌、病毒、寄生虫、支原体、衣原体和立克次氏体等病原微生物单独或混合感染，均会对畜禽的健康造成危害。因此，在畜禽疾病防控的过程中，不仅要根据动物患病特征进行综合分析，还要进行实验室诊断和其他诊断措施，及时做到对因对症治疗相结合，以保证畜禽健康和畜牧业的发展。

藏兽医学对传染病病原的认识，虽然与现代医学的理论不符，但它肯定了病原微生物的存在，其所述症状与现代医学所述的症状有许多相似之处，而且提出了治疗这类疾病的药物的性味功能，在科学不发达的历史时期是有进步意义的，对研究发掘藏兽医学的精华，具有一定的参考价值。

第三节　诊断方法

藏兽医诊断家畜疾病，主要仍是以“龙”“赤巴”和“白干”三大纲要的理论为依据，运用望、闻、问、切的方法，收集有关资料，结合中兽医理论的五行学说、脏腑学说等进行分析归纳，去粗取精，去伪存真，找出主要矛盾，判明病在何脏何腑，属于三大纲要中的哪一类，是过盛还是不及，是顺还是逆，是热性病还是寒性病。在此基础上，为拟订治疗原则、选方用药提出依据。

藏兽医诊断疾病的方法，以望、切、问为主，闻诊往往贯穿于三诊之中，为使条理更清楚些，下面仍按四诊叙述。

一、望　诊

望诊是藏兽医诊病的第一步，通过兽医的肉眼观察，收集病畜表现出来的各种异常变化，为分析疾病提供第一手资料。

望诊的内容包括望形态和望色两大部分。望形态主要是望患畜的精神、姿势、被毛等方面。望色主要是望患畜的毛色、眼色、苔色、分泌物和排泄物的颜色等。

（一）望形态

形态指患畜的精神状态。健康家畜精神好，耳目灵敏，行动轻捷，姿势端正，起卧自如，觅食好动，被毛光润等。这说明畜体的“龙”“赤巴”“白干”处于相对的平衡。如果这种平衡受到破坏，家畜的形态就会发生变化，表现出各种各样的变化来，如患畜精神沉郁，行动缓慢，被毛焦枯，是“白干”过盛的表现，多属于“白干”的病。患畜精神不安，易惊恐，甚至狂暴奔跑等，是“赤巴”过盛的表现，多属于“赤巴”的病。“龙”的特性是善动易变，内达各个脏腑，外连四肢百骸，当“赤巴”病时，“龙”会发生偏盛；“白干”病时，“龙”也会发生偏盛。所以，“赤巴”和“白干”的平衡受到破坏时，“龙”本身也就失去平衡。故藏兽医治病，常常采用以寒治热、以热治寒结合调“龙”顺气的方法。

（二）望色

藏兽医望色诊病，内容十分广泛，不仅可用以推断疾病属于某一纲，也可用以判断疾病所在脏腑及疾病寒热。

1. 望口色　主要是望舌色、苔色、唇色，再结合口腔的干湿程度推断疾病。

口色红、口腔干而粗糙的多属“龙”的病。口色红兼见舌苔灰黄、厚腻而遍布全舌的多属“赤巴”的病。口色淡红、舌质嫩、舌苔灰白而厚、舌面湿润的多属“白干”的病。舌面裂开老化的多是心的病，唇色青紫的多是脾的病。

2. 望眼色 家畜无病，眼目清泽明亮。白睛青、黑睛发黄兼流泪的多属于心有病；白睛上下边缘红，黑睛偏灰色的多属肺有病；眼目无神、黑睛发青兼肚胀的多属于脾胃有病；白睛赤红、黑睛发青且长有胬肉的多属于肝有病；眼眶下陷、白睛发白、黑睛发青的多属于肾有病；白睛边缘发黄有黑点，黑睛无光泽的多是急性病。

3. 望鼻 藏兽医望鼻主要是观察鼻镜的变化及鼻涕的颜色。认为寒性病的鼻镜露不成珠，鼻涕清稀，属“白干”的病；热性病的鼻镜干裂，鼻涕浓稠色黄，属“赤巴”的病。根据肺气通于鼻的理论，说明鼻和鼻涕的异常，病多在肺。

4. 望耳 主要望耳内的分泌物，若耳内流出黄色的脓液，则为肾有病。

5. 望毛色 健康家畜的毛色是随季节的变化而改变，夏天被毛短而柔滑，秋天被毛稍粗糙，冬春被毛长短不齐。看毛色常常结合看眼睫毛，被毛倒逆、眼睫毛错乱的多为病态。眼睫毛不直或直而不易弯曲的是心有病。胸部两侧的被毛如麦浪，又有鼻塞现象的多为肺病的症状。被毛如揉乱状是“赤巴”的病。被毛乱兼见皮肤发黑又不平整的是肝的病。被毛长短不齐，兼肠鸣腹泻的是脾胃的病。畜体后半躯的被毛倒逆，旧毛脱体，肠鸣不食的是肾的病。

6. 望粪和尿 藏兽医根据粪尿的清浊、颜色、气味等诊断疾病，特别是望尿的变化更为独特。粪便干燥或稠浊气臭是热性病，粪便稀薄无臭是寒性病。尿诊较为细致，可在家畜排尿时直接观察，或先将尿液接入一小缸子内细心观察，必要时还用棍子搅动。若尿带青色，搅动时泡沫多的是“龙”病。尿色赤黄，患畜排尿时蒸气多的是“赤巴”的病。尿清味淡且排尿时未见蒸气的是属“白干”的病。

二、闻　　诊

闻诊有耳闻和鼻嗅两种，但是耳闻常常贯穿于其他几诊中。如后躯被毛倒逆，旧毛脱落兼有肠鸣者多为肾有病，鼻涕清稀兼有咳嗽者为肺有病等。鼻嗅在诊断中占有重要的地位，口中气味酸臭或者皮肤腥臭，尿短赤而臭，或者粪稠浊而臭多属于“赤巴”的病。尿清畅无臭，粪稀薄臭气不明显的多属“白干”的病。口腔无臭气的亦多属“白干”的病。

综上所述，藏兽医的诊断方法，是以“龙”“赤巴”“白干”为主体，运用四诊来辨别疾病的寒热。在四诊中各有突出的诊法，但是，绝不是只凭某一诊来定病位和病性，它必须结合各诊所收集到的材料进行加工，分析归纳，抓住主要的矛盾细心思考，去粗取精，方能得出正确的诊断。这种诊断说明它是“赤巴”的病还是“白干”的病，是单纯的“龙”病还是几种病同时发生，是热性病还是寒性病。根据这些病性，医者就能拟订治疗原则，选方用药了。

藏兽医的这种诊病方法，虽然只辨别“龙”“赤巴”“白干”的病和寒性病、热性病，但在临床实践中，也应用了中医的“证”的概念，吸取了“辨证”的部分内容，结合藏族地区的特点，用补偏救弊的方法，使畜体恢复相对的平衡来达到治疗的目的。后世医家在这一理论的基础上，又发展了“证”的概念，创造了更多的治则和治法，大大丰富了藏兽医学的内容。

三、问　诊

问诊是医生有目的地向畜主了解病畜情况的一种方法，内容相当广泛，包括草料的质量、饲养管理的情况及病史、现状等对其都应进行全面的了解。问诊的目的是为分析疾病提供资料，下面分别叙述各种病需问诊的内容。

1. “龙”的病　是否喂过质地轻浮、粗糙不易消化的草料？如果喂了这类草料后而发病的多属“龙”的病。喂饲有营养的饲料后症状减轻的，有呵欠、发抖、跛行、站立时四肢收于腹下、欲吐、烦躁不安等表现的多属“龙”的病。剧烈运动或过役而发病的也多是“龙”的病。

2. “赤巴”的病　是否经过长时间的日晒和厩舍过热的情况？有没有半张口的现象（认为半张口是口苦的表现）？是否经过激烈的运动和长途行走？如果在长时日晒、走远路或激烈运动后而发病，有半张口现象的多属“赤巴”的病。患畜喜饮凉水，饲喂后1～2小时内有痛苦表现的亦多属“赤巴”的病。

3. “白干”的病　饲料是否质重和含油质多？厩舍是否潮湿？病畜是否曾经久卧湿地？是否喜热饮及暖处？若有之，多属“白干”的病。在症状表现方面，如果患畜有好卧懒动、前蹄抱胸、不欲采食、颤抖、精神沉郁等症状表现的亦多属“白干”的病。

四、切　诊

藏兽医的切诊是以脉诊为主，脉理上仍有“三部九候”之分，脉象分为平脉和病脉两类。不同的家畜，切诊的部位不一样。马取下颌或前肢上臂内侧近腕关节处，也有取双凫脉的。牛取尾根处的尾中动脉。羊取前肢上臂内侧近肘部。

（一）平脉

平脉是健康家畜的脉象，认为不快不慢的脉是平脉。因家畜性别、年龄的差异，平脉也不一样。公畜的脉多洪大有力，具有“龙”的特性；母畜的脉多细数，具有“赤巴”的特性。老龄家畜脉偏浮大，具有“龙”的特性；中龄家畜脉多滑，具有“赤巴”的特性；幼龄家畜脉多柔和，具有“白干”的特性，这种脉又称为中性脉。另外有一种妊娠脉象，往来流利有力，称为滑脉，亦属于平脉。

在诊脉中必须注意，不要把妊娠脉错诊为热性病，中性脉错诊为寒性病，应当结合其他三诊进行分析，防止轻易定论。

平脉与季节有密切的关系，春三月前72天，脉多细而紧；夏三月前72天，脉多壮而长；秋三月前72天，脉多短而涩；冬三月前72天，脉多柔和；每季的后18天，脉多短而柔软。

(二) 病脉

家畜患病后出现的脉象称为病脉。藏兽医把这类脉象分为三纲两大类：三纲指“龙”的病脉、“赤巴”的病脉、“白干”的病脉；两大类指的是寒性病的脉和热性病的脉。

1. 三纲的病脉 健康家畜的脉象具有平脉的特征，所以三纲的正常脉象寓于平脉之中。此言三纲的病脉，指从脉象的变化来推断是属于哪一纲的病。

(1)“龙”的病脉 指下如按皮袋，时有间歇。说明气分有余、血分不足，属单纯的“龙”病。当“龙”病发展到严重阶段时，脉就会发生动中一止的现象。

(2)“赤巴”的病脉 快而满盈，重按仍然有力，说明火热过盛。急性热性病中常见此种脉象。

(3)“白干”的病脉 沉弱迟缓，波动无力，说明“白干”过盛。寒性病多见此种脉象。

2. 寒、热两类脉象

(1) 寒性病的脉象

弱脉：虚弱无力，不任重按。

沉脉：轻按不知，重按始得。

涩脉：来去不畅，指下无力。

迟脉：一息三至以下。

松脉：缓大而不任按。

空脉：不易感知，似有似无。

(2) 热性病的脉象

强脉：强盛有力，来去皆实。

浮脉：轻取而得，似在肌表。

滑脉：往来流利，按之有力。

数脉：一息六至以上。

紧脉：如按紧绳。

硬脉：坚硬充实，波动不明显。

上述脉象只是单一的表现，在藏兽医诊断疾病的过程中，常见的是复合脉象，如强滑、浮数、强紧、沉涩、松迟等。

第四节　治疗原则和方法

经过长期的实践，藏兽医学在治疗原则和治疗方法上都总结了不少经验，其中，中草药和针灸术是藏兽医治疗家畜疾病的主要手段，对临床治疗起着指导作用。

在治疗原则方面，藏兽医学是辨证与辨病相结合的。其治疗原则可以归纳为三体辨治、病位辨治、病原辨治和寒热辨证四个方面。

1. 三体辨治　三体即“龙”“赤巴”“白干”。根据三体的不同病性进行治疗，就是三体辨治。三体均有过盛、过衰和紊乱三种病性。例如“龙”过盛，出现烦躁不安、口色偏红等症状，治宜甘寒酸敛之药；“龙”过衰，出现声微气短、不耐劳苦等症状，治宜甘温补养之药；“龙”紊乱，出现嗳气口燥、毛焦身颤、腹满肠鸣等症状，治宜辛甘调“龙”顺气之药。又如“赤巴”过盛，出现身热黄疸、尿短便臭等症状，治宜苦寒淡渗之药；“赤巴”过衰，出现胃寒身颤、耳鼻俱凉等症状，治宜甘温助火之药；“赤巴”紊乱，出现身热苔腻，口目赤黄、大便不调等症状，治宜苦寒清热、淡而渗湿、缓而通便之药。再如“白干”过盛，出现色白涎清、水草不化、肢冷嗜睡等症状，治宜辛烈大热之药；“白干”过衰，出现脉数心悸、易于惊恐、心热无苔等症状，治宜酸敛清养之药；“白干”紊乱，出现清浊不分、便溏浮肿、脉象沉迟等症状，治宜辛温助火、涩肠利尿之药。

2. 病位辨治　临证先分辨疾病的所在部位，或在某脏，或在某腑，或在七形，或在三废，然后辨其盛衰，从而引出治疗原则，这就是病位辨治。如病在肺脏，咳而多痰，其过盛属热者，治宜辛凉，清宣其肺热，其过衰属寒者，治宜辛温，温散其肺寒。又如病在血，其过盛属热者，舌红无苔，身热发斑，治宜甘寒化血，清其血热，化其斑疹；其过衰属寒者，色白毛焦，困倦无力，治宜补气养血。再如病在粪，腹满肠鸣，其属热者舌干腹痛，治宜苦咸通便；其属寒者，舌润便溏，治宜甘温疏导。

3. 病原辨治　藏兽医学认为，有传染现象的病是由虫子引起的。这些虫子，有的可以看到，有的则肉眼不可见。在内外条件适宜其生长时，虫子就大量繁殖，所以大群发病。选择药物杀灭虫体，达到治病的目的，这就是病原辨治。如用黄岩酊治疗肠炎腹泻（大肠杆菌引起的腹泻等），用蓝花侧金盏治疗疥癣（毛癣菌引起的疥癣病等）。

4. 寒热辨证　临证必须辨其属寒属热，寒则热之，热则寒之，这就是寒热辨证。藏兽医学认为这是治疗法则之总纲。

除了单纯的寒证或单纯的热证之外，还有寒热混杂、寒热转移等情形。

例如，寒盖热（藏语称“嘎布擦”），外有寒而内有热，治宜先散其寒后清其热。“日唐参木吉擦”，意为热病到了山川交界处，症见大热已去，余热未尽，气短肢怠，食则欲吐，治宜清其余热兼调“龙”顺气。“擦马蒙巴”，意为未成熟之热，热欲起而不能扬于外，认为是寒邪把热头压住了，治宜先灌“七宝汤”，待其热发，再治以寒凉。“擦鸟巴”，意为混合热，其证旧有宿寒，又得热病，欲治其新热恐伤其宿寒，欲治其宿寒恐伤其新热，故为难治；欲治者，总当先治新病后治宿疾，以小剂凉药徐徐治其热，热去，再以热药胜其寒。“擦宁巴”，意为旧热，如苔黄而干，心热嗜凉饮，历久不去，治宜甘寒清其内。“董擦”，意为空热，如身热烙手，而内无热，不欲饮冷，治宜辛凉解其外。藏医古籍《协据》中还有这样的记述：“热病寒治，不制，则温之；寒病温治，不制，则凉之。”以上寒热辨证，虽略述数则，已足见藏医、藏兽医在寒热证治方面用心之周全，治则之严谨，对临床具有深刻的指导意义。

后世医家在上述治疗原则的基础上，在实践中又加以简化和归纳，从中引出一些证的概念和相应的治疗原则。这些治疗原则，可以初步归纳为十六种，或称十六法，即汗法、吐法、下法、和法、温法、清法、寒法、热法、涩法、利法、特法、消法、升法、降法、补法、破法。分述如下：

汗法：即发散疗法，主要用于感冒初期及一些热性病的初期。如感冒发热，脉快，角热（甚至角尖部亦发热），怕冷（尾尖轻轻颇动，甚则身颤），毛根润，用“浪庆刊扎”治疗。方中有白莨菪、黑莨菪解热止痛，又有独活、麝香等药发散祛风。西藏畜牧兽医科学研究所报道的用西河柳、炒香附、草决明等药治疗牛、羊感冒。原四川省若尔盖县红星公社畜牧兽医站用诃子壳、土木香、安息香、麝香、睡菜等药配方治疗马流感、马腺疫等病；用麻黄、柴胡与解毒药配合制成针剂，治疗幼畜地方性肺炎。这些方剂中，均有发散的药物，是汗法在藏兽医治疗中的运用。

吐法：是用催吐药达到治病目的的一种疗法，主要用于误食毒物后不久。如西藏当雄县兽医用卵叶橐吾等三味药配方，可使牛、羊、猪达到催吐作用。但妊娠、产后母畜及体弱病畜慎用。

下法：是用泻下药通利胃肠达到治病目的的一种方法。主要用于高热便秘、肠结腹痛及积滞胀满等病，驱除内寄生虫时也需配以泻下药。下法分攻下和缓下两类。用药途经多取内服，但也有用灌肠法致泻的。对老弱、孕畜慎用攻下药。例如原西藏当雄县畜牧兽医站用角蒿四味散（或丸）治疗马骡结症和牛、羊前胃积食，其方由角蒿、大黄、制大戟、蓖麻子组成，方中角蒿消胀除满，余药攻坚润便，合为攻下之用。又如原四川省若尔盖县红星公社畜牧兽医站用大黄、土大黄、土碱、角蒿、轮叶棘豆配方攻下，又用承气丸（巴豆、诃子、红枣、牡蒿、荜茇）消积通便，可谓缓下剂。

和法：即和解之意，是利用药物的疏通及和解作用来调整脏腑功能达到治病目的的一种方法。如感冒中期，出现寒热往来、饮食不振等病状，即当用和法，藏兽医认为这是脏腑寒热不协调所引起的。西藏当雄县藏兽医治此证用石榴六味散（石榴、小豆果、桂皮、荜茇、生姜、草红花），原四川省若尔盖县红星公社畜牧兽医站治此证则用三和散（肉豆蔻、石灰华、红花、丁香、草豆蔻、草果），方名“三和”，即调和“龙”“赤巴”“白干”三者关系之意，使之归于平衡。

温法：是用性温的药来助火祛寒的一种治疗方法。例如胃寒消化不良、食欲大减，或兼便泻，治以石榴五味散（石榴子、干姜、水柏枝、波棱瓜子等药）。

清法：是用清凉的药物来治疗热性病的一种方法。藏兽医学认为，热证多属“赤巴”过盛，肝胆有热而发黄疸。原西藏当雄县畜牧兽医站治此证用茵陈、草红花、波棱瓜、伞梗虎耳草、三颗针、唐古特青兰等药配方。此外，“白干”过衰，水液不足，出现心热烦躁、舌红无苔等症状，此亦热证，治用天门冬、手掌参、马先蒿等药。

寒法：是用苦寒泻火之药来治疗火热证及热毒证的一种治疗方法。此法与清法相近似，唯其证较清法所主之证火热更盛，或又兼热毒。例如外感病身热苔黄，烦躁便干，心热嗜凉，欲卧凉处。原西藏当雄县畜牧兽医站治此证用翼首草十二味（方有翼首草、黄连等药）。西藏畜牧兽医科学研究用黄岩酊治疗羔羊、犊牛的毒热痢，方中所用的二味药（岩青和三颗针）皆味苦而涩，泻火解毒，又且涩肠止泻。

热法：是用大热之药来回阳救厥，治疗寒极之证的一种治疗方法。温法与热法相类同。唯前者寒轻，后者寒重；前者旨在壮阳祛寒，后者意欲回阳救厥。温补之药皆有壮阳之性，救厥之剂则必大辛大热。例如原四川省若尔盖县红星公社畜牧兽医站用补火散（酸石榴子、肉桂、草豆蔻、荜茇、红花）治疗家畜大寒证，其症见四肢欠温，耳鼻俱凉，冷汗出，脉沉而迟等。

涩法：是用固涩的药物来敛肠止泻的一种治疗方法。泻痢不止，分寒热两类。热泻是“赤巴”和“白干”并病，即湿热下痢，所下腥臭，治宜苦涩。寒泻则是“赤巴”衰而“白干”盛所致，证为寒湿，所下完谷不化，则治宜助火利小便。

利法：是用利尿药治疗小便不利的一种治疗方法。其症见频作排尿姿势，而尿滴难出。藏兽医认为这是“赤巴”和“龙”病的表现。

小便因寒而不利者，则四肢欠温，苔白而润，小便不利，水溢为患，而发水肿；水无去路，肠鸣便溏。原西藏当雄县畜牧兽医站用野苋菜子六味散治疗此证。其方为野苋菜子、萹蓄、车前子、鸭跖草、鹅首马先蒿、点地梅。

特法：是用特效药物治疗某些疾病的一种方法。使用中草药治病，一般是注重调整生物体的内因，使其寒热升降等因素归于平衡，从而达到治愈疾病的目的。但有些病，如一些烈性传染病和寄生虫病，人们逐渐认识和掌握了一些对病原体有不同程度的杀灭作用的药物，并用到治疗实践中去，这便是特效疗法。也有人在使用中草药的同时，兼用一些作用于病原体的西药，这也是特效疗法的运用。

消法：是用消食化积、理气除满的药物治疗食积腹满、消化不良等疾病的一种治疗方法。消法与下法相近，但下法猛而消法缓；下法着重攻逐结聚，消法不过疏导运化。如原西藏当雄县畜牧兽医站用大黄九味散（大黄、石榴、桂皮、香菜、野葱、炒盐等药）治疗家畜食积腹满，嗳气口臭，苔白而厚，粪便粗糙。

消法也能损伤“龙”气，故不宜使用过多。

升法：是用升补的药物治疗气虚下陷的一种治疗方法。例如孕畜气血虚陷，不能养胎，或已出现流产先兆，保胎宜升补气血，方用太白参、黄精、防风、天冬、白蒺藜（原四川省若尔盖县红星公社畜牧兽医站方）。又如气虚下陷，脱肛不收，治宜升补，方用生黄芪、党参、升麻、诃子、全当归、白术、大枣、茯苓（原四川省理县扑头公社畜牧兽医站方）。

降法：是用沉降下行的药物治疗气逆呕吐等病的一种治疗方法。胃气以下行为顺，上逆为病。胃气上逆或因于热，或因于寒，症见嗳气呃逆，甚则呕吐，饮食大减，精神不振。其因于热者，嗳气酸臭，口色偏红，渴欲饮水；其因于寒者，口舌色淡，饮食不化。治法皆宜降胃行气，兼顾寒热。如原西藏当雄县畜牧兽医站用荠菜、石斛、炒大米组成止吐药方，治疗中、小家畜呕吐症。原四川省若尔盖县红星公社畜牧兽医站用制马钱、藏木香、诃子、广木香、上沉香、肉桂、广酸枣、安息香等药合为降逆之剂，治疗马胃气上逆，嗳气泛酸，不思饮食之症。

补法：是用补养气血的药物来增强体质，改善动物体虚弱状态的一种治疗方法。用于久病、失血、幼畜缺乳、母畜产后，以及过度劳役等因素引起的气血亏损症。如动物气血两虚，口色淡白，气短多汗，劳役则喘，神疲肢怠，甚至四肢微肿。原西藏当雄县畜牧兽医站用黄精、红精、当归、手掌参、白术、天冬等药配方治疗此证，同时改善饲养管理条件。

破法：是用破积化痉的药物治疗积块肿痛的一种治疗方法。如原四川省若尔盖县红星公社畜牧兽医站用寒水石破积散治疗腹内积块。其块，推之可动，疼有定时，舌色灰黑。验尿时，搅拌后见有鱼目状泡沫出现。其方为寒水石、诃子、硼砂、硇砂、荜茇、甘青乌头、硫黄。

上述十六种治疗方法并不是孤立的，而是互相联系、互为补充的。所以，在临床应用时，要灵活掌握，根据病情和畜体的具体情况，或单用一法，或几法并用。

在治疗方法方面，藏兽医学在药物剂型、用药方法、方剂配伍及针灸等方面，均积累了丰富的临床经验。

藏兽医中草药剂型主要有散剂、汤剂、丸剂、丹剂、注射剂、酊剂、酥油剂、发酵剂等（详见第二章藏兽医常用药物），其中以散剂最为多用。藏兽医的施治方法，除口服用药外，还有鼻药、灌肠及外用药等。在针灸方面，常用放血和针刺，还有熨烙及艾灸，并包括一些小手术疗法。

藏兽医的方剂有大方和小方之分。大方的药味多达数十味甚至近百味，而小方只有三五味甚至单味，但一般方剂多为十味左右。其方剂配伍，与中兽医相类同，即一个方剂常由君、臣、佐、使四类药组成。这种君、臣、佐、使，或称主、辅、佐、使，藏医古籍中又有称为父、母、子、孙的。如治马疥癣方，用蓝花侧金盏、墨地根、柏枝油作膏外用。方中蓝花侧金盏善能杀虫灭疥，故为君药（父药）。但此药刺激性过强，故用墨地根以牵制或减缓其刺激性，并亦有消炎解毒之力，辅佐君药杀虫治疥，故墨地根既为臣药（母药），又为佐药（子药）。柏枝油黏着柔润，使药力达于病所，故为使药（孙药）。

此外，藏兽医在治疗实践中，对加强病畜的饲养管理十分重视，认为饲养管理是第一位的，而治疗是第二位的。在加强饲养管理方面，除增加营养外，还要注意以下几点："龙"病，宜在山地阳坡和温暖处放牧；"赤巴"病，宜在水边和阴凉处放牧，并避免剧烈活动；"白干"病，宜多运动，在暖处放牧。

第五节 常见症状的处理

家畜患病时，常常伴随一些与平常不同的表现，如咳嗽、流鼻、发热、腹痛等，这些现象是疾病的客观指征，也就是症状。

症状虽然是疾病的客观指征，但还不能说明疾病的本质，因为一种疾病往往可以表现出若干种不同的症状，不同的疾病又可以表现出相同或相似的症状。同一种疾病，由于患畜的品种不同、个体差异等因素，其表现出来的症状也不完全相同。即使是同一病畜，在疾病发展的不同阶段所表现的症状也会有很大的差别。因此，藏兽医在诊治疾病时，非常注意通过详细地了解病史和全部病情，找出同一症状究竟是由哪些疾病所引起，以及这些疾病的相互关系和内在规律，加以比较鉴别，从而作出正确诊断，给予正确合理的治疗。

一、发 热

健康家畜的正常体温，维持在一个恒定的范围内。某些因素的刺激，会引起动物机体体温中枢的调节紊乱，于是呈现体温升高——发热。

发热藏名称为"查瓦结巴"，是兽医临床上最常见的症状之一，引起发热的原因很多，但主要是由于各种感染所引起。发热时由于消耗病畜体力，严重时还可引起重要脏器的变性，危及生命。因此，对于发热的病畜，就要针对其具体情况，采取相应的措施。

根据发热的程度，可将发热分为低热（超过正常体温 0.5～1.0℃）、中热（超过正常体温 1.0～2.0℃）、高热（超过正常体温 2.0～3.0℃）和极高热（超过正常体温 3.0℃以上）。

判断病畜是否发热，藏兽医主要是靠触诊，即用手来摸耳、角及背、胸、腹等处的温度，或者把手放在病畜鼻前来感知其呼出气的温度。

健康家畜耳根和角根温和；耳和角的中部温度低于根部；耳尖和角尖的温度又低于中部。发热时温度升高，如距耳根、角根三横指以上均热，而耳尖、角尖不热，多属低热或中热；耳根、角根摸起来有灼热感，同时耳尖、角尖均热，常为高热。健康家畜的皮温，四肢下部略低于胸腹部，皮温均匀。如体表温度增高，皮温不均，均为发热的表现。

发热常见于外感风热的表热证和外邪入里化热的里热证，如风热感冒、肺热咳喘，以及胃、肠实热壅盛所致的肠黄、热痢等。此外，由疠疫引起的发热亦属多见，故临诊时应结合当时当地疫情、接触史，以及其他临床症状，综合判断。

【处理】 藏兽医对于发热的认识有二：①由于外邪（致病因素）侵犯畜体，畜体正气（抵抗力）与之斗争，正邪相搏，导致机体的阴阳相对平衡失调，出现“阳胜其阴”（机能代谢活动过度亢盛）“阳盛则热”的实热证候；②慢性病患畜，由于长期患病，阴液耗损，可导致阴不制阳而“阴虚阳亢”，出现阴不足而相对地表现出阳有余的虚热证候。前者的主要矛盾是“阳盛”，属实；后者的主要矛盾是“阴虚”，属虚。因而，在处理上应针对发热的本质，结合病因、病位、病畜体质等，全面考虑，辨证施治。

1. 表热型 低热或中热，精神不振，耳、鼻、角根温热，口色鲜红，脉浮而有力，常有咳嗽，气促喘粗，鼻流黏涕。为外感风热或温病初起，宜用辛凉解表法疏解表邪。药用：西河柳、丛菔、桑叶、荆芥、牛蒡子、薄荷、葛根、花粉、连翘、银花、柴胡等。如咳、喘症状较重，常配伍宣肺止咳药和调“龙”顺气药（见咳嗽），兼有食欲不振的再佐以理气消食药，如陈皮、青皮、厚朴、神曲、山楂等。

2. 里热型 中热以至高热，舌色红，苔黄燥，脉沉数有力，呼吸迫促，大便干燥，小便短黄，如肺热、急肠黄。治宜清热解毒或清热燥湿。药用：红景天、陇蜀杜鹃、黄花杜鹃、高山辣根菜、短管兔耳草、镰形棘豆、蒲氏堇菜、阿氏蒿、岩青、黄连、蒲公英、大黄、黄芩等。为防止“热甚伤津”，亦常佐以凉血生津药，如结血蒿、生地、玄参、麦冬等。

3. 血热型 出现高热，病畜舌质红而口干，脉细数，粪干尿稠，或神昏嗜睡，或兴奋烦躁（热扰心神）。治宜清热凉血解毒生津。药用：翼首草、寒水石、沙枣、牡蒿、丹皮、生地、玄参、麦冬、赤芍、黄芩等。如病畜神昏，常佐以少量芳香开窍药，如牛黄、石菖蒲、麝香等，兴奋狂躁则常佐以安神镇惊药，如睡菜、北缬草、朱砂、茯神等。

4. 阴虚型 下午或傍晚出现低热，粪干，舌色红，无苔，脉沉数无力，属阴虚发热，常见于某些慢性传染病过程中。治宜滋阴清热。药用：鳖甲、青蒿、柴胡、地骨皮、生地、知母、栀子、秦艽等。

对于发热患畜，应给予充足饮水和易消化而营养丰富的草料，同时积极查明原因，进行处理。对一时不能确诊的，可先服以下处方。

（1）雪乌六味汤（“翁格尔住”汤）：雪乌 30 克，高山辣根菜、短管兔耳草、驴蹄草、川红花、未成熟的青色青稞各 15 克。水煎候凉，一次灌服，用于牛、马。

（原四川省色达县大则公社畜牧兽医站提供）

（2）见第三章第四节家畜传染病《马流行性感冒》处方“直打颠阿”。

（3）雪乌十三味散（“翁格尔举松”）：雪乌 30 克，波棱瓜子、麻花艽、湿生扁蕾、纤毛婆婆纳、细果角茴香、茜草、三颗针、裸茎金腰子、牛黄、川红花、水湿柳叶菜、短管兔耳草各 15 克。共碾细末，水冲灌服。大畜 6～9 克，小畜 3～5 克，日服 2～3 次。

主治：高热病，幼畜各种腹泻。

（原四川省色达县大则公社畜牧兽医站提供）

（4）翼首草十一味散（“帮则角结”）：伞梗虎耳草、翼首草、角茴香、菥蓂、胡黄连、青果、五灵脂、纤毛婆婆纳各一份，川黄连、紫檀香、红檀香各半份。碾成细末，混合备用。牛每次用 3～5 克，羊 3 克，水冲灌服，日服 3 次。

（原西藏工布江达县畜牧兽医站提供）

除上述处方外，对情况特别危急的高热患畜，还可配合物理降温法，例如用冷水淋头（猪）或用冷水浸湿毛巾敷在患畜额头部，并不断向毛巾上浇冷水。此外，对于微生物感染引起的发热，可结合应用抗菌药物如磺胺类药物。对于心脏衰弱及高热脱水的，还应及时应用强心药及静脉注射葡萄糖生理盐水等，以提高疗效。

二、咳　嗽

咳嗽，藏名为“老加巴”，常为肺部疾患所引起。其他与呼吸有关的器官如鼻、喉及胸膜的某些疾病，亦常发生咳嗽。此外，某些疠疫、寄生虫侵犯肺部也可引起咳嗽。

藏兽医认为，属于肺的“龙”（相当于中兽医所说的“肺气”），主宣发肃降（呼出浊气、吸入清气并输送到全身），亦即肺的吸清呼浊的呼吸功能。健康家畜气道通畅，肺气宣降，呼吸正常。如因外邪犯肺而致气道壅阻，或因内伤劳役而肺气虚弱，气机不畅，均可导致肺的宣降失常，出现咳喘。由外邪犯肺引起的咳嗽多属实证；由内伤所引起的则为虚证。

【处理】基于上述认识，藏兽医在对咳嗽的处理上，常用宣肺止咳药，如黄花杜鹃、陇蜀杜鹃、高山紫菀、半夏、瓜蒌、贝母、杏仁、桔梗、款冬花、桑白皮等，配合调“龙”顺气的药物，如丁香、木香、沉香、白檀香、紫檀香、枳壳等。同时，再按证的表、里、寒、热分别佐以辛温解表、辛凉解表、清热解毒类药物。如风寒表证（风寒咳嗽）常佐以荆芥、防风、麻黄、桂枝、羌活等；风热表证（风热咳嗽）常佐以薄荷、香薷、萼果香薷、木茎山金梅、牛蒡子、丛菔、柴胡等；肺热咳喘则常佐以高山辣根菜、兰石草、红景天、短管兔耳草、沙枣、黄连、黄芩等。

对于劳伤所致的肺虚咳喘，则宜益气止咳定喘。药用：岩黄芪、党参、五味子、紫菀、款冬花、北沙参、百合、蛤蚧等。有些由于咳嗽可由某些慢性或急性传染病（如牛结核、马鼻疽、传染性胸膜肺炎、马腺疫、猪气喘病）或寄生虫病（如牛、羊肺线虫病，猪蛔虫病的幼虫移行期）所引起，应结合流行病学、其他临床表现及实验室诊断等方法确定诊断，采取相应的防治措施进行处理。

肺热咳嗽　病畜咳嗽，发热，呼吸稍快，鼻流清涕，后流脓鼻，大便干燥，小便赤黄，口色赤红，脉象洪大。现列举临床上常见的肺热咳嗽的处理方法。

(1) 解热止嗽散：戟叶石苇、车前草各1份。混合碾为细粉。每次24～30克，内服。

（原西藏乃东县畜牧兽医站提供）

(2) 解热止咳散：乌双龙胆5克，贝母1克，三颗针2克，兰花龙胆0.5克，螃蟹6克，滑石0.6克。混合碾为细末。每次内服5～6克，日服2次。

（原西藏乃东县畜牧兽医站提供）

(3) 兰石草1 500克，红景天、丛菔、水柏枝各1 000克，螃蟹甲、伞梗虎耳草、船形乌头、戟叶石苇、车前草各500克，卵瓣蚤缀750克，麻黄250克，土大黄90克。混合碾成细末。牛每次内服180～270克，羊30～60克。

（原西藏贡嘎县畜牧兽医站提供）

(4) 纤毛婆婆纳1 750克，囊距翠雀1 000克，乌双龙胆、船形乌头、螃蟹甲各750克，伞梗虎耳草500克，唐古特青兰、贝母、草决明各250克。混合碾成细末。牛每次内服180～270克，羊30～60克。

（原西藏贡嘎县畜牧兽医站提供）

(5) 红景天500克，丛菔、雪茶、驴蹄草、小点地梅、木茎山金梅、甘草、石膏各150克。

制法：上药混合制成每毫升含原药1克的注射液。

用法：肌内注射。犊牛每次10～15毫升，每日1次，连用4～5天。

（原四川省若尔盖县红星公社畜牧兽医站提供）

三、流 鼻

鼻液由一侧或两侧鼻孔流出，称为流鼻，藏名为“那土顿巴”。流鼻是呼吸道及其邻近器官（如咽、上颌窦等）疾病的症状之一。传染病（马腺疫、马鼻疽等）和寄生虫病（如牛、羊鼻蝇幼虫病，牛、羊肺线虫病）的病程中亦常有流鼻。

一侧流出脓样鼻液，恶臭，低头时流出更多，见于脑颡（上颌窦蓄脓）；两侧流鼻，鼻液初呈水样，后变黏稠以至黏脓性，多见于风寒感冒或风热感冒以及肺热流鼻等疾病。

【处理】

1. 肺热流鼻 两侧流黏性鼻液，口色红而有热涎，牛鼻镜微干，呼吸稍快，咳嗽。方用：

檀香十五味（“赞登举额阿”）：紫檀香、川红花各90克，木香60克，沙棘、诃子、兰石草、高山辣根菜、滑石、安息香、山楂、锡金微紫草、短管兔耳草、密花角蒿、茜草、甘草各15克。混合碾成细末，冰糖为引，水冲灌服。牛、马每次6～9克，猪、羊3～6克，日服3次。

（原四川省色达县大则公社畜牧兽医站提供）

2. 风寒感冒咳嗽流鼻 流鼻，咳嗽，耳、鼻、四肢俱凉，被毛逆立，口色淡，脉浮紧。方用：

七宝汤（“邓汤”）：诃子、山楂、川楝子、藏木香、干姜、木藤蓼、草本悬钩子各30克。水煎灌服，牛、马日服2次。

若为风热感冒则减去干姜而加山柰。

（原四川省色达县大则公社畜牧兽医站提供）

某些传染病和寄生虫病病程中，亦常流鼻，故应仔细了解病史和当地流行病学资料，并结合临床症状作出判断，及时采取措施进行防治。

四、腹 泻

腹泻，藏名为“跑瓦协乃”，指排粪次数增多，粪便稀如粥状、液状或水状，多为肠道受到某种刺激，而运化紊乱、吸收受阻、蠕动增强的结果。严重的腹泻，粪便中带有黏液、假膜或血液等，为肠道重剧炎症、溃疡、坏死或胃肠出血的表征。

腹泻按病程的发展，可分为急性和慢性两大类。急性腹泻发病急骤，粪呈粥状、稀糊状，色黄、赤黄（马）或黑（牛），气味腥臭，有时粪中带有红白相间的瘀膜或脓血，口色赤红，脉洪大或洪数，如马的急肠黄、牛的湿热泻及幼畜痢疾。慢性腹泻则常由急性转变而来，或由肠道寄生虫所引起，多伴发便秘与腹泻交替出现的症状。马患冷痛时亦常出现突然腹泻，但粪如水样，肠音高朗，腹痛并反复起卧，口色青白，脉迟细。老龄家畜或因饲养管理不当所致的脾胃虚寒性腹泻，常常粪渣与水分别排下（马）或为粥样（牛），无腥臭，无瘀膜、脓血，口色淡白，脉沉迟。

藏兽医认为腹泻是由于湿、热、寒和暑之邪内侵，或内伤饮食阴冷不洁之物，湿、热下迫或寒、湿下注，致使属于脾、胃、肠之“龙”升降失常，造成脾、胃纳化失职，肠不能分清泌浊，清浊不分，水液和粪渣混杂而下。如因水草不洁或过食阴冷，伤及脾胃，复有疫毒之邪乘虚而侵入胃肠，湿热阻滞肠中，气血瘀滞，化为脓血而随粪下，则粪中出现瘀膜、脓血。

【处理】对腹泻的处理，藏兽医常用调“龙”顺气消食药，如青皮、枳壳、丁香、安息香、檀香、山柰、肉豆蔻、草豆蔻、木香、草果、黑胡椒、白胡椒、芹叶铁线莲等，并按证的寒、热，配合应用温中散寒药（如干姜、附子等），或清热解毒、清热燥湿药（如黄连、黄芩、黄柏、三颗针、胡黄连、镰形棘豆、细果角茴香、西藏圆柏等），或再于处方中加用渗湿利水药（如茯苓、泽泻、木通、车前草），以利小便而实大肠。

1. 湿热泻　发病急，不安，粪稀如粥，腥臭难闻，粪色赤黄或黑，或呈黄白、黄绿等色（幼畜），发热，口色红或红黄，脉洪数。方用：

（1）胡黄圆柏丸：见第四章藏兽医经验专题研究资料“胡黄圆柏丸治疗羔羊痢疾的试验”。

（2）牲畜痢疾散：地榆、蒲公英、旱蓼、胡黄连、老鹳草各180克，藏木香210克，拳参、炒大黄、龙胆草、岩青各500克。混合碾为细末。大家畜每次250～500克，中家畜20～50克，羔羊3～6克水冲灌服。

主治：羔羊、犊牛痢疾，大家畜胃肠炎，仔猪白痢，受凉腹泻，并可作为羔、犊传染性口膜炎、外伤创面渗出液过多的撒布剂。

（原西藏畜牧兽医科学研究所提供）

（3）黄岩酊：见第四章藏兽医经验专题研究资料“黄岩酊试治羔羊、犊牛拉稀病及大家畜腹泻症报告”。

（4）五灵脂500克，红景天150克，麝香25克，铁棒锤90克，草红花150克，新木香150克，小豆蔻150克，菖蒲60克，猪胎粪炭500克，船形乌头210克，卷丝苦苣苔210克，唐古特青兰210克，逆阿落150克，诃子500克。混合碾为细末。马、牛5～20克，山羊、绵羊1～5克，水冲灌服。

主治：细菌性痢疾，肠炎。

（原西藏当雄县畜牧兽医站提供）

2. 寒泻　病畜精神倦怠，食欲减少，耳根、角根发冷，肠音增强，大便稀薄，同时粪中混有未消化的草料碎渣，口色青白，脉沉迟。方用：

（1）“益希止哈”：见第三章第一节家畜内科疾病“冷痛”。

（2）三味丸：诃子肉 30 克，荜茇、雪上一枝蒿（制）各 15 克。

制法：先把砂放在锅里炒烫，然后将雪上一枝蒿根放在锅内的热砂中，炒至药物的气体挥发尽，变成微黄色，方可入药。炒时不要与锅过于接近，以防吸入气体中毒。再将制过的雪上一枝蒿和其余两药混合碾成细末，加适量淀粉，制成如豌豆大的丸剂，银朱为衣。

用法：口服，每次大畜 20 粒、小畜 3 粒，日服 2 次。

（原四川省若尔盖县红星公社畜牧兽医站提供）

（3）治犊牛痢疾方：小杜鹃 30 克，胡椒、木通、干姜、草豆蔻各 15 克，荜茇 3 克。混合碾成细末。犊牛每次 5～15 克，水冲灌服，日服 2 次。

（原四川省若尔盖县红星公社畜牧兽医站提供）

对于严重腹泻而脱水及心脏衰弱患畜，也应及时采取强心补液等措施进行急救。

五、腹　痛

腹痛，藏名为“跑色加巴”，是多种脏腑疾病的症状之一，在藏兽医经验中多见于马的结症、冷痛和肠变位等。牛的食胀、气胀和冷痛亦常出现腹痛症状。

对于腹痛，藏兽医认为其原因主要有两种：空肠过饮冷水或劳役归来乘热冷饮，饲草粗糙，饮水不足，或劳役后未经休息即上槽急食，以致草料积滞肠中，不能运化。上述原因，均可导致肠腑气机不利，食物运化功能失常，壅阻不通而出现腹痛。如食积胃腑不能运化，亦可导致胃腑胀大，形成食滞腹痛。草料在胃肠中停滞产气，则为气滞腹痛。

腹痛，特别是马的腹痛，往往来势急骤。有的在食后不久即出现腹痛，急起急卧，前肢刨地，后肢踢腹，或回头望肷，或小心卧下旋即起立，呈现种种异常姿势，严重的卧地滚转。如不细心护理诊治，常使病情加剧、转化而引起不良后果。

【处理】

1. 对于腹痛病畜，应指定专人护理，时时牵遛，避免打滚，再进一步诊断治疗。

2. 藏兽医对腹痛的处理，着眼于理气通肠，亦即用调“龙”顺气药与理气消食药并用。又认为腹痛与气血相关，气行则血行，血行气亦畅，血凝气亦滞，故有的在处方中加入行血药如红花、川芎、延胡索等，对于冷痛则常配伍温中散寒药。现列举数方于下：

(1) 寒水石 0.5 克，食盐 0.1 克，青稞酒（陈酒）250 毫升，小叶杜鹃 1 000克，膜荚黄芪 1 000 克，黑胡椒 375 克，肉豆蔻 50 克，硇砂 50 克，紫脑砂 50 克，干姜 500 克，芫荽 1 000 克，木香 250 克，芒硝 50 克，青稞 100 克。

制法：将寒水石煅后放在水中，取出同黄芪置容器中，用青稞酒浸湿，上面再撒上食盐粉，然后密封容器。再挖一个土灶，分上下两层，上层形如蒸笼样，放入容器，密封上层灶口，然后在灶下层烧火加温，维持 7～8 小时后停火，第二天取出容器启封，其中药物炭化呈黑褐色为度。再将其余药物碾成细粉，和炭化药物混合均匀即可应用。

用法：大马 2 克，中等马 1.5 克，小马 1 克，加适量水灌服，日服 3 次。

（原西藏工布江达县畜牧兽医站提供）

(2)“九啊扎巴”（藏语名）：小叶杜鹃1 000克，绣球藤 500 克，肉豆蔻 1 500克，芫荽 100 克，干姜 250 克，黑胡椒 100 克，船形乌头1 000克，寒水石 400 克，光明盐 100 克，硇砂 50 克，紫脑砂 50 克，火硝 50 克，广木香 150 克，荜茇 150 克，藏木香 150 克。

制法：小叶杜鹃和绣球藤共置容器中，再加入适量的食盐和烧酒，然后密封容器，外边加火烧使容器内的药物炭化，取出与其余约物混合碾为细粉。

用法：大马 20 克，加适量酒灌服。

（原西藏工布江达县畜牧兽医站提供）

(3) 木香十三味：见第三章第一节家畜内科疾病“结症”。

(4) 石榴籽二十味：见第三章第一节家畜内科疾病“胃扩张”。

(5) 细其十二味：见第三章第三节家畜产科疾病“产后腹痛”。

(6) 光明盐 15 克，纠渣（为一种染色时加入的酸性盐）60 克，紫脑砂 30 克，荜茇 15 克，桂皮 15 克，土碱 100 克，姜片 30 克，花椒 15 克，草果 15 克。混合碾为细末。温开水冲服，大马每次 1 调匙，日服 1 次。

主治：马、骡疝痛（冷痛、过食）。

（原西藏工布江达县畜牧兽医站提供）

(7) 承气丸：见第三章第一节内科疾病“结症”。

六、出　　血

出血，藏名为“查顿巴”，指血液不循经脉运行而外溢的一种症候，根据藏兽医经验，临床上常见的为鼻出血和尿血。关于外伤出血的处理，可参照外科疾病。

鼻出血，中兽医称为鼻衄，多由于气候炎热，劳役过度，外感暑热之邪，侵入心肺，心肺热极而上攻于鼻，使鼻腔干燥，加以血热妄行，而成鼻衄。鼻衄的主要症状是一侧或两侧鼻孔突然流出深红色血液，轻的经过一段时间可自行止住，重的则流血不止。鼻出血与肺出血相似，应予以鉴别，鼻出血多为一侧鼻孔出血，血色深红，无泡沫；而肺出血多系两侧鼻孔流出鲜红色血液，带有泡沫，并有咳喘症状。由外伤引起的鼻出血，有外伤史，不难鉴别。

尿血就是尿中带血。主要由于炎天暑月使役过急，热邪侵入心经，心热下注小肠，继而流注膀胱而成尿血，或因过度负重，伤及肾或膀胱，亦能引起尿血。其特点是尿中混有血液，如排尿前有血，中间及排尿后段无血，多属尿道（或阴道）的疾病；中间及后段有血，且尿中混有凝结的微血块，而排尿前无血，多属于肾或膀胱疾病。

【处理】鼻衄和尿血均与心经积热、血热外溢有关，故均可用清热凉血药，如白茅根、小蓟、黄连、玄参、栀子、黄柏、大黄等，配合止血药如侧柏叶，炒蒲黄、血余炭、槐花、地榆等组方治疗。对于尿血，还可佐以渗湿利水药如车前子、瞿麦，萹蓄、茯苓、木通等。现列举数方于下：

1. 鼻衄

（1）陈棕（烧灰）60 克，竹叶 120 克，灶心土 250 克。将竹叶煎水加灶心土，沉淀后取上清液冲陈棕灰一次灌服。

主治：牛流鼻血。

（原四川省汶川县雁门公社畜牧兽医站提供）

（2）白茅根 120 克，黄刺根 120 克，血余炭 15 克。白茅根与黄刺根同煎水后加入血余炭一次灌服。

主治：牛流鼻血。

（原四川省汶川县雁门公社畜牧兽医站提供）

2. 尿血

（1）民间草药单方：白茅根（马、牛 125～250 克）或鲜小蓟（马、牛 60 克）水煎服。

（2）秦艽 20 克，瞿麦 15 克，当归 6 克，车前子 15 克，黄芩 18 克，赤芍 15 克，焦栀子 15 克，炒蒲黄 12 克，大黄 18 克，红花 15 克，天花粉 15 克，甘草 12 克。共为细末，淡竹叶煎水灌服。

（原四川省理县桃坪公社畜牧兽医站提供）

对于鼻出血不止或严重尿血的患畜，可结合肌内注射止血药如仙鹤草素和安特诺新等。

七、黄　疸

黄疸是多种疾病的一种症状，藏名为“赤乃”，临床上表现为可视黏膜（眼、口、鼻、生殖道）发黄。检查时应在充足的自然光线下进行。

黄疸可以见于多种疾病，但根据其成因和表现可以归纳为“阳黄”和“阴黄”两大类。

阳黄患畜精神倦怠，眼睛和口腔色黄鲜明如橘黄色，口渴贪饮，尿赤黄短少，粪便燥结，脉滑数。关于阳黄的成因，藏兽医认为阳的“赤巴”（相当于中兽医的“胆火”）正常时能在“龙”的统率下，为肝泄其浊液（胆汁），帮助消化。如外感时疫湿浊之邪，入里化热，湿热相结，阻遏胆火，致使胆汁不得循常道外泄，浸溢于全身，溢于肺则身目俱黄，溢于膀胱则尿色赤黄如橘子色，而成阳黄。

阴黄患畜精神沉郁，四肢乏力，喜温而恶寒，眼目和口色淡而带暗黄。食欲减退，大便溏泻，病久则四肢和腹下浮肿。

阴黄之成因，藏兽医认为多因牲畜久渴失饮而过饮冷水，或老弱病畜过食冻料，或放牧被阴雨浇淋，或夜睡潮湿之地，久之脾阳衰弱，湿从寒化，寒湿蕴结肝胆，致胆汁不循常道外泄而成病。

【处理】由于黄疸的起因不外湿热或寒湿蕴结所致，故在处理上对阳黄应着重用清热利湿药，如茵陈、短管兔耳草、高原鸢尾、唐古特虎耳草、唐古特青兰、五脉绿绒蒿、黄连、土胡连等，并常佐以木通、茯苓、滑石等渗湿药。对阴黄则着重用温化寒湿药，如茵陈、附子、干姜，并佐以茯苓、泽泻。如脾胃虚弱，则在处方中加用白术、厚朴、大腹皮、焦山楂等。

（1）红花六味汤（“各尔更住”汤）：川红花 30 克，黄花杜鹃、短管兔耳草、蕨麻、唐古特虎耳草、唐古特青兰各 15 克。水煎灌服。

主治：肝炎、肝胆肿大。

（原四川省色达县大则公社畜牧兽医站提供）

（2）“赛多阿哇”（藏语名）：红诃子 30 克，石榴子、波棱瓜子、五灵脂、猪胎粪炭各 15 克。混合碾为细末。大畜 6～8 克，小畜 3～4 克，水冲灌服，日服 2～3 次。

主治：胆囊炎，肝炎，黄疸，肠炎，消化不良。

（原四川省色达县大则公社畜牧兽医站提供）

（3）栀子 30 克，五脉绿绒蒿 25 克，木通 20 克，唐古特虎耳草 18 克，五灵脂 15 克，新木香 12 克，纤毛婆婆纳 10 克，波棱瓜子 6 克，白糖 15 克。共为末。羊每次用 1 克，开水冲服，早晚各 1 次。

主治：肝胆病。

（原青海省班玛县畜牧兽医站提供）

（4）红花 30 克，五脉绿绒蒿、木通、青藏虎耳草、诃子、麻黄各 15 克。共为末。羊每次用 1 克，开水冲服，早晚各 1 次。

主治：肝胆病。

（原青海省班玛县畜牧兽医站提供）

（5）“赤汤足你”（藏语名）：诃子、山楂、川楝子、青木香、山柰、草本悬钩子、木藤蓼、雪乌、麻花艽花、翼首草、高山辣根菜、短管兔耳草各 30 克。水煎灌服。

主治：肝胆肿胀，消化不良，臌胀。

（原四川省色达县大则公社畜牧兽医站提供）

八、水肿和腹水

水肿和腹水，均由于水液代谢循环障碍所造成。组织间隙积聚过量的水样液体而肿胀，称为水肿，藏名“缺协张巴”。较常发生水肿的部位是胸前、腹下、颌下、阴鞘、会阴、四肢等。

水液渗入腹腔而积聚，称为腹水，藏名“跑却索巴”，表现为腹腔下部两侧对称性膨大，顶压下腹部可感到波动。

藏兽医认为在正常情况下，家畜摄入饮食入胃，在持命之气的推动下，经过脾的运化，将其中精微部分上输到肺，再经肺的宣发，水精四布，内濡五脏六腑，外养四肢百骸，这种身体中的水液，藏名称为“白干”。白干在体内形成唾液、关节液、组织液等正常生命活动之液体，并变化为血液，同时生命活动中不断产生的浊液，经过肺的肃降，通调水道，下输于肾，再经肾的温化作用，分别将清的上输于肺，浊的下归膀胱，排出体外。因此，机体内水液代谢与肺、脾、肾三脏关系密切。如外感湿浊之邪，或内伤阴冷，导致肺气宣化、脾气运化及肾气温化作用失常，均可引起水湿停聚而生水肿或溢入腹腔而成腹水。

【处理】水肿和腹水既为水湿积聚所引起，又与肺、脾、肾三脏有关，故在处理上应以渗湿利水药如车前草、戟叶石苇、水葫芦苗、野冬苋菜、鹅首马先蒿、赤小豆等为主药，身体壮实的可用五朵云（又名泽漆、倒毒伞）等。再按兼证，如肺气虚的，配白术、党参、黄芪；肾阳不足而有寒象的，配制附子、肉桂、干姜；脾弱的，配陈皮、厚朴、苍术；兼风热的，配牛蒡子、黄芩、板蓝根、蒲公英等。方中忌用甘草，因甘草有使水液潴留之弊。

（1）车前草1 500克，戟叶石苇1 000克，白胡椒1 250克，船形乌头 250克，野冬苋菜1 750克，水葫芦苗1 000克，鹅首马先蒿 500 克，蛤蚧2 500克。混合碾成细末。牛 60～100 克，羊 30～50 克，水冲灌服。

（原西藏贡嘎县畜牧兽医站提供）

（2）五朵云膏：五朵云5 000克，皂荚、巴豆霜、生大黄、狼毒各 30 克。

制法：先将五朵云按 1∶8 加水，熬至 1∶3 时，去渣取汁，再加其余药粉，文火熬成膏剂备用。

用法：口服，大畜 10～15 克，小畜 3～6 克。体弱者慎服，孕畜忌服。

（原四川省若尔盖县红星公社畜牧兽医站提供）

九、炎　症

炎症是临床上常见的一种病理反应，藏名为“念采”，表现为局部红、肿、热、痛和机能障碍。这些征候在急性炎症较为明显，慢性炎症则常不明显，或缺乏其中某些征候。发生在身体内部的炎症，虽不能看到，但可以从其功能障碍的情况推知。在进行尸体解剖时，可以见到发炎组织器官的变化。

藏兽医认为炎症主要是由于畜体体表不洁，失于梳刮，气血运行不畅，再因受到跌、打、碰、撞或外感热毒湿浊之邪，侵入腠理，传于经络，邪正相搏，致使气血流注于局部，停而不动，止而不行，凝于肌肤故红而焮热，阻于经络故肿而疼痛，遂成炎症。

【处理】 炎症为热毒所引起的局部气血凝滞所致，故处理上应以清热解毒、活血散瘀为治疗原则。

(1)“群阿”：见第三章第二节家畜外科疾病“创伤”部分的陈旧创。

(2) 野菊花 6 克，地柏枝 3 克，青蒿 3 克，白及 30 克，过山龙 15 克，三七 30 克，见肿消 30 克。捣烂，局部包敷。

主治：痈肿疮毒。

(原四川省汶川县雁门公社畜牧兽医站提供)

(3) 白莨菪 5 000 克，三颗针、唐古草、麻黄各 2 500 克，船形乌头 500 克。

制法：碾成细末混合均匀，开水冲并加赋形剂，制成膏剂。

用法：涂布于患部。严禁内服。

主治：炎症，水肿。

(原西藏贡嘎县畜牧兽医站提供)

第二章 藏兽医常用药物

第一节 藏药基本知识

一、药材生长环境

药材的生长与其周围环境有着密切关系，生长环境不同，不仅对药物的采集和辨认有一定的影响，而且对药物的药效发挥也起着很大的制约作用。高寒地区多产虫草、贝母、高山大黄、雪莲花、獐子、鹿等；海拔较低的山谷、林区多产三七、天麻、黄连、灵芝、党参等；农区和平农半牧区多产一般药材，如三颗针、东莨菪、柴胡、秦艽、螃蟹甲、手掌参（佛手参）、核桃、荠菜、车前草、麻黄等。

二、藏药的性味和功能

（一）四气

四气又称为四性，指药的寒、热、温、凉四种性质。另外有一种平性，是一种比较平和的药性，不另立为一气，所以通常只称为四气。药物的四气，是从药物作用于机体后的结果得出来的。凡是能治寒性病的药物，一般是热性药和温性药，一般说来温热药大都具有散寒、温里和助阳等作用；凡是能治热性病的药物，大多属于寒凉药，而寒凉药大多具有泻火、清热和解毒的作用。此外，还有一种寒热夹杂的疾病，用药时就必须寒热并用，灵活掌握。

（二）六味

舌对药物的感觉就是味。藏兽医学认为，药物有甘、酸、咸、辛、涩、苦等六味。其味道不同，作用也不一样。甘味在口腔中长时间停留能引起食欲，具有增强体力、补气固本、荣润肤色、开窍舒胸、生肌消渴、增生体温、生“培根”之效，对“赤巴”有益；酸味会使牙酸痒，口涎外流，具有收敛、固脱的作用；咸味一到口中会感觉刺激舌头，流眼泪，具有熄风、镇静、消肿化积、消烦渴、增体力、生血液、生“赤巴”、干黄水、下死胎和软坚润下之效；

辛味具有发汗理气、增生胃温、健胃消积、镇静安眠、驱杀肠胃寄生虫之效；涩味一到口中便觉黏舌、黏腭、粗糙的感觉，具有通淋止泻、复苏开窍、荣润皮肤和驱虫的功效；苦味能清能燥，有清热解毒、消炎、杀菌的作用。

六味之外，还有三化味，即服药后在体内经吸收使原来药物之味发生变化。如甘、咸两味转化为甘味；辛、涩、苦转化为苦味；酸味经体内吸收后仍为酸味。因此，将甘、苦、酸称之为三化味。

凡具有甘、酸、咸味的药物均能治“龙”病；具有苦、甘、涩味的药物均能治“赤巴”病；具有辛、酸、咸味的药物均能治“培根”病。

每一种药物的“气”和“味”是紧密联系的，它们构成了药物的药性及其作用。例如生姜是辛温药，有发汗、散寒等作用；大黄是苦寒药，有通便、泻火、解毒等作用。所以在临床上应该通过四气、六味来分析药性，对症下药。但是四气、六味只是藏药性味的概括归纳，在实际应用时还有许多特殊情况，因此往往使用复方。通过复方，药物的药性和作用可以互相影响和变化。所以，不能机械地理解，而应对具体情况进行具体分析，在实践中灵活运用。

1. 甘味药物类　甘味药物适宜身体的需要，能增长元气和体力，对老、弱、幼畜有补益作用，对治疗消瘦、气管炎、肺病有特效；还能使机体肌肉丰满，加速创伤愈合，使机体精力充沛，五官灵敏；治疗中毒症、“龙”病、“赤巴”病都有效用。但是，甘味药物运用过量时，会诱发“培根”病、肥胖症，导致消化功能下降、甲状腺肿大等。

常见的药物有甘草、葡萄、红花、滑石、腊肠果、玉竹、黄精、川芎、白糖、蔗糖、蜂蜜、肉类、酥油等。凡舌舔舐感到与这些药物相同或相近者，都属于甘味药物类。

2. 酸味药物类　酸味药物能增胃火，增加消化能力，使油脂糜烂稀释，还能顺气。但用量过多时，会产生血液病、“赤巴”病，使肌肉松弛，导致视力昏花、头晕、水肿、膨胀甚至出现皮疹、口渴等病症。

常见的药物有如石榴、醋柳、木瓜、柏子、余甘子、乳酪、酪浆、酒曲等。凡舌感有酸味的药均属这一类。

3. 咸味药物类　咸味药物能使机体健壮，有疏通作用，能治闭塞梗阻症，用以罨熨能产生胃火，有健胃作用。但用量过多时，会产生脱毛、中毒症，也能诱发丹毒、“赤巴”病及血液病。

常见的药物有角盐（兽类的角锻制的盐类药物）、光明盐、硇砂、藏红盐、白秋石（一种矿物盐，形状各异，有不规则的颗粒，也有块片状，紫色至棕红色，半透明）、火硝、哇擦（一种矿物盐，形状呈不规则的半透明颗粒状）、皮硝、土碱、芒硝、松盐等。凡药物的舌感之味与这些药物相近似者，均属于咸味药物类。

4. 辛味药物类　辛味药物能治下颌病、喉蛾（症状是舌、唇、后颚、咽喉肿胀或红肿，声音嘶哑，吞食时出现梗阻疼痛，与咽喉炎、扁桃腺炎极为相似）、水肿等病症。亦能使创伤愈合，升高体温，开胃健脾助消化，祛腐生肌、泻下、疏通脉道等。若服用过量，会损耗精液和体力，引发抽搐、颤抖、腰背疼痛等。

常见的药物有阿魏、溪畔银莲花、毛茛、南星、葱、蒜、胡椒、姜等。凡药物之味与上述药物相近似者，均属辛味药物类。

5. 涩味药物类　涩味药物能治疗血病、“赤巴”病、脂肪增多症，有祛腐生肌、愈合伤口的作用，使皮肤滋润光泽。同时，也能治疗泻泄病。若服用过量，会引发胃液瘀积、便秘、腹胀等病症。

常见的药物有诃子、檀香、毛瓣绿绒蒿、大株红景天、臭李子、西河柳、没食子等。凡舌感之味与这些药物相近似者均为涩味药物类。

6. 苦味药物类　苦味药物能开胃、驱虫、止渴、解毒，也能治疗瘟疫、“赤巴”病。有收敛作用，使溃疡、粪便变为干燥，使尿液变为清亮透明。也能治疗乳房炎、声音嘶哑等病症。但服用过量时，会诱发体力减弱及出现“龙”病、“培根”病等。

常见的药物有藏茵陈、山豆根、榜嘎（唐古物乌头、船形乌头）、黄连、麝香、波棱瓜、止泻果、小檗、秦艽、岩精和丹参等。凡药物之味与这些药物相似者，均属苦味药物类。

7. 混合味药物类　常见的药物有冰片、亚大黄、五味子等，均属混合味药物类。

（三）藏药的功能

藏兽医学认为药物的效能有柔、重、热、润、稳、寒、钝、凉、软、稀、干、温、轻、锐、糙、动、燥等十七种功效。它们大都产生于药物的六味：咸、涩、甘三味依次增重；咸、酸、甘三味依次变润；涩、苦、甘三味依次变凉；苦、涩、甘三味依次变钝；酸、辛、苦三味依次变轻而糙；辛、酸、咸三味依次变温而润。

（四）藏药与五行和性味功效的关系

藏药学理论认为药物性、味、效与五行有渊源，土性强的药物具有重、稳、柔、钝、润、干之效，能治“龙”病。水性强的药物具有稀、寒、重、钝、润、软、温、柔之效，能治“赤巴”病。火性强的药物，具有热、锐、燥、轻、润、动之效，能治“培根”病。总之，这十七种效能，能治疗临床呈现的各种病症。两种为一对，一是药性，二是病性，互为对治，即病性轻的应用重效能的药，反之病性重的应用轻效的药物。依此类推。

藏兽医认为药物的生长来源于五源，即土、水、火、气、空。五行缺一不可，否则药物就无法生长发育。其中：土，为药物生长提供土壤；水，为药物生长提供水分；火，为药物生长提供热能；气，为药物生长提供动力；空，为药物生长提供空间。来源于五行的药物与性味功效又有密切关系，土性偏强的药物味甘，具有重、稳、钝、柔、润、干之性，可以强筋骨、增生体力，有滋补强壮之效，可治“龙”病。根及根茎类药材大都属于土性。水性偏强的药物，味涩、酸，具有寒、凉、润、稀、钝、软、柔之性，可使饮食营养、血、肉、脂肪、骨、骨髓、精等七大物质积聚和增生肌肉之效，可治“赤巴”病。皮类和叶类药材属于水性。火性偏强的药物，味辛、涩，具有促进七大物质基础成熟、助消化、促吸收、增生体热、荣润肤色的作用，可治“培根”病。花类、种子类药材大都属于火性。气性偏强的药，味辛、涩、咸，具有强筋骨、通经活络、增生体温、收敛疮疡、促进七大物质基础运行的作用。皮类药材大都属于气性。空性偏强的药材，具有四性的通性，其功效通行全身无阻，舒胸宽腹，遍及肢体，适用于很多疾病。果类和种子类药材大都属于空性。同时，这一理论还把药材的颜色和五行联系起来，认为黄色、淡黄色为土；白色者为水；红色者为火；绿色者为气；蓝色者为空。并根据药材的颜色来考虑其属性，决定它的六味、八性、十七效。

三、药物的分类

藏兽医按药物的药味、药性、功能、医治疾病的作用等内容，将药物分为十八类。

1. 医治热性病的药物　包括冰片、白檀香、牛黄、红花、毛瓣绿绒蒿等。

2. 医治“赤巴”病的药物　包括藏茵陈、波棱瓜、止泻果、榜嘎、凤毛菊、钩腺大戟、秦艽、小檗等。

3. 医治血病的药物　包括紫檀香、锦鸡儿、降香、黄连、哇夏嘎、余甘子、矮紫堇、翼首草、茜草、紫草及紫草茸等。

4. 医治瘟疫的药物　包括牛黄、波棱瓜、川乌、大株红景天、苍耳、膜边獐牙菜、角茴香、翠雀花等。

5. 解毒药物　有麝香、乌头（黄、白、红三种）、钩藤（白、褐两种）、莨菪（白、褐两种）、藏川芎、翻白草、姜黄、翼首草、龙胆草、藏贯众、西河柳、小檗等。

6. 医治肺病的药物　有竹黄、甘草、野葡萄、醋柳子、木香、红景天、茵陈蒿、板蓝根等。

7. 医治“龙”病和热性“培根”合并症的药物　包括木藤蓼、覆盆子、沉香、茴香、木香、安息香、大蒜等。

8. 医治热性培根病的药物　包括木瓜、青木香、芫荽、醋柳子、绿绒蒿、石榴、干姜、余甘子等。

9. 医治“龙”病和“培根”合并症的药物　有山韭、葱、蒜、山柰、干姜、阿魏、红硇砂等。

10. 医治寒性“培根”病的药物　有石榴、黑胡椒、荜茇、干姜、小米、草果、小豆蔻、大托叶云实、蔓荆子、黄花杜鹃、高山唐松草、蛇床子、银莲花、毛茛、硇砂、角盐、灰盐等。

11. 医治“龙”病的药物　有肉豆蔻、蔗糖、各种骨类药物等。

12. 医治黄水症的药物　有白云香、草决明、麝香、黄蜀葵子、降香、小檗等。

13. 医治虫病的药物　有麝香、阿魏、大蒜、紫柳、蔓荆子、莨菪子、马蔺子、蜗牛壳、结血蒿炭、瑞香果、花椒等。

14. 医治腹泻症的药物　有葫芦、金瓜、五味子、没食子、郁李仁、小车前、紫草茸、茜草、翠雀花等。

15. 医治尿病的药物　有硇砂、光明盐、海金沙、螃蟹、小豆蔻、蜀葵等。

16. 催吐药　有没食子、刺参、橐吾、菖蒲、丝瓜子、草莓苗、矮骡树子、生槐子、金腰子、白芥子等。

17. 下泻药物　有诃子、腊肠果、芦荟、篱蒌、泽漆、大黄、白芷、佛手、瑞香、狼毒、亚大黄等。

18. 恶药　指性味比较猛的藏药。在藏兽医中有数千种，最常用的有200～300味。恶药也有六味和八性。六味即酸、苦、咸、辣、麻、更辣。八性，即吉洼：质重，不易被消化吸收；拢巴：含有丰富的脂肪，属油脂性药物；舍尔洼：凉性药物；诸鲁洼：热性药物；洛洼：产生药效时间快而有力，即速效类药物；佣洼：质轻的药物；珠巴：粗而有微辣味的药物；差瓦：辣味，热性药物。同一种恶药因炮制方法的不同，其性味也不完全相同。藏兽医根据药物的性味，有针对性地用药来治疗疾病。在对疾病的治疗活动中，所用的恶药都是根据临床症状需要来进行加工炮制。

四、药物的采收与加工

（一）采收

藏兽药的合理采收与加工，不仅对保证药材质量和疗效有着重要的意义，还有利于保护药材资源，维护生态平衡。本书所说的采收与贮存主要针对植物类药材。这类药材的采收应将有效成分的含量和产量同时考虑进去，从而找出最适宜的采收期。俗话说："当季是药，过季是草"，足见药物采集时间对药材药效发挥的重要性。

1. 根和根茎 宜在植物生长停止，花、叶萎谢的时期，或在春季发芽前采收，如苍术、桔梗、天麻等。但也有些药物，如半夏，宜在夏天采收；柴胡，宜在春季采收。

2. 叶和全草或全株 应在植物生长最旺盛的时期，花将开大时，或花盛开而果实未成熟时采收，如益母草、荆芥、车前草、大青叶、紫苏等。对于大草本植物，常割取地上部分；对于小的草本植物，可以连根拔起全株。

3. 树皮和树根 树皮多在春夏之交时采收，此时也容易剥离，如黄柏、厚朴等；根皮宜在秋季采收，如丹皮等。

4. 花和花粉 花一般在刚开放时采收，如菊花等。有些花应在花蕾期即采收，如槐花等。红花则应在花色由黄变橙红时采收。至于花粉，都应在花盛开时采收。

5. 果实与种子 果实应在已成熟或即将成熟时采收，如枸杞等；也有少数是采收未成熟果实，如枳实。至于种子，则应在完全成熟后采收。

（二）加工

采得的植物药材，一般都须除去泥土、杂质和非药用部分。有的还需经过简单的加工，如含淀粉、黏质较多或不易晒干的药物，多用开水煮烫或蒸过（如天麻、百合等）；干后坚硬或粗大的药物，可趁新鲜切制（如姜黄等）；干后难于去皮的药物，可趁新鲜去皮（如半夏、天南星等）。

药物在采集以后，除规定鲜用外，都需要经过初步的加工处理和干燥，并加以贮存保管，以备应用。干燥是药物贮存前的重要措施，按药物的不同性质，可采用晒干、阴干、烘干等方法。

1. 晒干法 是一种经济方便的方法。常用于对皮类、藤类、根和根茎类药物的干燥；其缺点是容易受天气变化的影响。因此，有时仅用于药物的初步干燥。

2. 阴干法 是将药物放在通风干燥处，避免日光直射，利用室温或流通空气，使药物自然干燥。此法主要用来干燥芳香类药物或花类药物；缺点是因为温度低，干燥速度慢，有时容易发霉。

3. 烘干法 是利用人工加温，使药物干燥。一般药材以不超过80℃为宜。这种方法需要一定的设备，也可以因地制宜，使用火炕、烘房和烘箱进行。此法的优点是不受天气变化影响，温度可以人工控制，干燥速度快。

五、药材的炮制与贮存

（一）炮制

1. 炮制的目的　药材大多是生药，在使用前一般都经过加工炮制的处理。炮制，可以消除或降低药物可能具有的毒性，如半夏生用有毒，须用生姜炮制；马钱子有毒，经过炒焦，可降低毒性。炮制可以在一定程度上改变药的性能，以缓和、加强、改变药物的作用，提高疗效；可以清除药物中的杂质及无用部分，使药物清洁纯净，便于应用；还可使药物便于制剂和防止变质，以便久藏。

2. 炮制的方法　大致可分为以下三类。

（1）火制法　主要是煅、炮、煨、炒、炙、焙、烘七种。将药物直接或间接放在火上，使其干燥、松脆、焦黄、炭化，以便于应用和保存。

（2）水制法　主要是洗、漂、泡、渍、水飞五种。可以使药物清洁柔软，便于加工切片，或借以减少药物毒性和烈性。

（3）水火共制　主要是蒸、煮、淬三种。可以缓和药性，或改变药物部分性能。

（二）贮存

贮存保管的目的主要是避免药物霉烂、被虫蛀、变色和泛油，以保证药物的质量和疗效。在一般情况下，造成药物变色的主要因素是湿度、温度、日照和氧化。因此，贮存药物必须消除以上因素。①干燥是最基本的条件，因为没有了水分，许多化学变化就不易发生，微生物也不易生长。②应在阴凉处贮藏，低温不但可以防止药物成分变化散失，还可以防止孢子和虫卵的生长繁殖。③要注意避光，应该将易受光线作用而引起变化的药物放在暗处，或贮存在陶、瓷容器或有色玻璃容器内。④有些药物易氧化变质，应放在密闭容器内。此外，也可以经常对易蛀的药物使用杀虫方法，常用的有硫黄熏法等。

六、药物的剂型

按照药物功能配制的药物剂型有调理和峻泻两大类。调理类的有汤、散、丸、膏、药油、药酒；峻泻类的有温和导泻剂、洗泻剂、催吐剂和鼻泻剂等。常用的剂型主要有散、汤、丸、丹、注射剂、酊剂、酥油剂和发酵剂等。

1. 散剂　按照药物处方将各种药物配制好以后，把药物研磨成细粉末，均匀地合在一起，以开水、酒或药水送服。如三味甘露散（配方：甘青青兰、制寒水石、藏木香）具有制酸接骨的功效，可用于治疗骨折及“培根木布”引起的胃酸过多等病症。牛马的用量为10～30 克/次，猪羊的用量为 5～10 克/次，

2 次/日。

2. 汤剂 按照药物处方配制好以后，把药物切片或粉碎，加入适量的水，加热煎煮，等煎煮到适当时候，滤去药渣使用药汁。如五味铁屑散（配方：制铁屑、小檗皮、诃子、毛诃子、余甘子）煎汤内服具有清热明目之功效，可用于治疗眼干、迎风流泪、结膜炎、云翳等疾病，马牛用量为 15～25 克/次，羊用量为 7.5～10 克/次，2～3 次/日。

3. 丸剂 按照药物处方将各种药物配制好以后，把药物研磨成细粉末，加入水、蜜或其他赋形剂拌和制成，以开水或酒或药水送服。如堆之日嘎（配方：石榴皮、桂皮、白豆蔻、藏红花、熟石灰，共碾细末，用醋柳果膏调合为丸，如豌豆大小）具有健胃止酸的功效，可用于治疗“培根”病的胃肿、吐酸水、食欲不振等病症。牛、马的用量为 5～15 丸/次，猪羊的用量为 2～6 丸/次，2 次/日，早晚投药。

4. 丹剂 把几种药物研磨后，用文火、武火炼制而成。以“穷依塔墨”为例来说明丹剂的制作方法。配方：诃子、察拉嘎波（硼砂类）、白硼砂、荜茇、船形乌头、泵诃嘎波各等份，寒水石、穷依用 10 倍于前者的量，黄火药用前者 1/300 的量。将前述药物按配方称好后，杵成青稞样大小，装入熔化银的坩埚内（约装坩埚容量的 2/3），用铁丝将坩埚扎紧，再以炭末、含硝的土与盐拌成泥状，密封坩埚四周，待干后先以文火缓慢加热，后用猛火煅烧半日（如火力不足，可用皮囊鼓风），烧至无火药味时，让其自冷，防止骤冷爆炸。待冷却后打开坩埚，取出药末（雪白色者可用，其他颜色或有怪味者不能使用），再将药末与冰糖按 1∶2 混合均匀，备用。可用于治疗“培根”病、胃肠道疾病。马、牛的用量为 6 克/次，猪、羊的用量为 3 克/次，2～3 次/日。

5. 注射剂 为了便于给药和加快药效发挥，可将藏草药做成注射剂应用。注射剂制作大致过程分提取、去杂质、配液、灌封、灭菌等步骤。

6. 酊剂 为生药的醇浸出液，供内服或外用。这在高寒地区尤为适用。酊剂的制备法是称一定量的生药，按照所需浓度，加定量的乙醇，浸泡 2～3 天后，开始渗漉或过滤。待药液全部收完后，再加少量乙醇，补足所需浓度。一般药材制成的酊剂浓度为 20％（即 20 克药材制成 100 毫升酊剂），含有剧毒成分药物的酊剂浓度为 10％（即 10 克药材制成 100 毫升酊剂）。酊剂常用于皮肤给药，经适量灭菌水稀释的酊剂也可以用于胃肠道给药。

7. 酥油剂 将药加水煎煮 2～3 次，过滤去渣，药液浓缩至 500 毫升左右，与少量的奶汁混合，再浓缩至 500 毫升。浓缩液与 500 毫升酥油按 1∶1 混合煎熬，最后熬成 500 毫升左右，放冷备用。

8. 发酵剂　将药粉碎，取少量药粉，加适量酒曲与温开水，拌和均匀，在常温下使其发酵，阴干，即得曲酶。然后再用曲酶密封发酵其余药粉，约经1周，滤渣取汁即成。

9. 膏剂　按照药物处方将各种药物配制好以后，先熬成浸膏状，再加入牛奶、酥油熬成糊状备用。如扎哇得苟（配方：巴米、呷哇、热业、业星、汪布、骨碎补、西藏榜子芹、矮叶石刁柏、草角红门兰各等份），用于治疗仲哇病、察哇病。牛、马的用量为15～25克/次，猪、羊的用量为7.5～15克/次，3次/日。

10. 擦剂　用适量的酥油熬化，加入糌粑擦身，适用于对"龙"病的游走性疼痛。

11. 洗剂　用某些药材或恶药煎水擦洗患处，以达到治疗的目的。如用醋柳子250克、白多250克，加水2 300毫升左右，浸泡过夜，可用于对跌打损伤而尚未破溃的部位治疗，其用法是涂擦患部。

12. 药酒　用某种或某些药物浸酒，通过口服或局部应用，达到治疗疾病的目的。关于药酒的配制，又分蜂蜜药酒、单方药酒和复方药酒三种。

（1）*单方蜂蜜药酒*　1升蜂蜜和6升水，混合煎煮过滤后，将滤过的液体再煎煮至2升时，加水1升，用长柄木勺扬温，加1捧酒籼，再将寒水石用丝绸包裹，悬垂在药液中，加1剂小豆蔻粉，保温3天；发酵后，再加生姜、荜茇、胡椒。每天早晚各用1小碗，治经血不调、黄水坠入关节、骨热、肾热、"龙"型黄水症。

（2）*蔗酒*　青稞、蒺藜、小麦配伍蒸熟，发酵后，在醪糖中掺入红糖水。治疗"龙"型疾病，尤其是对心、肺、肾、骨头等处的"龙"型疾病有特殊的疗效。

（3）*红糖蔗酒*　青稞酒加蔗糖，治疗所有的"龙"型疾病。酥油酒：在酒里加红糖、酥油、蜂蜜、小茴香、荜茇，发酵3天。治疗寒性"龙"病，"龙"犯头眼。

（4）*蒺藜酒*　蒺藜、青稞、酒籼，混合发酵的醪糟取水制酒。治关节炎、肾风症，特别是对"龙"病严重坠入肾者有显著的疗效。

（5）*骨酒*　绵羊尾骨或2岁的绵羊骨，砸碎后放入青稞酒中，3天后再掺红糖水。治疗"龙"型疾病、骨风症。

（6）*藏茵陈*　将青稞炒至淡黄色，其醪糟内加茵陈蒿、诃子汁，再掺和酒。治疗陈旧热症和"龙"型合并症。

（7）*红景天酒*　将红景天浸泡在水中，然后再掺麦酒。治疗肺热和"龙"型合并症。

七、药物的剂量

药物的剂量与疗效有直接关系，但是根据药物性质、疾病轻重程度、剂型种类、处方用药量，以及年龄、体质的差别等，其剂量也有所不同（参考附录1和附录2）。一般情况下，应遵循以下原则：

（1）毒性大的药物剂量宜小，并从小剂量开始，逐渐增加，至病势已退，即可停服。一般药物质地较轻、较易溶解的，剂量不宜过大；质重难溶解的，剂量宜加重。

（2）病轻的剂量宜小，病重的剂量需稍大。久病者又应低于新病者的剂量。

（3）通常情况下，同样的药物入汤剂宜比入丸、散剂的用量大，作酒剂、浸膏剂的用量可稍小。

一般地说，处方用药多时，其中的单味药用量宜小，但各药也有剂量大小的差异；相反，处方用药少时，其中的单味用量可稍增大。使用单味药物治病时，其用量可较大。这里所指的用量，均指汤剂，成年畜一日量。如改作丸、散剂，剂量常减半；如用鲜品，剂量常加倍。

八、藏兽药植物化学成分的一般鉴定方法

大多数藏兽药来自植物。由于药用植物的化学成分较复杂，有些成分如纤维素、蛋白质、油脂、淀粉、糖类、色素等是所有植物共有的，有些成分仅是某些植物所特有的，如生物碱类、苷类、挥发油、有机酸、鞣质等。大多数藏兽药所含化学成分均为多类的混合物，分析时常常互相干扰。因此，在藏兽药的识别中，必须根据中草药所含各种化学成分的溶解度、酸碱度、极性等理化性质，再用各类成分的鉴别反应加以鉴别。各类化学成分均具有一定的特殊性，药材的外观、色、香、味等可作为初步检查判断的手段之一，药材样品的断面挤压后有油迹者多含油脂或挥发油；有粉层者多含有淀粉和糖类；嗅之有特殊气味者，大多含有挥发油和内酯等；味若者大多含生物碱、苷类、苦味质；味酸者含有有机酸；有甜味者多含糖类；味涩者多含有鞣质等。

（一）药物主要化学成分的鉴别方法

1. 黄酮及其苷类的鉴定

（1）盐酸-镁（或锌）粉试验

【原理】本法是鉴别黄酮类的一个反应。黄酮类的乙醇溶液，在盐酸存在的情况下，能被镁粉还原，生成花色苷元而呈现红色或紫色反应（个别为淡黄色、橙色、紫色或蓝色）。这是由于酮类化合物分子中含有一个碱性氧原子，

致使其能溶于稀酸中而被还原成带四价的氧原子，即锌盐。但花色素本身在酸性下（不需加镁粉）呈红色，应加以区别。

【操作方法】取待检药物的乙醇溶液1毫升，加放少量镁粉（或锌粉），然后加浓盐酸4～5滴，置沸水浴中加热2～3分钟，如出现红色，提示有游离黄酮类或黄酮苷（以同法不加镁粉或锌粉作对照，如两管都显红色则有花色素存在。如继续加碳酸试液，即变成紫色后转变为蓝色，则证明含花色素）。

【注意事项】此反应仅在化学结构中第3位上带羟基的酮醇类显色较明显，而其他黄酮烷酮类均不甚明显。因此，仅凭试验呈阴性反应，不能做出否定的结论，尚需结合其他试验再做结论；试验应在醇中进行，水分多会影响颜色的生成。此反应较慢，有时需置水浴上加热，以促使反应的进行。

（2）荧光试验

①三氯化铝试验：

【操作方法】取待检药物的乙醇溶液点于滤纸上，干后，喷雾1%三氯化铝乙醇试液，在紫外光灯下观察，呈现黄色、绿色、橙色等荧光为黄酮类；呈现天蓝色或黄绿色荧光则为二氢黄酮类。这是区别二氢黄酮类化合物的一种鉴别反应。

②硼酸丙酮-枸橼酸丙酮试验：

【操作方法】取待检药物的乙醇溶液1毫升，在沸水浴上蒸干，加入饱和硼酸丙酮溶液及10%枸橼酸丙酮溶液各0.5毫升，蒸去丙酮后，在紫外光灯下观察，管内呈现强烈的绿色荧光（黄酮或其苷类）。

（3）碱液试验

【操作方法】取待检药物的乙醇溶液点于滤纸上，干后，喷洒1%碳酸钠溶液或在氨蒸气中熏蒸几分钟，呈现亮黄、绿或橙黄色。如将氨气熏过的滤纸露置空气中，颜色会逐渐褪去而变为原有的颜色（黄酮或其苷类）。

2. 皂苷成分的鉴定

（1）泡沫试验

【操作方法】取待检药物的水溶液2毫升于带塞试管中，用力振摇3分钟，即产生持久性蜂窝状泡沫(维持10分钟以上)，且泡沫量不少于液体体积的1/3。

【注意事项】常用的增溶剂吐温、司班-80等，振摇时均能产生持久性泡沫，要注意区别。

（2）溶血试验

【操作方法】取试管4支，分别加入滤液0.25、0.5、0.75、1毫升，然后依次分别加入生理盐水2.25、2.0、1.75、1.5毫升，使每一个试管中的溶液都成为2.5毫升，再将各试管加入2%的血细胞悬液2.5毫升，振摇均匀后，同置于37℃水浴或25～27℃的室温中注意观察溶血情况，一般观察3小时即可。或先滴红细胞于显微镜下，然后滴加待检液看血细胞是否消失，如有溶血现象表示阳性反应。

【注意事项】①鞣质对血红细胞有凝集作用，干扰溶血试验的观察，应事先除去（可用聚酰胺粉吸附或用明胶沉淀）；②待检液应为中性溶液。

(3) 醋酐浓硫酸试验

【操作方法】取待检药物的水溶液置蒸发皿中，于水浴上蒸干，残渣加入少量冰醋酸使之溶解，再加入醋酐浓硫酸（19∶1）试液，呈现红紫色并变成污绿色（甾类、三萜类成分或皂苷）。

(4) 甾体皂苷和三萜皂苷的区别方法

【原理】三萜皂苷为酸性皂苷在酸性水溶液中能形成较稳定的泡沫；甾体皂苷为中性皂苷，在碱溶液中能形成较稳定的泡沫。

【操作方法】取带塞试管2支，各盛待检药物的水溶解1毫升，1支加0.1摩尔/升盐酸溶液2毫升，另一支加0.1摩尔/升氢氧化钠溶液2毫升用力振摇1分钟（需左右手交替振摇各半分钟）。观察两管泡沫的量，若两管泡沫体积相同或酸管多表示含三萜皂苷；若加碱管泡沫多于加酸管，则表示含甾体皂苷。

3. 糖、多糖或苷类

(1) 碱性酒石酸铜试液

【原理】还原糖能使二价铜盐（蓝色）还原成氧化亚铜，醛糖的醛基氧化成羧基。

【操作方法】取待检药物的水溶液1～2毫升（如为醇溶液须将醇蒸发除去），加入碱性酒石酸铜试液1毫升，于沸水浴上加热5分钟，产生棕红色或砖红色氧化亚铜沉淀，表示有还原糖。

【注意事项】①如待检液呈酸性，应先碱化。②此反应所产生的沉淀由于条件不同，其颜色也不同。有保持性胶体存在时，也常产生黄色沉淀。③取样品中含有其他醛、酮及还原较强的其他成分，或中药制剂中附加的抗氧剂和葡萄糖等均可显阳性反应。

(2) Molisch紫环反应（α-萘酚试验）

【原理】多糖类遇浓硫酸被水解成单糖，单糖被浓硫酸脱水闭环，形成糠醛类化合物，在浓硫酸存在下与α-萘酚发生酚醛缩合反应，生成紫红色缩合物。

【操作方法】取待检药物的水溶液1毫升，加5%萘酚试液数滴振摇后，沿管壁滴入5～6滴浓硫酸，使成两液层，待2～3分钟后，两层液面出现紫红色环（糖、多糖或苷类）。

【注意事项】①苷的分子结构中含有糖基，一般属于单糖类，如葡萄糖、鼠李糖和半乳糖，但也有的含二分子糖（双糖）或多分子糖（多糖）。在上述反应条件下，苷被水解成单糖，因此 α-萘酚试验系分子中糖部分的反应。②由于此反应较为灵敏，如有微量滤纸纤维或中草药粉末存在于溶液中，都能产生上述反应，因此滤过时应加以注意。

(3) 多糖的确证试验

【操作方法】取待检药物的水溶液 5 毫升于旋转蒸发仪中蒸发掉水分，加入 1 毫升蒸馏水，再加入乙醇 5 毫升，如出现沉淀，滤过收集后用少量热乙醇洗涤，再将沉淀物溶于 3 毫升蒸馏水中，做下列试验。

①碘试验：取待检药物的水溶液 1 毫升，加碘试液 1 滴，观察颜色变化，如呈蓝黑色为地衣糖；紫黑色为糊精；蓝色加热消失，冷后蓝色再现为淀粉。

②多糖水解：取待检药物的水溶液 1 毫升，加入稀盐酸 5 滴，置沸水浴中加热 10～15 分钟，然后用 10%氢氧化钠液中和至中性，再加新配制的碱性酒石酸铜试液 4 滴，另取待检液 1 毫升，不加酸水解直接加入上述试液 4 滴，两管同置水浴上煮沸 5～6 分钟。如果水解后生成棕红色产物的量比未经水解的多，则示有多糖。

多糖水解后产生单糖，利用单糖的还原性，使铜离子还原成氧化亚铜。

4. 鞣质及酚类的鉴定

(1) 三氯化铁试验

【原理】鞣质均是多羟基酚的衍生物，即多元酚，能和三价铁离子发生颜色反应生成复杂的络盐。

【操作方法】取待检药物的水溶液 1 毫升，加三氯化铁试液 1～2 滴，呈现绿色、污绿色、蓝黑色或暗紫色（可水解鞣质显蓝色或蓝黑色，缩合鞣质显绿色或污绿色）。

【注意事项】此反应如遇有矿酸或有机酸、醋酸盐等存在，能阻碍颜色的生成。硝基酚类对三氯化铁试剂无明显反应。

(2) 明胶试验

【原理】鞣质有凝固蛋白的性能。

【操作方法】取待检药物的水溶液 1 毫升，加氯化钠明溶液 2～3 滴，即生成白色沉淀物。

(3) 溴试验

【操作方法】取待检药物的水溶液 1 毫升，加溴试液 1～2 滴，生成白色或沉淀物，示可能含有酚或儿茶酚鞣质。

【注意事项】过多的溴会阻碍鞣质的沉淀，因此溴水不宜多加。

(4) 香草醛-盐酸试验

【操作方法】 取待检药物的水溶液点于滤纸片上，干后，喷雾或滴加香草醛-盐酸试液，呈现红色斑点（多元酚类物质）。

(5) 鞣质、酚类薄层层析检出反应

①吸附剂：聚酰胺；硅胶；硅胶：石膏：水（5：1：7）调成膏状，涂成薄板，105℃烘干45分钟。

②展开剂：乙醇：醋酸（100：2）；正丁醇：乙酸乙酯：水（5：4：1）；苯：甲醇（95：5）。

③显色剂：10％三氯化铁溶液；1％三氯化铁乙醇溶液与1％铁氰化钾水溶液（1：1）显蓝-紫色斑点。

5. 生物碱的鉴定

(1) 待检品溶液的制备　取粉碎的植物药材样品约2克，加蒸馏水20～30毫升，并滴加数滴盐酸，使呈酸性。在60℃水浴上加热15分钟，过滤，滤液供作以下试验。

(2) 生物碱类成分的鉴别

【原理】 生物碱类成分（除有少数例外）均与多种生物碱沉淀试剂在酸性溶液（水液或稀醇液）中产生沉淀反应。

【操作方法】

1) 取上述酸水浸液4份（每份1毫升左右即可），分别滴加碘-碘化钾、碘化汞钾试剂、碘化铋钾试剂、硅钨酸试剂。若四者均有或大多有沉淀反应，表明该样品可能含有生物碱，再进行以下试验进一步识别。

2) 取上述剩余酸水浸液，加 Na_2CO_3 溶液呈碱性，置分液漏斗中，加入乙醚约10毫升振摇，静置后分出醚层，再用乙醚3毫升，如前萃取，合并醚液。将乙醚液置分液漏斗中，加酸水液10毫升振摇，静置分层，分出酸水液，再以酸水液5毫升如前提取，合并酸水液，分别做以下沉淀反应。

①碘化汞钾试剂（Mayer试剂）：酸水提液滴加碘化汞钾试剂，产生白色沉淀。

②碘化铋钾试剂（Dragendorff试剂）：酸水提液滴加碘化铋钾试剂，产生橘红色或红棕色沉淀。

③碘-碘化钾试剂（Wagner试剂）：酸水提液滴加碘-碘化钾试剂，产生棕色沉淀。

④硅钨酸试剂：酸水提取液滴加硅钨酸试剂产生淡黄色或灰白色沉淀。

此酸水提液与以上四种试剂均（或大多）产生沉淀反应，即预示本样品含有生物碱。

3）备注：以上①、②沉淀反应结果，沉淀的量以“+++”“++”“+”表示，无沉淀产生则以“—”表示。若①项试验全呈负反应，可另选几种生物碱沉淀试剂（可参考有关资料）进行试验，若仍为负反应，则可否定样品中有生物碱的存在，不必再进行②项试验。

6. 蛋白质、多肽、氨基酸的鉴定

（1）*加热或矿酸试验* 取待检药物的水溶液1毫升于试管中，加热至沸腾或加5%盐酸，如发生混浊或有沉淀示含有水溶性蛋白质。

（2）*缩二脲试验*

【原理】凡蛋白质结构中含有两个或两个以上肽键者均有此反应，能在碱性溶液中与Cu^{2+}生成络合物，呈现一系列的颜色反应，二肽呈蓝色，三肽呈紫色，三肽以上呈红色，肽键越多颜色越红。

【操作方法】取待检药物的水溶液1毫升，加10%氧化钠溶液2滴，充分摇匀，逐渐加入硫酸铜试液，随加摇匀，注意观察，如呈现紫色或紫红色表示可能含有蛋白质和氨基酸。

（3）*茚三酮试验*

【原理】α-氨基酸与茚三酮的水合物作用，氨基酸氧化成醛、氨和二氧化碳，而茚三酮被还原成仲醇，与生成的氨及另一分子茚三酮缩合生成蓝紫色的化合物。

【操作方法】取待检药物的水溶液1毫升，加入茚三酮试液2～3滴，加热煮沸4～5分钟，待其冷却，呈现红色棕色或蓝紫色（蛋白质、胨类、肽类及氨基酸）。

【注意事项】①茚三酮试剂主要是多肽和氨基酸的显色剂，反应在1小时内稳定。试剂溶液pH以5～7为宜，必要时可加吡啶数滴或醋酸钠调整。②此反应非常灵敏，但有个别氨基酸不能呈紫色，而呈黄色，如脯氨酸。

（4）*氨基酸薄层层析检出反应*

①吸附剂：硅胶G。

②展开剂：正丁醇∶水（1∶1）；正丁醇∶醋酸∶水（4∶1∶5）。

③显色剂：0.5%茚三酮丙酮溶液，喷雾后于110℃烘箱放置5分钟，显蓝紫色或紫色。

（二）药物化学成分鉴别的注意事项

（1）根据各待检样品的不同性质，选用适宜的溶剂或混合溶剂系统提取，以保证相应成分能最大限度地被提取出来。

（2）待检药物提取液的浓度应足以达到各反应的灵敏度。

（3）待检药物提取液的酸碱度（pH）应不致影响鉴别反应中所需要的

pH，相差甚大时应事先调节。

(4) 提取液颜色较深时，常易影响鉴别反应的观察效果，因此应考虑实际情况适当稀释，或进一步提纯。

(5) 鉴别反应时应注意防止多类成分的相互干扰，以免出现假阳性或颜色不正等情况。最好在化学鉴别的同时，做空白试验和对照试验（用已知含某类成分的中草药或纯品作阳性对照）。

(6) 在鉴别试验中，如果某一类成分的几个鉴别反应结果不一致（即有的呈阳性反应，有的呈阴性反应），则应进行全面分析。首先应注意呈阳性反应的试验是否属于该类成分的专一反应，否则应检查其他类成分能否产生该反应，从多方面加以判断。但也应注意，某些反应只能对某一类成分中的某个化学基团呈阳性反应，如检查黄酮类的盐酸-镁粉试验，它只对黄酮类中的羟基黄酮类（黄酮醇类）反应明显，其余类的黄酮类则不甚明显，但也不能轻易否定不是黄酮类，为了避免孤立和片面地下结论，一定要全面考虑综合分析。

整体来讲，植物类药物化学成分的鉴别试验一般只是一个初步判断，最后确证尚需进一步提纯，鉴定后才能予以肯定。

九、植物类藏兽药的杂质及其检查

植物类藏兽药中的杂质主要指无机杂质（如砂石、泥块、尘土和重金属等）和有机杂质（如杂草、树枝和掺假药材等）。

检查方法：可取规定量的样品，摊开，用肉眼或放大镜观察，将杂质拣出，如其中含有可筛分的杂质，应通过适当的筛箩将杂质筛出。然后将各类杂质分别称重，计算出占样品的百分比。如药材中混存的杂质与正品相似，难以用肉眼鉴别时，应用显微、理化鉴别试验，证明其为杂质后，计入杂质重量中。对个体大的药材，必要时可将其破开，检查有无蛀虫、霉烂或变质情况。杂质检查所用的样品量，一般按药材取样法称取。

第二节　藏兽医常用药物

藏兽医常用药物，除一般的中药外，主要是以草药为主。在动物药、矿物药方面，亦较中兽医用得广泛。藏兽医常用药物有 200 种左右，其中包括植物药、动物药及矿物药。本节中选编了 191 种，现就其功能、主治等分别进行叙述。

一、解 表 药

(一) 辛温解表药

土　香　薷

【拉丁文】*Elsholtzia patrini* (Lepech.) Garchke.
【藏名(译音)】吉茹色尔布
【汉语拼音】Tu xiang ru
【科属】唇形科香薷属
【生长环境】生于山坡、路旁、田野等处。
【采集加工】7—9月采割将开花的全草。切段,晒干。
【性味功能】性微温,味辛。发汗解表,清暑化湿,利水消肿。
【主治】发散风寒,无汗恶寒,腹痛吐泻,水肿等。
【用量】牛、马30～45克,猪、羊12～18克。

桃　叶　蓼

【拉丁文】*Polygonum persicaria* L.
【汉语拼音】Tao ye liao
【科属】蓼科蓼属
【生长环境】生于牧区海拔3 200米左右的潮湿草坝和沟边等处。
【采集加工】8—9月采全草。洗净、切段、晒干备用。
【性味功能】性温,味辛。入肺、脾和大肠经。
【主治】发汗除湿,消食止泻。
【用量】牛、马100～150克,猪、羊20～50克。
【禁忌】肾炎禁用。

黄　荆　子

【拉丁文】*Virex canescens* Kurz
【藏名(译音)】莪卡卜尔
【汉语拼音】Huang jing zi
【科属】马鞭草科牡荆属
【生长环境】多生于山坡、路旁。
【采集加工】8—10月采收成熟果实。晒干。
【性味功能】性温,味苦、辛。散风解表,镇咳化痰,行气止痛。

【主治】用于寒咳，哮喘，呃逆，胃痛等。

【用量】牛、马 24～30 克；猪、羊 9～15 克。

藏　麻　黄

【拉丁文】*Ephedra saxatilis* Royle. ex Florin

【藏名（译音）】策敦木

【汉语拼音】Zang ma huang

【科属】麻黄科麻黄属

【生长环境】多生于河滩、沙地，山坡路旁及干燥地方。

【采集加工】9—10 月挖取全草，去尽泥沙。绿色细枝和根分别切段，置于通风处阴干。生用或蜜炙用。

【性味功能】性温，味辛、苦、涩。细枝：发汗，解表，镇痛，镇咳，利尿及止血；根：止汗。

【主治】感冒恶寒，无汗，身痛，气喘，咳嗽，水肿。根可治虚汗，平喘；全草并治创伤出血等症。

【用量】牛、马 15～45 克；猪、羊 12～18 克。

沙　柳

【拉丁文】*Salix cheilophila* Schneid.

【藏名（译音）】降马

【汉语拼音】Sha liu

【科属】杨柳科柳属

【生长环境】多生于牧区山沟、河岸两旁潮湿处。

【采集加工】鲜茎、叶和树皮入药。

【性味功能】性温，味辛。

【主治】解表祛风，皮肤瘙痒和慢性风湿。

【用量】牛、马 50～150 克；猪、羊 25～40 克。

野　葱

【拉丁文】*Allium fistulosum* L.

【藏名（译音）】日葱或宗

【汉语拼音】Ye cong

【科属】百合科葱属

【生长环境】多生于高山坡、草丛沼泽等地。

【采集加工】5—6月挖取全草。多鲜用。

【性味功能】性温，味辛。散寒消肿，健脾开胃。

【主治】伤风感冒，发热恶寒，腹部冷痛，消化不良等。亦可加蜂蜜捣烂外敷接骨。

【用量】牛、马30～60克；猪、羊15～24克。

裂叶荆芥

【拉丁文】*Schizonepeta tenuifolia* Briq.

【藏名（译音）】支央古或支羊高

【汉语拼音】Lie ye jing jie

【科属】唇形科裂叶荆芥属

【生长环境】生于海拔2 800～3 600米的向阳稍干燥的山坡。

【采集加工】花期采全草。切段，晒干。

【性味功能】性微温，味辛。入肝、肺二经。发散风寒，清热散瘀。

【主治】鼻塞无汗，咽痛，产后出血过多，吐血衄血，瘰疬疥疮。

【用量】牛、马30～60克；猪、羊15～21克。

驴蹄草

【拉丁文】*Caltha palustris* L.

【藏名（译音）】旦布嘎日或当喔呷热

【汉语拼音】Lü ti cao

【科属】毛茛科驴蹄草属

【生长环境】生于海拔2 800米左右的林边灌木丛及溪边湿润处。

【采集加工】6—7月花开时采全草或花。晒干。

【性味功能】性微温，味辛，有小毒。入肺、肾二经。祛风散寒。

【主治】筋骨疼痛，创伤感染。

【用量】牛、马60～90克；猪、羊18～24克。

附注：小驴蹄草（*Caltha Scaposa* Hook. f. et Thoms.），毛茛科，驴蹄草属。

（二）辛凉解表药

柴胡

【拉丁文】*Bupleurum chinense* DC.

【藏名（译音）】思惹色尔布或热根

【汉语拼音】Chai hu

【科属】伞形科柴胡属

【生长环境】多生于山坡草地、田野路旁土质较干燥处。

【采集加工】6—9月挖取根部。洗净泥土，切片，晒干。生用或醋炒用。也有用全草的。

【性味功能】性微寒，味苦。疏肝，解热止痛。

【主治】寒热往来，神经痛，肝炎黄疸等。

【用量】牛、马30～60克；猪、羊15～21克。

披针叶毛茛

【拉丁文】*Ranunculus amurensis* Kom.

【藏名（译音）】索当巴

【汉语拼音】Pi zhen ye mao gen

【科属】毛茛科毛茛属

【生长环境】多生于海拔2 500～3 500米的草地农区沟边及湿润处。

【采集加工】6—7月采全草，洗净，晒干备用。

【性味功能】性微寒，味辛，有小毒；入肺、膀胱二经。

【主治】发散风热，疮脓痒疹，筋骨疼痛。

【用量】牛、马50～100克；猪、羊15～30克。

西　河　柳

【拉丁文】*Myricaria bracteata* Royle

【藏名（译音）】温布

【汉语拼音】Xi he liu

【科属】柽柳科水柏枝属

【生长环境】多生于湿润的沙地、河岸、水塘边冲积地等处。

【采集加工】开花前割取当年生嫩枝叶。切段，阴干。

【性味功能】性平，味甘、咸，疏风解表，透疹止咳。

【主治】羊痘早期，发热咳嗽，急慢性风湿，外用洗皮肤治癣。

【用量】牛、马30～60克；猪、羊12～24克。

沼生柳叶菜

【拉丁文】*Epilobium palustre* L.

【藏名（译音）】多莫尼或独木牛

【汉语拼音】Zhao sheng liu ye cai
【科属】柳叶菜科柳叶菜属
【生长环境】生于海拔 3 000～3 600 米的牧区山坡湿润处。
【采集加工】8—9 月采全草。洗净，晒干。备用。
【性味功能】性平，味淡。入肺、大肠、膀胱等经。发散风热。
【主治】风热声嘶，咽喉肿痛，高热下泻，马腺疫。
【用量】牛、马 60～90 克；猪、羊 30～45 克。

木茎山金梅

【拉丁文】*Sibbaldia procumbens* L.
【藏名（译音）】觉莫罗顿或足木罗尔登
【汉语拼音】Mu jing shan jin mei
【科属】蔷薇科山金梅属
【生长环境】生于海拔 3 000～3 500 米的牧区向阳坡地。
【采集加工】花期采地上部分。晒干。
【性味功能】性微温，味辛。入肝、脾二经。发散风热，消瘀散肿。
【主治】肺热咳嗽，疥疮，外敷治骨折。
【用量】牛、马 60～120 克；猪、羊 15～30 克。

浮　萍

【拉丁文】*Spirodela polyrrhiza* Schleid.
【藏名（译音）】区英匝
【汉语拼音】Fu ping
【科属】浮萍科浮萍属
【生长环境】多生于池塘、稻田及浅沼中。
【采集加工】6—9 月采收，洗净，除去杂质，晒干。
【性味功能】性寒，味辛。解表清热，利水消肿。
【主治】感冒发热，水肿，小便不利等。
【用量】牛、马 24～30 克；猪、羊 9～15 克。

唐古特青兰

【拉丁文】*Dracocephalum tanguticum* Maxim.
【藏名（译音）】知羊故
【汉语拼音】Tang gu te qing lan

【科属】唇形科青兰属

【生长环境】生于海拔1 900～4 100米的阳坡草原灌木丛或松柏林间空地。分布于西藏、甘肃、四川等地。

【采集加工】6—7月采全草。就近以流水洗去泥土，除去残枝枯叶，木棒略砸，晾干即可。

【性味功能】性寒，味辛。发散风热，清热凉血。

【主治】胃炎，肝炎，关节炎及疖疮，亦可止血。

【用量】牛、马24～30克；猪、羊9～15克。

二、清热药

（一）清热解毒药

白头翁

【拉丁文】*Pulsatilla chinensis*（Bge.）

【藏名（译音）】补芒尕娃

【汉语拼音】Bai tou weng

【科属】毛茛科白头翁属

【生长环境】全国各地均有分布。

【采集加工】春秋两季挖根。洗净，切片，晒干。

【性味功能】性寒，味苦，有小毒。入肺、脾二经。清热解毒，凉血止痢。

【主治】肠炎，痢疾，痈疮肿毒。

【用量】牛、马60～90克；猪、羊12～30克。

胡黄连

【拉丁文】*Picrorrhiza scrophulariaeflora* Pennell

【藏名（译音）】甲黄连

【汉语拼音】Hu huang lian

【科属】玄参科胡黄连属

【生长环境】多生于高山草地灌木丛边缘。

【采集加工】7—10月挖取根茎。去尽叶苗，洗净，晒干。

【性味功能】性寒，味苦。清虚热，解毒，杀虫。

【主治】痨热咳嗽，湿热泻痢，黄疸目赤。又可轻泻。

【用量】牛、马21～30克；猪、羊3～15克。

七叶一枝花

【拉丁文】 *Paris verticillata* M. Bieb.
【藏名（译音）】 达娃罗玛顿箭或尕的儿
【汉语拼音】 Qi ye yi zhi hua
【科属】 百合科重楼属
【生长环境】 多生于山野，路旁及草丛中。
【采集加工】 8—10月挖取根茎。除去须根，泥沙，洗净，晒干。
【性味功能】 性寒，味苦，有小毒。清热解毒，散结消肿。
【主治】 用于痈肿，肺痨久咳，跌打损伤，蛇虫咬伤，淋巴结核，骨髓炎等。
【用量】 牛、马60～120克；猪、羊30～60克。

乌奴龙胆

【拉丁文】 *Gentiana urllula* H. Smith
【藏名（译音）】 岗噶琼
【汉语拼音】 Wu nu long dan
【科属】 龙胆科龙胆属
【生长环境】 多生于高山草地。
【采集加工】 7—9月采集全草。晒干。
【性味功能】 性寒，味苦。清热解毒。
【主治】 流感发热、咽喉肿痛、黄疸、热性腹泻等，效果较好。
【用量】 牛、马18～24克；猪、羊6～9克。

一扫光

【拉丁文】 *Senecio dianthus* Franch.
【藏名（译音）】 榆古兴噶尔布
【汉语拼音】 Yi sao guang
【科属】 菊科千里光属
【生长环境】 多生于山坡草地及矮灌木丛中。
【采集加工】 7—9月采集全草。切段，晒干。
【性味功能】 性寒，味苦。祛风除湿，清热解毒。
【主治】 急性结膜炎，疮疖，皮炎，跌打损伤，止痒。
【用量】 牛、马24～30克；猪、羊9～15克。

三 颗 针

【拉丁文】 *Berberis dasystachya* Maxim.

【藏名（译音）】 介尔巴

【汉语拼音】 San ke zhen

【科属】 小檗科小檗属

【生长环境】 生于海拔 2 500～2 700 米的谷地或灌木丛中。

【采集加工】 6—7 月采花和枝杆，8—9 月采果。花、果采后晾干，枝杆阴干，取内皮。

【性味功能】 内皮苦寒，果酸温。清热解毒。

【主治】 消化不良，腹泻，眼炎，关节痛，淋病等。

【用量】 牛、马 27～45 克；猪、羊 15～24 克。

镰 形 棘 豆

【拉丁文】 *Oxytropis falcata* Bunge.

【藏名（译音）】 大复或达哈

【汉语拼音】 Lian xing ji dou

【科属】 豆科棘豆属

【生长环境】 生于海拔 2 700～4 300 米的河滩、沙石地、沟谷、山坡、灌丛、草甸。

【采集加工】 5—7 月采全草。就近以流水洗去泥土，除去枯叶及根须，略用棒砸，以纸遮蔽，晒干。

【性味功能】 性寒，味苦、甘、酸。镇痛退热，生肌愈创。

【主治】 高烧，喉炎，便血，热痢，炭疽。亦可外用治刀伤。

【用量】 牛、马 9～24 克；猪、羊 6～12 克。

水柏枝（达乌里水柏枝）

【拉丁文】 *Myricaria germanica*（L.）Desv.

【藏名（译音）】 翁卜

【汉语拼音】 Shui bai zhi（da wu li shui bai zhi）

【科属】 柽柳科水柏枝属

【生长环境】 生于海拔 4 000 米以下的河漫滩和冲积扇的流水线附近。

【采集加工】 6—7 月采地上部分。就近以流水洗去污泥，除去残枝枯叶，切成小片，入水煎熬，待至药汁全溶于水中后，去渣再熬至浓缩为膏。

【性味功能】性平，味甘、咸。清热解毒。
【主治】中毒性发热，感冒，肺病。花可代诃子用。
【用量】牛、马 30～60 克；猪、羊 12～24 克。

土　茯　苓

【拉丁文】*Smilax mairei* Lervl.
【藏名（译音）】巴渣罗玛查瓦
【汉语拼音】Tu fu ling
【科属】百合科菝葜属
【生长环境】多生于山林或山坡灌木丛中。
【采集加工】8—11 月挖取根茎。洗净，切片，晒干。
【性味功能】性平，味甘、淡。除湿解毒，强利筋骨。
【主治】恶疮溃烂，肿毒，风湿病，筋骨拘挛等。
【用量】牛、马 60～150 克；猪、羊 30～60 克。

黄　花　紫　堇

【拉丁文】*Corydalis boweri* Hemsl.
【藏名（译音）】东丝或甲打色尔娃
【汉语拼音】Huang hua zi jin
【科属】罂粟科紫堇属
【生长环境】多生于山谷涧边潮湿处。
【采集加工】7—9 月采集带根全草，除去杂质，洗净，晒干。
【性味功能】性寒，味苦。解热止痛。
【主治】胃炎，溃疡病，痢疾，神经痛等。
【用量】牛、马 30～60 克；猪、羊 9～18 克。

伞 梗 虎 耳 草

【拉丁文】*Saxifraga pasurnensis* Marg. et Shaw. f. *integrifolia* Jeeir
【藏名（译音）】松木蒂
【汉语拼音】San geng hu er cao
【科属】虎耳草科虎耳草属
【生长环境】多生于向阴山谷潮湿处。
【采集加工】7—9 月采集全草。洗净，晒干。
【性味功能】性凉，味苦。清热解毒，清肝利胆。

【主治】黄疸，风热感冒等。

【用量】牛、马 24～30 克；猪、羊 9～15 克。

极 丽 马 先 蒿

【拉丁文】*Pedicularis decorissima* Diels

【藏名（译音）】漏入木布

【汉语拼音】Ji li ma xian hao

【科属】玄参科马先蒿属

【生长环境】生于海拔 2 900～3 500 米的阴坡灌丛及河谷地。

【采集加工】7—8 月采全草。洗净污泥，除去根须，略砸，晾干。

【性味功能】性微寒，味淡。清热解毒。

【主治】急性胃肠炎，食物中毒等。

【用量】牛、马 90～150 克；猪、羊 30～60 克。

西 藏 圆 柏

【拉丁文】*Sabina tibetica* Kom.

【藏名（译音）】雪巴

【汉语拼音】Xi zang yuan bai

【科属】柏科圆柏属

【生长环境】生于海拔 2 900～4 400 米的山地阳坡或半阴坡。

【采集加工】9—10 月采集带叶绿枝及种子。就近以流水洗去污泥，除掉残枝败叶，去枝外皮，晾干。

【性味功能】性微寒，味苦。清热解毒，去湿防腐。

【主治】关节炎，肺炎，黄疸，疮疖，炭疽等。

【用量】牛、马 30～45 克；猪、羊 15～21 克。

糙 果 紫 堇

【拉丁文】*Corydalis trachycarpa* Maxim.

【藏名（译音）】东日色哇

【汉语拼音】Cao guo zi jin

【科属】罂粟科紫堇属

【生长环境】生于海拔 3 200～4 350 米的高山草甸和圆柏树下。

【采集加工】9—10 月采块茎。就地以流水洗去泥土，晾干。

【性味功能】性寒，味苦。清热解毒。

【主治】 流感发热，副伤寒病及各种炎症。

【用量】 牛、马 30～60 克；猪、羊 9～18 克。

青藏犊儿苗

【拉丁文】 *Geranium pylzowianum* Maxim.

【藏名（译音）】 加贝

【汉语拼音】 Qing zang du er miao

【科属】 牻牛儿苗科老鹳草属

【生长环境】 生于海拔 3 000～4 000 米的高山草甸、林缘、沟边、湿草地。

【采集加工】 6—7 月地上部全草。就近以流水洗净污泥，以棒略砸，晾干。

【性味功能】 性微寒，味甘。清热解毒。

【主治】 喉炎，气管炎，肺炎，肠炎，腹泻，副伤寒等。

【用量】 牛、马 24～30 克；猪、羊 9～15 克。

肾叶唐松草

【拉丁文】 *Thalictrum petaloideum* L.

【藏名（译音）】 卓噶日曼巴或忽伦

【汉语拼音】 Shen ye tang song cao

【科属】 毛茛科唐松草属

【生长环境】 生于海拔 1 700～3 000 米的阴湿山沟、田埂、渠边、路旁。

【采集加工】 9—10 月采根、果。将根就近以流水洗净泥土，除去枯皮，切为数段，晾干，将果晒干即可。

【性味功能】 性寒，味苦。清热解毒。

【主治】 肺炎、痈疽，疮疖。外用止血。

【用量】 牛、马 30～60 克；猪、羊 15～30 克。

高山龙胆

【拉丁文】 *Gentiana algida* Pall.

【藏名（译音）】 棒根尕波

【汉语拼音】 Gao shan long dan

【科属】 龙胆科龙胆属

【生长环境】 生于海拔 3 000～4 000 米的高山草地。

【采集加工】 8—9 月采地上部分。切段，晒干。

【性味功能】性寒，味苦。清热解毒。

【主治】肝胆发炎，胃肠炎，咽喉肿痛，肺炎目赤，尿路感染，阴囊痒肿。

【用量】牛、马 60～120 克；猪、羊 12～24 克。

香 茶 菜

【拉丁文】*Plectranthus longitubus* Maxim.

【藏名（译音）】西木蹄那布

【汉语拼音】Xiang cha cai

【科属】唇形花科香茶菜属

【生长环境】生于海拔 3 000 米以下的农区林边灌丛。

【采集加工】7—8 月采全草。洗净，晒干。

【性味功能】性微温，味苦。清热解毒，健脾活血。

【主治】感冒发热，胃炎肝炎，跌打损伤，乳房炎，关节疼痛，蛇虫咬伤。

【用量】牛、马 60～120 克；猪、羊 15～30 克。

蓝 花 青 蓝

【拉丁文】*Dracocepalum coerulescens*（Maxim.）Dum.

【藏名（译音）】洞那多赤

【汉语拼音】Lan hua qing lan

【科属】唇形科荆芥属

【生长环境】生于海拔 2 900～4 000 米的河滩、沟谷、坡地。

【采集加工】6—7 月采全草。就近以流水洗净泥土，除枯枝败叶及根须，晾干。

【性味功能】性寒，味苦。清热解毒。

【主治】疮，痈疽。

【用量】牛、马 24～30 克；猪、羊 9～15 克。

波 棱 瓜

【拉丁文】*Herpetospermum caudigerum* Wall.

【藏名（译音）】色尔格美多

【汉语拼音】Bo leng gua

【科属】葫芦科波棱瓜属

【生长环境】多生干林下。

【采集加工】9—10 月采集果实。晒干。

【性味功能】性寒，味苦。清热解毒，柔肝利胆。

【主治】黄疸，消化不良。

【用量】牛、马 24～30 克；猪、羊 9～15 克。

湿 生 扁 蕾

【拉丁文】*Gentianopsis paludosa*（Munto）Ma.

【藏名（译音）】加地

【汉语拼音】Shi sheng bian lei

【科属】龙胆科扁蕾属

【生长环境】生于海拔 2 800～4 200 米的林下、河滩等潮湿处。

【采集加工】6—7 月采全草。洗去污泥，除去残叶，以棒略砸，晾干。

【性味功能】性寒，味苦。消炎利胆。

【主治】流行性感冒及胆病引起的发热。

【用量】牛、马 90～150 克；猪、羊 30～60 克。

黄 花 木

【拉丁文】*Piptanthus concolor* Harrow ex Craib

【藏名（译音）】太噶多杰

【汉语拼音】Huang hua mu

【科属】豆科黄花木属

【生长环境】多生于河边、山野或路旁。

【采集加工】9—10 月采收成熟果实。晒干，打出种子。

【性味功能】性微寒，味甘淡。清肝明目，利水润肠。

【主治】风热感冒，急性结膜炎，便秘等。

【用量】牛、马 24～30 克；猪、羊 9～15 克。

星 状 风 毛 菊

【拉丁文】*Saussurea stella* Maxim.

【藏名（译音）】苏公玛保

【汉语拼音】Xing zhuang feng mao ju

【科属】菊科风毛菊属

【生长环境】生于海拔 2 450～4 300 米的河滩草甸及阴湿山坡。

【采集加工】7—8 月采花、叶，10 月采根。洗去泥土，晾干。

【性味功能】性微寒，味苦。清热解毒。

【主治】中毒性热症，骨折。

【用量】牛、马 60～120 克；猪、羊 15～30 克。

川 西 小 檗

【拉丁文】*Berberis wilsonae* Hemsl.

【汉语拼音】Chuan xi xiao bo

【科属】小檗科小檗属

【生长环境】生长于海拔 2 000～3 500 米的向阳山坡、路边、林缘等地，农区普遍生长。

【采集加工】春秋两季挖根和茎，刮去外表粗皮，留中间部分做药用。代黄连用。

【性味功能】味苦，性寒。入心、胃、大小肠等经。

【主治】消炎抗菌，目赤痢疾，吐血痨伤，咽喉肿痛，齿痛耳疾，跌扑损伤等。

【用量】牛、马 100～150 克；猪、羊 50～100 克。

猪 胆 汁

【拉丁文】*Susscrofa domestica* (Brisson)

【藏名（译音）】拨直

【汉语拼音】Zhu dan zhi

【来源】为猪科动物猪的胆汁

【采集加工】除用新鲜胆汁外，还有的将胆汁盛于量筒内，量其体积，加入 4 倍量乙醇沉去蛋白质及黏液质，过滤后，回收乙醇，再行浓缩，制成浓缩胆汁备用。

【性味功能】性寒，味苦。入肝、胆、大小肠等经。利胆明目，清心解痉。

【主治】通便止呕，幼畜积食，消化不良，急性炎症等。

【用量】牛、马 15～30 克；猪、羊 9～15 克。

紫 花 忍 冬

【拉丁文】*Lonicera* Sp.

【藏名（译音）】其兴

【汉语拼音】Zi hua ren dong

【科属】忍冬科忍冬属

【生长环境】生长于海拔 3 500～4 000 米的牧区向阳山坡。

【采集加工】6—7 月采枝叶，晒干备用。

【性味功能】味甘，性寒。入心、脾二经。

【主治】解热抗炎，肺炎痢疾，毒疮疔疮。

【用量】牛、马 100～250 克 ；猪、羊 100～150 克 。

苦　参

【拉丁文】*Sophora flavescens* Ait.

【汉语拼音】Ku shen

【科属】豆科槐属

【生长环境】生长于海拔 1 500 米的地区，多生在山坡、沙地草坡灌木林中及田野附近。

【采集加工】春秋两季挖根，去芦头及须根，洗净泥沙，切片、晒干备用。

【性味功能】性寒，味苦。入心、脾、肾三经。

【主治】清热解毒，肠炎血痢，湿热黄疸，癌瘤肿块，疥癞恶疮，驱虫利尿，开胃进食。

【用量】牛、马 50～100 克；猪、羊 25～40 克。

（二）清热凉血药

红　景　天

【拉丁文】*Rhodiola sacra*（Phain）Fu

【藏名（译音）】扫罗玛尔保

【汉语拼音】Hong jing tian

【科属】景天科红景天属

【生长环境】多生于高山岩石处。

【采集加工】7—9 月采集全草。洗净，晒干。

【性味功能】性寒，味甘、涩。活血止血，清肺止咳，解热。

【主治】咳血，咯血，肺炎咳嗽等。外用治跌打损伤，烫火伤。

【用量】牛、马 24～30 克；猪、羊 9～15 克。

高 山 辣 根 菜

【拉丁文】*Pegaeophyton scapiflorum*（Hook. f. etThoms.）Marq. et Shaw

【藏名（译音）】苏罗尕保

【汉语拼音】Gao shan la gen cai

【科属】十字花科单花荠属

【生长环境】生于海拔 3 750～4 500 米的高山草甸和高山碎石带。

【采集加工】9—10 月采全草。就近以流水洗去泥土，晾干。
【性味功能】性寒，味辛。退热，滋补，愈创。
【主治】内服治肺咯血，外用治刀伤。
【用量】牛、马 60～90 克；猪、羊 24～30 克。

披针叶虎耳草

【拉丁文】*Saxifraga* sp.
【藏名（译音）】色尔斗
【汉语拼音】Pi zhen ye hu er cao
【科属】虎耳草科虎耳草属
【生长环境】生于海拔 4 000 米以上的高山草丛和碎石带。
【采集加工】8—9 月采全草。就近以流水洗去泥土，晾干。
【性味功能】性寒，味苦。
【主治】无名高热，风疹丹毒和胃肠发炎。
【用量】牛、马 100～250 克；猪、羊 50～75 克。

羽叶点地梅

【拉丁文】*Pomatosace filicula* Maxim.
【藏名（译音）】热工巴
【汉语拼音】Yu ye dian di mei
【科属】报春花科羽叶点地梅属
【生长环境】生于海拔 3 300～4 600 米的河滩、草甸和山坡草地。
【采集加工】初夏采全草。洗净，晒干。
【性味功能】性微寒，味淡、苦、辛。清热凉血。
【主治】肝炎，发热，子宫出血，关节炎，疝痛等。
【用量】牛、马 60～90 克；猪、羊 12～24 克。

短管兔耳草

【拉丁文】*Lagotis brevituba* Maxim.
【藏名（译音）】红连
【汉语拼音】Duan guan tu er cao
【科属】玄参科兔耳草属
【生长环境】生于海拔 3 800～4 600 米高山碎石带。
【采集加工】7—8 月花盛开时采全草。洗去污泥，晾干。

【性味功能】性寒，味苦、甘。清热解毒，滋阴降火。
【主治】全身发热，肾炎，肺病，综合性毒物中毒。
【用量】牛、马 24～30 克；猪、羊 6～12 克。

囊距翠雀

【拉丁文】*Delphinium brunonianum* Royle
【藏名（译音）】甲果贝
【汉语拼音】Nang ju cui que
【科属】毛茛科飞燕草属
【生长环境】多生于高山草地或岩石附近。
【采集加工】8—9 月采割全草。洗净，切段，晒干。
【性味功能】性寒，味苦涩。凉血解毒，祛风止痒。
【主治】流感，皮肤痒疹，蛇咬伤等。
【用量】牛、马 15～24 克；猪、羊 3～9 克。

紫草

【拉丁文】*Onosma hookeri*（Clarke）var. *longiflorum* Duthie
【藏名（译音）】哲磨
【汉语拼音】Zi cao
【科属】紫草科驴臭草属
【生长环境】多生于野草丛中或山坡向阳处。
【采集加工】8—10 月刨取根部。除去残叶，洗净，晒干。
【性味功能】性寒，味甘、咸。清热凉血，消肿解毒。
【主治】丹毒，急性膀胱、尿道炎，痈肿，烧烫伤，气管炎等。
【用量】牛、马 24～30 克；猪、羊 9～15 克。

结血蒿

【拉丁文】*Artemisia vestita* Wall. ex Bess.
【藏名（译音）】普那
【汉语拼音】Jie xue hao
【科属】菊科蒿属
【生长环境】多生于田边、路旁、荒山坡等处。
【采集加工】7—9 月割取茎叶。切段，阴干。
【性味功能】性寒，味苦。阴虚发热，祛风止痒。

【主治】瘟疫发热，四肢酸痛，发热。

【用量】牛、马 24～30 克；猪、羊 9～15 克。

锯　锯　藤

【拉丁文】*Galium spurium* L.

【藏名（译音）】桑次噶尔布

【汉语拼音】Ju ju teng

【科属】茜草科拉拉藤属

【生长环境】多生于田野、路旁及村庄附近。

【采集加工】6—8 月采集全草。洗净，切段，晒干。

【性味功能】性平，味辛，微苦、甘。清热解毒，活血通络，利尿止血。

【主治】跌打损伤，筋骨疼痛，尿血。鲜品捣烂外敷，治扭伤肿痛及脓性蹄冠炎等症。

【用量】牛、马 30～45 克；猪、羊 15～24 克。

旱　麦　瓶　草

【拉丁文】*Silene jenisseensis* Willd.

【藏名（译音）】缘梳

【汉语拼音】Han mai ping cao

【科属】石竹科麦瓶草属

【生长环境】多生于海拔 3 000 米的阳山。

【采集加工】药用根，秋季挖根，洗净泥沙，切段备用。

【性味功能】性微寒，味甘。入肝、肾二经。

【主治】结核发热，久疟发热。

【用量】牛、马 75～150 克；猪、羊 25～50 克。

黄　花　蒿

【拉丁文】*Artemisia sieversiana* Willd. F. Macrocephala Pamp.

【藏名（译音）】康琼色尔郭

【汉语拼音】Huang hua hao

【科属】菊科艾属

【生长环境】多生于路旁、荒地及草丛中。

【采集加工】6—8 月采集茎叶。去尽杂质，切段，晒干，生用。

【性味功能】性寒，味苦。清热消暑，凉血。

【主治】暑热，黄疸等。外用煎水洗治疥疮、风疹块。

【用量】牛、马 30～60 克；猪、羊 12～24 克。

石　膏

【拉丁文】Gypsum fibrosum

【藏名（译音）】呆吉桑

【汉语拼音】Shi gao

【来源】为硫酸盐类石膏族矿物

【生长环境】产于湖北、安徽、河南、山东、四川、湖南、广西、广东、云南、新疆等地。常产于海湾盐湖和内陆湖泊形成的沉积岩中。

【采集加工】四季可采，除去泥沙即成。

【性味功能】性寒，味辛、甘。入肝、肺、胃三经。清肺胃热，解肌表热。

【主治】具有高热口渴、肌肤发热较重的病症，也可用于肺热咳喘等。

【用量】牛、马 60～150 克；猪、羊 60～90 克。

（三）清热燥湿药

毛瓣绿绒蒿

【拉丁文】*Meconopsis integrifolia*（Maxim.）Franch.

【藏名（译音）】慕琼单园

【汉语拼音】Mao ban lü rong hao

【科属】罂粟科绿绒蒿属

【生长环境】多生于山坡草丛处。

【采集加工】7—8 月采集全草。除去毛刺，洗净，晒干。

【性味功能】性寒，味甘、涩。有小毒。清热润肺，除湿利水。

【主治】咳嗽，肺炎，黄疸，湿热水肿等。

【用量】牛、马 18～24 克；猪、羊 6～12 克。

线叶风毛菊

【拉丁文】*Saussurea graminea* Dunn.

【藏名（译音）】占车

【汉语拼音】Xian ye feng mao ju

【科属】菊科风毛菊属

【生长环境】多生于海拔 4 000 米以上的高山向阳山坡草丛处。

【采集加工】6—7 月采集全草。洗净，晒干。

【性味功能】性凉，味微苦。

【主治】清热凉血，肝胆发炎，胃肠炎和内脏出血。

【用量】牛、马 100～200 克；猪、羊 25～50 克。

船 形 乌 头

【拉丁文】*Aconitum naviculare* Stapf

【藏名（译音）】滂尕尔

【汉语拼音】Chuan xing wu tou

【科属】毛茛科乌头属

【生长环境】多生于高山乱石间。

【采集加工】7—8 月采集全草。洗净，晒干。

【性味功能】性寒，味苦。有小毒。清利湿热。

【主治】胃炎，黄疸，肾炎，肠炎等。

【用量】牛、马 2～2.5 克；猪、羊 0.6～1.2 克。

墨 地

【拉丁文】*Podophyllum emodi* Wall. var. *chinense* Sprague

【藏名（译音）】扎加哇或睬甲洼

【汉语拼音】Mo di

【科属】小檗科鬼臼属

【生长环境】生于中山区林下阴湿地，农区及各地均产。

【采集加工】8 月果成熟时采，将其串起晾干。

【性味功能】性平，味酸、涩。根有小毒。入心、肝、脾、大肠诸经。清热涩肠，活血去瘀，除湿健脾。

【主治】湿热性痢疾，胎衣不下，丹毒肺疫，炭疽，出血性败血症，咽喉炎，各种疮毒。

【用量】牛、马 30～45 克；猪、羊 12～24 克。

獐 芽 菜

【拉丁文】*Swertia chinensis* Franch.

【藏名（译音）】加达

【汉语拼音】Zhang ya cai

【科属】龙胆科獐芽菜属

【生长环境】生于海拔 3 400 米左右的地方。

【采集加工】7—8 月采全草。洗净切段，晒干。

【性味功能】性寒，味苦。有小毒。

【主治】胃肠炎，喉头肿痛，清热利尿和黄疸。

【用量】牛、马 100～200 克；猪、羊 25～50 克。

华 金 腰 子

【拉丁文】*Chrysosplenium sinicum* Maxim.

【藏名（译音）】牙吉玛

【汉语拼音】Hua jin yao zi

【科属】虎耳草科金腰子属

【生长环境】生于海拔 3 500～4 500 米的高山湿润地及岩缝中。

【采集加工】8—9 月采全草。洗净，晒干。

【性味功能】性寒，味苦。清热退黄。

【主治】膀胱积热，肝炎，结石，黄疸。

【用量】牛、马 60～90 克；猪、羊 15～21 克。

裸茎金腰子

【拉丁文】*Chrysosplenium nudicaule* Bunge

【藏名（译音）】亚吉玛

【汉语拼音】Luo jing jin yao zi

【科属】虎耳草科金腰子属

【生长环境】生于海拔 4 000～4 500 米的高山碎石隙中，产于青海、西藏、甘肃、四川。

【采集加工】7—8 月采全草。洗净晾干即可。

【性味功能】性寒，味苦。疏肝利胆，清热解毒。

【主治】胆病引起的发热，胆囊疾患，急性黄疸型肝炎，急性肝坏死症，亦可催吐胆汁。

【用量】牛、马 60～90 克；猪、羊 15～21 克。

翼 首 草

【拉丁文】*Pterocephalus hookeri* (Clarke) Hoeck.

【藏名（译音）】榜次多保

【汉语拼音】Yi shou cao

【科属】川续断科翼首花属

【生长环境】多生于山野草丛中。
【采集加工】7—9月挖根。洗净，切片，晒干。
【性味功能】性寒，味苦。有小毒。清热解毒，祛风止痛。
【主治】感冒发热及各种传染病所引起的热症，心热，血热等。
【用量】牛、马24～30克；猪、羊9～15克。

报　春　花

【拉丁文】*Primula vittata* Bur. et Franch.
【藏名（译音）】橡只玛尔保
【汉语拼音】Bao chun hua
【科属】报春花科报春花属
【生长环境】多生于沟边旁及潮湿处。
【采集加工】6—8月采花。晒干。
【性味功能】性寒，味苦。清热燥湿，泻肝利胆，止血。
【主治】幼畜高热抽风，急性胃肠炎，痢疾等。外用能止血。
【用量】牛、马60～120克；猪、羊15～45克。

纤毛婆婆纳

【拉丁文】*Veronica ciliata* Fisch.
【藏名（译音）】巴下尕
【汉语拼音】Xian mao po po na
【科属】玄参科婆婆纳属
【生长环境】多生于山沟，田野等处。
【采集加工】7—9月收割全草。洗净，切段，晒干。
【性味功能】性寒，味苦、涩。清热解毒，祛风利湿。
【主治】肝炎，胆囊炎，风湿病等。
【用量】牛、马24～30克；猪、羊9～15克。

金　露　梅

【拉丁文】*Potentilla fruticosa* L.
【藏名（译音）】斑那
【汉语拼音】Jin lu mei
【科属】蔷薇科委陵菜属
【生长环境】生于海拔2 900～4 200米阴坡至半阳坡灌木丛中及林缘。

【采集加工】7—8月采药。阴干。叶随时可采。

【性味功能】性寒，味微苦。清热燥湿。

【主治】湿热症，叶烧成炭可外敷治乳腺炎，但化脓后勿用。

【用量】牛、马90～120克；猪、羊15～30克。

卵瓣蚤缀

【拉丁文】*Arenaria kansuensis Maxim*. var. *ovatipetala* Tsui

【藏名（译音）】阿仲尕保

【汉语拼音】Luan ban zao zhui

【科属】石竹科蚤缀属

【生长环境】生于海拔4 000～5 000米高山砾石带。

【采集加工】9—10月挖其根。洗去泥污，除去残茎、根头及根上外皮、根须等，晾干。

【性味功能】性寒，味苦。清热燥，利尿软坚。

【主治】肺炎，淋病，淋巴结核，子宫炎等。

【用量】牛、马60～90克；猪、羊30～60克。

木藤蓼

【拉丁文】*Polygonum aubersti* Henry

【藏名（译音）】勒直

【汉语拼音】Mu teng liao

【科属】蓼科蓼属

【生长环境】生于海拔1 900～3 000米较温暖、干旱的沟谷。

【采集加工】春、秋季采茎枝。摘去叶片，洗净，切段，晒干。

【性味功能】性寒，味淡。清热去湿。

【主治】肺病，感冒发热，风湿性关节炎等。

【用量】牛、马30～90克；猪、羊9～12克。

寒水石

【拉丁文】Gypsum rubrum

【藏名（译音）】琼西

【汉语拼音】Han shui shi

【生长环境】为方解石矿中的一种，多产于盐卤地带。为固体块，或粗糙细粒。主要成分为结晶碳酸钙，含有少量镁、铁、锌。

【采集加工】挖起后去掉杂石即成。研末备用。

【性味功能】性寒，味咸、辛。有小毒。清肺热，泻胃火，凉血明目。

【主治】高热，渴饮，烦躁，肺热咳喘，胃火引起的牙痛，目赤肿痛等。适用于家畜的高热症。

【用量】牛、马 30～90 克；猪、羊 15～30 克。

【禁忌】脾胃虚寒者勿用。

（四）排毒生肌药

牡　蒿

【拉丁文】*Artemisia japonica* Thunb.

【藏名（译音）】择拢洼

【汉语拼音】Mu hao

【科属】菊科蒿属

【生长环境】生于草地，农区的路旁、地边，河岸及向阳的山坡等地，分布普遍。

【采集加工】秋季采集枝叶，切段，晒干备用。

【性味功能】性平，味淡。入肝、肺、肾三经。

【主治】清血热、肝热；阴虚燥咳；虚火牙痛；五劳七伤；通利二便。

【用量】牛、马 100～250 克；猪、羊 50～100 克。

鞘 叶 菝 葜

【拉丁文】*Smilax vaginata* DC.

【汉语拼音】Qiao ye ba qia

【科属】百合科菝葜属

【生长环境】生于海拔 2 800 米以下的农区阳山灌丛中。

【采集加工】早春晚秋采挖根。切片，晒干备用。

【性味功能】性平，味甘、淡。入肝、脾二经。

【主治】解毒除湿，肢节风湿，黄疸痢疾。

【用量】牛、马 100～150 克；猪、羊 20～30 克。

皱 叶 酸 模

【拉丁文】*Rumex crispus* L.

【汉语拼音】Zhou ye suan mo

【科属】蓼科酸模属

【生长环境】潮湿的原野及水边、草地、农区均有分布。
【采集加工】秋季采根，春夏采叶。根洗净，切片，晒干备用。
【性味功能】根苦寒，叶甘寒。入心、肝、大肠等经。
【主治】急性肝炎，清热凉血，润肠通便，皮肤疥癣等。
【用量】牛、马 100～150 克；猪、羊 50～100 克。

羽叶千里光

【拉丁文】*Senecio argunensis* Turcz.
【汉语拼音】Yu ye qian li guang
【科属】菊科千里光属
【生长环境】生于海拔 2 900 米以下的农区、山坡和林缘地带。
【采集加工】药用全草，夏季采集。
【性味功能】性寒，味苦。
【主治】清热解毒，目赤肿痛，腹痛下痢。
【用量】牛、马 50～150 克；猪、羊 5～25 克。

甘肃棘豆

【拉丁文】*Oxytropis kansuensis* Bunge
【藏名（译音）】色舍儿
【汉语拼音】Gan su ji dou
【科属】豆科棘豆属
【生长环境】生于海拔 3 200 米的干燥草原和山坡等地。
【采集加工】7—8 月采全草，晒干备用。
【性味功能】性温，味微辛。
【主治】解毒，止血利尿。
【用量】牛、马 100～200 克；猪、羊 50～100 克。

三、安神镇惊药

牛黄

【拉丁文】*Bos grunniens* L.
【藏名（译音）】格旺或俄旺
【汉语拼音】Niu huang
【生长环境】黄牛、牦牛胆囊、胆管内的结石。

【采集加工】宰牛时查胆囊、胆管，如有结石就剖开取出，去净附着的肉膜，悬挂阴干。

【性味功能】性平，味苦。清心抗痉，开窍泻火，定惊解毒。

【主治】用于高热神昏，癫狂，幼畜惊痫抽搐症。外用治咽喉肿痛，口疮，痈疽疔毒等。

【用量】牛、马 6～9 克；猪、羊 1～2 克。

睡　菜

【拉丁文】*Menyanthes trifoliata* L.

【藏名（译音）】雪达或锡打

【汉语拼音】Shui cai

【科属】龙胆科睡菜属

【生长环境】生于沼泽地、水甸子。草地小湖泊里常有。

【采集加工】药用全草。夏季采取，切段，晒干。

【性味功能】性平，味微苦。入脾、胃二经。健脾消食，镇静安眠。

【主治】消化不良，精神不振，胃炎，胃痛，平肝镇静。

【用量】牛、马 90～120 克；猪、羊 30～60 克。

天　仙　子

【拉丁文】*Hyoscyamus niger* L.

【藏名（译音）】浪唐子

【汉语拼音】Tian xian zi

【科属】茄科天仙子属

【生长环境】生于海拔 1 700～2 600 米的村旁，住宅附近和路边。产于青海、西藏等地。

【采集加工】9—10 月果实成熟时，割下或拔取全草。晒干，打下种子，筛去杂质，晒干。

【性味功能】性温，味甘。有毒。除风祛湿，杀虫止痛。

【主治】鼻炎，神经麻痹，皮内生虫，牙痛，配伍能驱虫。内服慎用。

【用量】牛、马 6～9 克；猪、羊 1.2～2.1 克。

缬　草

【拉丁文】*Valeriana officinalis* L.

【藏名（译音）】郭渣

【汉语拼音】Xie cao

【科属】败酱科缬草属

【生长环境】多生于山坡草地及水沟边。

【采集加工】7—9月采挖根部。除去残茎，洗净，切片晒干。

【性味功能】性温，味辛、甘。养心安神，镇痉。

【主治】惊癫，狂暴不安。

【用量】牛、马15～30克；猪、羊3～12克。

刺　沙　蓬

【拉丁文】*Salsola ruthenica* Iljin.

【汉语拼音】Ci sha peng

【科属】藜科猪毛菜属

【生长环境】多生于阳光充沛的沙质土壤。

【采集加工】夏季开花时割取地上部分。切段晒干备用。

【性味功能】性凉，味苦。

【主治】平肝降压。

【用量】牛、马100～200克；猪、羊100～125克。

磁　　石

【拉丁文】*Magnete*

【藏名（译音）】多尕联或朵卡不揽

【汉语拼音】Ci shi

【来源】氧化物类矿物磁铁矿的矿石。

【生长环境】产于西藏、青海、河北、辽宁、江苏、广东、安徽、山东等地。多见于许多岩浆岩和变质岩中，海滨砂中也常存在。

【采集加工】挖起后，拣去泥沙及杂质。吸引力强的为上品，若不吸铁的称“死铁石”，呈黑红色。火烧红后醋淬研细备用。

【性味功能】性寒，味辛。镇静，温肾潜阳。

【主治】癫痫，狂躁，阴虚阳亢，疮毒息肉及疥疮。

【用量】牛、马30～60克；猪、羊15～30克。

【禁忌】阳虚及中气下陷者忌用。

金　精　石

【拉丁文】*Vermiculitum*

【藏名（译音）】沙绕木字或沙浪则

【汉语拼音】Jin jing shi

【来源】硅酸类矿石

【生长环境】产于河南、山东、山西、四川等地。产于蚀变的含黑云母或金云母的岩石中，是黑云母和金云母变化的产物。

【采集加工】挖出原矿，拣净沙石，挑选纯净的金精石，用松柴煅烧1日。也有直接入药的。

【性味功能】性寒，味咸。有小毒。清心热，平肝阳，镇静。

【主治】狂躁不安，目赤生翳。

【用量】牛、马30～45克；猪、羊15～21克。

蜗　牛

【拉丁文】*Eulota similatis* Farussac

【藏名（译音）】普觉

【汉语拼音】Wo niu

【科属】大蜗牛科蜗牛属

【生长环境】生活于灌木丛、低矮草丛、农田及住宅附近阴暗潮湿地区。

【采集加工】临用采活体。

【性味功能】性寒，味咸。有小毒。清热，镇静，活血散瘀。

【主治】高热神昏、癫痫抽搐，肺炎，脱肛等。

【用量】牛、马60～120克；猪、羊15～24克。

四、芳香开窍药

雪　茶

【拉丁文】*Thamnolia vermicularis*（Sw.）Ach. ex Schae

【藏名（译音）】色贵

【汉语拼音】Xue cha

【科属】地茶科雪茶属

【生长环境】生于海拔2 800～4 500米的高山植物腐烂的地上。

【采集加工】夏天采全草，去净杂质，晒干。

【性味功能】性凉，味淡、微苦。提神醒脑。

【主治】口干舌燥，精神沉郁。

【用量】牛、马60～90克；猪、羊30～60克。

藏　菖　蒲

【拉丁文】*Acorus calamus* L.

【藏名（译音）】续达那保

【汉语拼音】Zang cang pu

【科属】天南星科菖蒲属

【生长环境】多生于水边或沼泽地。

【采集加工】8—10月挖取根茎。除去茎叶及须根，洗净，切片，晒干。

【性味功能】性温，味辛。芳香开窍，理气健脾，解毒杀虫。

【主治】治癫狂惊痫，消化不良，风湿疼痛等。

【用量】牛、马18～24克；猪、羊6～18克。

麝　香

【拉丁文】*Moschus moschiferus*

【藏名（译音）】腊子

【汉语拼音】She xiang

【科属】鹿科麝属

【生长环境】栖息于多岩石的针叶林和针、阔混交林中，常独居，多于晨昏活动。食物为松树、冷杉、雪松的嫩枝叶，地衣苔藓，杂草及各种野果等。

【采集加工】猎麝以初冬为宜。采割下的麝囊修去边缘多的皮膜，以短小的竹枝撑好囊皮，使之张开，然后用软纸插入囊孔引流吸潮，或插鸡毛管通气，放入竹篓内用纱布盖好，防苍蝇扑附，悬挂于通风处吹干，至干透心才收藏密封保存。

【性味功能】性温，味辛。通行十二经。芳香开窍，行气活血，解毒。

【主治】兴奋中枢，心腹暴痛，痈疽疮毒。

【用量】牛、马1～2克；猪、羊0.3～0.6克。

【禁忌】孕畜忌用。

樟　脑

【拉丁文】*Cinnamomum camphora*（L.）Nees. et Eberm

【藏名（译音）】尕普

【汉语拼音】Zhang nao

【科属】樟科樟属

【生长环境】栽培或野生于河旁，或生于较为湿润的平地。

【采集加工】采集樟树叶进行加工，用蒸馏的方法得樟脑。

【性味功能】性温，味辛。芳香开窍，祛寒镇痛，杀虫防腐。

【主治】胃肠炎，胃寒腹痛，食滞，医疮止痒。

【用量】牛、马 9～15 克；猪、羊 1.5～3 克。

蟾　酥

【拉丁文】*Bufobufo gargarizans* Cantor.

【藏名（译音）】北娃拉波

【汉语拼音】Chan su

【科属】蟾蜍科蟾蜍属

【生长环境】常生活在潮湿的地方，行动缓慢，善爬行。昼伏夜出，白天栖于洞穴，以昆虫、蠕虫、软体动物为食，产卵期到水中产卵。

【采集加工】8—9 月采集，将捕获的蟾蜍挤出耳后腺中的白色分泌物，收集于光滑的玻璃或搪瓷器皿内，晒干即成。为获得更多的蟾酥，可将捕捉到的蟾蜍集中起来挤毒汁。第一次挤出后放回草丛中，等 2～3 周又可再次挤毒汁，操作时戴上眼镜防止毒汁喷入眼内损伤眼球。

【性味功能】性温，味辛，有毒。入心、肺、肝三经。

【主治】强心镇痛，疔毒恶疮。

【用量】牛、马 0.5～1 克；猪、羊 0.1～0.15 克。

五、祛痰止咳平喘药

（一）清热化痰药

开　喉　箭

【拉丁文】*Lagotis* sp.

【藏名（译音）】娃辖呷

【汉语拼音】Kai hou jian

【科属】玄参科兔耳草属

【生长环境】多生于海拔 300～3 600 米的牧区较湿润的草地、路旁和田间等处。

【采集加工】8—9 月采全草，切段晒干备用。

【性味功能】性寒，味微苦。

【主治】清热解毒，肺炎咳嗽，扁桃体炎。

【用量】牛、马 50～200 克；猪、羊 25～75 克。

绿　绒　蒿

【拉丁文】*Meconopsis integrifolia*（Maxim.）Franch

【藏名（译音）】阿拍色鲁

【汉语拼音】Lü rong hao

【科属】罂粟科绿绒蒿属

【生长环境】多生于海拔3 000米以上的高山潮湿地。

【采集加工】7—8月采花及果实，晒干入药。

【性味功能】性微寒，味苦、涩。

【主治】镇痛止痛，镇咳平喘，止痢止血，胃肠发炎。

【用量】牛、马20～40克；猪、羊15～20克。

细　角　茴　香

【拉丁文】*Hypecoum leptocarpum* Hook. f. et Thoms.

【藏名（译音）】巴尔巴达

【汉语拼音】Xi jiao hui xiang

【科属】罂粟科角茴香属

【生长环境】生于海拔4 300米以下的田边地埂、山坡沟底、草原、草甸或沙砾地。

【采集加工】6—8月采全草。就近以流水洗去泥污，略砸，晾干。

【性味功能】性寒，味苦。清热化痰。

【主治】流感，肺炎咳嗽。

【用量】牛、马60～90克；猪、羊6～18克。

螃　蟹　甲

【拉丁文】*Phlomis kawaguchii* Murata

【藏名（译音）】露木尔

【汉语拼音】Pang xie jia

【科属】唇形科糙苏属

【生长环境】多生于干燥山坡、田野。

【采集加工】9—10月挖取块根。洗净，切片，晒干。

【性味功能】性平，味甘。清热，镇咳化痰。

【主治】感冒咳嗽，支气管炎。

【用量】牛、马90～150克；猪、羊30～60克。

蓝　石　草

【拉丁文】*Lancea tibetica* Hook. f. et Thoms.
【藏名（译音）】巴牙杂瓦
【汉语拼音】Lan shi cao
【科属】玄参科蓝石草属
【生长环境】多生于潮湿的山脚、草地等处。
【采集加工】7—9 月采集全草。洗净，晒干。9—10 月采摘摘果实。晒干。
【性味功能】性寒，味甘、苦。解毒，清肺热，祛痰止咳。
【主治】肺脓疡，肺炎，咳嗽。果实治便秘等。
【用量】牛、马 60～120 克；猪、羊 15～30 克。

丛　菔

【拉丁文】*Solms-Laubachia pulcherrima* Muschl.
【藏名（译音）】扫罗莫保
【汉语拼音】Cong fu
【科属】十字花科丛菔属
【生长环境】多生于干燥向阳的山坡。
【采集加工】7—9 月采集全草。洗净，切段，晒干。
【性味功能】性凉，味辛、苦。清热，镇咳，止血。
【主治】肺热咳嗽，痰中带血。
【用量】牛、马 30～75 克；猪、羊 12～18 克。

鸡　蛋　参

【拉丁文】*Codonopsis convolvulacea* Kurz
【藏名（译音）】尼瓦
【汉语拼音】Ji dan shen
【科属】桔梗科党参属
【生长环境】多生于灌木丛中、田边、林缘等处。
【采集加工】9—10 月挖取块根。洗净，切片，晒干。
【性味功能】性平，味甘涩。镇咳祛痰，镇痛，补脾益胃。
【主治】感冒发热，咳嗽胸痛，营养不良性水肿等。
【用量】牛、马 30～60 克；猪、羊 15～30 克。

（二）温化寒痰药

异叶天南星

【拉丁文】*Pinellia pedatisecta* Schott

【藏名（译音）】达果

【汉语拼音】Yi ye tian nan xing

【科属】天南星科天南星属

【生长环境】多生于山野、草地、路旁、田间等处。

【采集加工】8—9月挖块根。洗净，用水浸泡，每日换水1～2次，至尝无麻辣味为度，再用生姜汁或矾水（天南星5千克，姜1.25千克或用矾0.7千克）共煮3小时，取出晒干。

【性味功能】性温，味苦、辛。有毒。燥湿，化痰散结，镇痉。

【主治】慢性支气管炎，支气管扩张，破伤风，口噤强直，惊痫等。外敷治痈肿初起。

【用量】牛、马24～45克；猪、羊12～24克。

短叶石刁柏

【拉丁文】*Asparagus brachyphyllus* Turcz.

【藏名（译音）】尼新

【汉语拼音】Duan ye shi diao bai

【科属】百合科天门冬属

【生长环境】生于海拔2 300～2 600米的阶地，于山坡或阳坡疏林下。

【采集加工】10月采根。洗去泥土，以纸遮蔽，晒干。

【性味功能】性温，味苦。润肺祛痰，清热平喘，祛风，除湿利水。

【主治】风湿性腰背关节痛，局部性浮肿，瘙痒性渗出性皮肤病，久痨虚咳。

【用量】牛、马30～60克；猪、羊12～21克。

蹄叶橐吾

【拉丁文】*Ligularia fischeri*（Ledeb.）Turcz.

【藏名（译音）】日学

【汉语拼音】Ti ye tuo wu

【科属】菊科橐吾属

【生长环境】生于山沟、灌丛及河滩红柳丛中，草地高山也有生长。

【采集加工】春秋采集，洗净泥土，晒干备用。

【性味功能】性温，味苦。

【主治】止咳化痰，结核肺痈，咳吐脓血。

【用量】牛、马 50～75 克；猪、羊 20～40 克。

（三）止咳平喘药

陇 蜀 杜 鹃

【拉丁文】*Rhododendron przewalskii* Maxim.

【藏名（译音）】达玛或达米罗玛

【汉语拼音】Long shu du juan

【科属】杜鹃花科杜鹃花属

【生长环境】生于海拔 2 900～4 700 米的高山灌丛带。

【采集加工】6—7 月采叶晾干，6 月采花晾干（花最好），9—10 月采果，晾干砸破，取籽备用。

【性味功能】性寒，味辛，苦。发散风热，镇咳化痰。

【主治】子宫炎症，肺脓肿，感冒，皮肤发痒（外用）。

【用量】牛、马 60～90 克；猪、羊 30～45 克。

黄花杜鹃（烈香杜鹃）

【拉丁文】*Rhododendron anthopogonoides* Maxim.

【藏名（译音）】大勒

【汉语拼音】Huang hua du juan（Lie xiang du juan）

【科属】杜鹃花科杜鹃花属

【生长环境】生于海拔 3 000～3 450 米的高山灌丛带。

【采集加工】6—8 月采花及枝。将枝除去粗皮，切段，花、枝用纸遮蔽晒干即成。

【性味功能】性寒，味苦。清热消炎，止咳平喘，利水消肿。

【主治】肺病，喉炎，水土不服所致气喘，尿道炎，消化不良，胃扩张，肝脾肿大，水肿，亦外用消炎散肿。

【用量】牛、马 9～15 克；猪、羊 3～9 克。

红 花 杜 鹃

【拉丁文】*Rhododendron arboreum* Smith. f. roseum Sweet

【藏名（译音）】打玛美言多门尔布

【汉语拼音】Hong hua du juan

【科属】杜鹃花科杜鹃花属

【生长环境】多生于山坡、路旁、村边的灌木丛中。

【采集加工】5—6 月采花，鲜用或阴干。

【性味功能】性凉，味苦。有小毒。止喘，清热，拔毒，止血。

【主治】慢性支气管炎，骨髓炎，消化道出血，咯血等。

【用量】牛、马 9～15 克，猪、羊 3～9 克。

长 茎 松 萝

【拉丁文】*Usnea longissima* Ach.

【藏名（译音）】俄贵或俄尔勾

【汉语拼音】Chang jing song luo

【科属】松萝科松萝属

【生长环境】生于潮湿森林内的树干上。

【采集加工】春初采全株硒干。

【性味功能】性寒，味甘、辛。入心、肺、肾三经。清热解毒，祛痰止咳。

【主治】支气管炎，支气管肺炎，外伤感染，淋巴管炎，乳房炎肿，结核潮热等。

【用量】牛、马 30～90 克；猪、羊 15～24 克。

白背铁线蕨

【拉丁文】*Adiantum davidii* Franch.

【汉语拼音】Bai bei tie xian jue

【科属】铁线蕨科铁线蕨属

【生长环境】生于林缘、沟边的灌丛阴湿处。

【采集加工】夏秋采全草，切段、晒干备用。

【性味功能】性微寒，味涩。

【主治】肺热咳嗽，尿路感染，止血利尿。

【用量】牛、马 50～150 克；猪、羊 50～75 克。

钟 乳 石

【拉丁文】*Stalactite*

【藏名（译音）】多巴奴

【汉语拼音】Zhong ru shi

【来源】为碳酸盐类矿物钟乳石的矿石

【生长环境】分布于山西、陕西、甘肃、湖北、湖南、广东、广西、四川、贵州、云南等地。钟乳石系含碳酸钙的水溶液，经石灰岩裂隙，从溶洞顶滴下，因水分蒸发，二氧化碳散逸，析出的碳酸钙淀积而成，且自上向下逐渐增长，倒垂于洞顶。

【采集加工】采集到后，除去杂石，火煅后研末入药。

【性味功能】性温，味甘、淡。止咳平喘，温肾壮阳。

【主治】肺虚咳逆，阳痿，腰膝冷痛，慢性喘咳，乳汁不通。

【用量】牛、马 30～75 克；猪、羊 15～30 克。

【禁忌】阴虚有热忌用。

六、理气消食药

草　果

【拉丁文】*Amomum costatum* Roxburgh

【藏名（译音）】噶果拉

【汉语拼音】Cao guo

【科属】姜科豆蔻属

【生长环境】生于海拔 1 100～1 800 米的山坡疏林下。

【采集加工】秋季果实成熟时采收，除去杂质，晒干或低温干燥。

【性味功能】性温，味甘、辛。温中健脾。

【主治】脘腹胀满，呕吐泄泻，痰饮积聚，胃寒，伤水冷痛。

【用量】牛、马 15～30 克；猪、羊 6～12 克。

甘　松

【拉丁文】*Nardostachys chinensis* Batal.

【藏名（译音）】榜贝

【汉语拼音】Gan song

【科属】败酱科甘松属

【生长环境】生于 3 000 米以上的草甸和灌木丛等潮湿处。

【采集加工】9—10 月挖根和根茎。就近以流水洗净污泥，除去叶及根的枯皮等，以纸遮蔽，晒干。

【性味功能】性温，味甘。理气健脾，祛风止痛。

【主治】胃扩张，消化不良，外用搽治皮肤生疹，突然红肿。亦可熏治昏厥。

【用量】牛、马 30～45 克；猪、羊 15～24 克。

木　　香

【拉丁文】*Vladimiria souliei*（Franch.）Ling
【藏名（译音）】保尕尔莫拉
【汉语拼音】Mu xiang
【科属】菊科风毛菊属
【生长环境】多生于高山草地。
【采集加工】8—10 月挖取根茎。洗净，切片，晒干。
【性味功能】性温，味苦、辛。健脾和胃，理气解郁，止痛安胎。
【主治】慢性胃炎，肝炎，胃肠机能紊乱，肋间神经痛等。
【用量】牛、马 18～24 克；猪、羊 6～12 克。

土　木　香

【拉丁文】*Inula racemosa* Hook. f.
【藏名（译音）】玛奴或麻拉八楂
【汉语拼音】Tu mu xiang
【科属】菊科旋覆花属
【生长环境】生于田边、河谷等潮湿处。
【采集加工】8—10 月挖根。除去残茎、泥沙，切片，晒干。
【性味功能】性温，味辛、苦。健脾和胃，调气解郁，止痛安胎。
【主治】慢性胃炎，胃肠机能紊乱，神经痛，胸壁挫伤等。
【用量】牛、马 30～45 克；猪、羊 15～24 克。

银　老　梅

【拉丁文】*Dasiphora davurica*（Nestl.）Kom. et Klob. -Alis.
【藏名（译音）】匪夹给
【汉语拼音】Yin lao mei
【科属】蔷薇科金老梅属
【生长环境】生于海拔 3 000～4 000 米的高山和干燥草坝。
【采集加工】秋采花叶备用。
【性味功能】性温，味甘。
【主治】理气散寒，肠道防腐，利尿消水。
【用量】牛、马 100～200 克；猪、羊 25～50 克。

羌　活　鱼

【拉丁文】*Batrachu perus pinchonii*（David）

【藏名（译音）】曲珠

【汉语拼音】Qiang huo yu

【科属】小鲵科山溪鲵属

【生长环境】生于高原山区 1 500～3 000 米的阴湿处。

【采集加工】夏秋两季捕捉，捕得后以酒醉死，晒干或烘干备用。

【性味功能】性平，味辛、咸。

【主治】行气止痛，胃脘气痛，血虚脾弱。

【用量】牛、马 150～250 克。

山刺梨（绢毛蔷薇）

【拉丁文】*Rosa sericea* Lindl.

【藏名（译音）】色瓦

【汉语拼音】Shan ci li（Juan mao qiang wei）

【科属】蔷薇科蔷薇属

【生长环境】多生于沟边、路旁及灌木林缘等处。

【采集加工】8—10 月采集根部及果实。洗净，晒干。

【性味功能】性平，味甘酸。

【主治】积食腹胀，肠鸣腹泻。

【用量】牛、马 30～60 克；猪、羊 15～24 克。

七、泻 下 药

大　　黄

【拉丁文】*Rhcum palmatum* L.

【藏名（译音）】峻

【汉语拼音】Da huang

【科属】蓼科大黄属

【生长环境】多生于山地、草原较肥沃处。尚有高山大黄等多种大黄属植物，均可入药。

【采集加工】9—10 月挖取根茎，除去泥土、杂质，切片，阴干。生用或炒用。

【性味功能】性寒，味苦。泻实热，破积滞，行瘀血。

【主治】实热便秘，食积痞滞，痢疾，腹痛后重，湿热发黄，水肿，目赤等。外治痈肿疔毒，烫火伤等。

【用量】牛、马 30～45 克；猪、羊 12～18 克。

八、理 血 药

（一）活血祛瘀药

小叶假耧斗菜

【拉丁文】*Paraquilegia microphylla*（Royle）Drumm. et Hutch.

【藏名（译音）】玉莫堆斤

【汉语拼音】Xiao ye jia lou dou cai

【科属】毛茛科假耧斗菜属

【生长环境】生于海拔 3 000～4 700 米的灌丛草甸、高山草甸、陡壁石隙及高山碎石带。

【采集加工】7—8 月采全草。于就近的流水洗去泥沙，除去残叶枯枝，以纸遮蔽，晒干。

【性味功能】性平，味淡。滋养阴血，凉血止血。

【主治】跌打损伤，胎衣不下等。

【用量】牛、马 120～180 克；猪、羊 30～90 克。

鬼箭锦鸡儿

【拉丁文】*Caragana jubata*（Pall.）Poir.

【藏名（译音）】着母香

【汉语拼音】Gui jian jin ji er

【科属】豆科锦鸡儿属

【生长环境】生于海拔 3 700～4 000 米的高山灌丛中。

【采集加工】8—9 月采全草。茎，叶，皮供药用。

【性味功能】性平，味甘。

【主治】活血通络，消肿止痛，祛风除湿，乳房发炎。

【用量】牛、马 50～100 克；猪、羊 15～30 克。

一 枝 蒿

【拉丁文】*Achillea sibirica* Ledeb.

【藏名（译音）】色日阿格鲁

【汉语拼音】Yi zhi hao

【科属】菊科蓍草属

【生长环境】野生于低山区及中山区，草地向阳山坡。

【采集加工】夏季割全草，洗净泥沙，晒干备用。

【性味功能】性微温，味辛、麻、苦。

【主治】活血止痛，消肿散毒，一切积滞。

【用量】牛、马 50～75 克；猪、羊 0.5～1 克。

多刺绿绒蒿

【拉丁文】*Meconopsis horridula* Hook. f. et. Thoms.

【藏名（译音）】乌巴拉色尔保

【汉语拼音】Duo ci lü rong hao

【科属】罂粟科绿绒蒿属

【生长环境】多生于高山峡谷。

【采集加工】8—9 月采集全草。洗净，切段，晒干。

【性味功能】性寒，味苦。有小毒。活血化瘀，镇痛。

【主治】跌打损伤。

【用量】牛、马 9～15 克；猪、羊 3～6 克。

鼯 鼠

【拉丁文】*Petaurista xanthotis* Milne-Edwards

【藏名（译音）】加玛吉屋

【汉语拼音】Wu shu

【科属】鼯鼠科鼯鼠属

【生长环境】栖息于高山林区和长有柏树的岩石陡壁上的洞穴岩缝中。筑巢穴居，内铺杂草，附近可见灰黑色的粪便。早晨和黄昏多出来活动，以松柏、云杉树籽和树叶为食。

【采集加工】肉，晾干，捣碎。粪即五灵脂，晒干。

【性味功能】性温，味微苦。通利血脉，散瘀止痛。

【主治】肉治胎衣不下，催产。粪治胃痛，难产，催生。

【用量】牛、马 30～60 克；猪、羊 9～18 克。

醋柳果（沙棘）

【拉丁文】*Hippophae rhamnoides* L.
【藏名（译音）】大尔卜兴
【汉语拼音】Cu liu guo（Sha ji）
【科属】胡颓子科沙棘属
【生长环境】多生于河边、沙土环境。
【采集加工】10—11 月采摘成熟果实，晒干。
【性味功能】性温，味酸涩。活血散瘀，化痰宽胸，补脾健胃。
【主治】跌打损伤，瘀肿，咳嗽痰多，呼吸困难，消化不良。
【用量】牛、马 24～30 克；猪、羊 6～12 克。

丹　参

【拉丁文】*Salvia przewalskii* Maxim.
【藏名（译音）】蒺恣慕保
【汉语拼音】Dan shen
【科属】唇形科丹参属
【生长环境】多生于山坡向阳处。
【采集加工】8—10 月挖根。除尽泥沙及须根，切片，晒干。
【性味功能】性微寒，味苦。去瘀生新，活血，排脓生肌。
【主治】心悸，子宫出血，血瘀腹痛，风湿痹痛，痈肿丹毒等。
【用量】牛、马 60～120 克；猪、羊 30～45 克。

鞑新菊（川西小黄菊）

【拉丁文】*Chrysan themum tatsienense* Bur. et Franch.
【藏名（译音）】色尔君木美多
【汉语拼音】Da xin ju（Chuan xi xiao huang ju）
【科属】菊科菊属
【生长环境】多生于高山草地阴湿处。
【采集加工】8—9 月采花。阴干。
【性味功能】性寒，味苦微辛。活血祛瘀，消炎止痛。
【主治】跌打损伤，湿热等症。
【用量】牛、马 60～90 克；猪、羊 12～18 克。

独　一　味

【拉丁文】*Lamiophlomis rotata*（Benth.）Kudo.

【藏名（译音）】打巴

【汉语拼音】Du yi wei

【科属】唇形科独一味属

【生长环境】生于海拔 2 700～4 100 米的高山草甸。

【采集加工】9—10 月采全草打干净，去茎叶，晒干备用。

【性味功能】性微寒，味苦，有小毒。入肝经。

【主治】祛瘀止痛，行血消肿，跌扑损伤，筋骨疼痛。

【用量】牛、马 50～75 克；猪、羊 20～30 克。

（二）止血药

大　籽　蒿

【拉丁文】*Artemisia sieversiana* Willd.

【藏名（译音）】堪加

【汉语拼音】Da zi hao

【科属】菊科蒿属

【生长环境】生于海拔 2 500～3 900 米的河谷阴湿地、荒地，河漫滩。

【采集加工】6—7 月采全草。就近以流水洗净污泥，除去残枝枯叶及根须，略以棒砸，晾干。

【性味功能】性寒，味苦。消炎止痢，凉血止血。

【主治】外敷刀伤，内服止痢止血。

【用量】牛、马 30～60 克；猪、羊 9～18 克。

茜　草

【拉丁文】*Rubia cordifolia* L.

【藏名（译音）】唑

【汉语拼音】Qian cao

【科属】茜草科茜草属

【生长环境】生于海拔 2 300～3 200 米的林下，山坡草地及农田中。

【采集加工】7—8 月花开时采全草，9—10 月挖根。就近以流水洗去泥土，除去残叶及须根，晒干。

【性味功能】性寒，味甘。清热凉血，活血祛瘀。

【主治】根主治吐血，衄血，便血，尿血（炒炭用），瘀血肿痛，腹痛，跌扑损伤，赤痢；全草主治肺炎等。

【用量】牛、马 24～30 克；猪、羊 6～12 克。

刺儿菜（小蓟）

【拉丁文】*Cirsium segetum* Bunge.

【藏名（译音）】姜泽

【汉语拼音】Ci er cai（Xiao ji）

【科属】菊科刺儿菜属

【生长环境】路旁、沟边、地边向阳处均有生长，分布普遍。

【采集加工】药用地上部分，夏季花期采收，洗净泥沙，切段、晒干备用。

【性味功能】性凉，味甘。入肝、脾、肺、小肠等经。

【主治】凉血止血，去瘀生新，吐血鼻血等。

【用量】牛、马 100～150 克；猪、羊 25～50 克。

卷　　柏

【拉丁文】*Selaginella pulvinata*（Hook. Et Grev.）Maxim.

【藏名（译音）】莪曲森得尔莫

【汉语拼音】Juan bai

【科属】卷柏科卷柏属

【生长环境】多生于阴山坡上。

【采集加工】7—10 月采集全草。去须根，洗净，晒干。生用或炒炭用。

【性味功能】性平，味辛。收敛止血，活血。

【主治】血瘀，大便出血，子宫出血，胃痛腹胀及骨折等。

【用量】牛、马 30～60 克；猪、羊 15～30 克。

小　叶　莲

【拉丁文】*Podophyllum emodi* Wall. var. *chinensis* Spragne

【藏名（译音）】奥勒莫色罗玛琼瓦

【汉语拼音】Xiao ye lian

【科属】小檗科鬼臼属

【生长环境】多生于林下或较阴湿的肥沃土壤中。林区、半农半牧区有分布。

【采集加工】8—10 月挖取根茎及根。去净泥沙杂质，切段晒干。

【性味功能】性温，味苦，微辛。有小毒。活血止血，解毒消肿。

【主治】腰腿疼痛，咳喘，胃痛，跌打损伤。果实能安胎。

【用量】牛、马 24～30 克；猪、羊 6～12 克。

野蓟（大蓟）

【拉丁文】*Cirsium maackii* Maxim.

【藏名（译音）】姜泽

【汉语拼音】Ye ji（Da ji）

【科属】菊科蓟属

【生长环境】生于海拔 2 700～3 500 米的农区、草地的河岸等处。

【采集加工】6—8 月采收全草，洗净泥沙，切段、晒干备用。

【性味功能】性凉，味甘。入肝、脾、肺、心四经。

【主治】凉血止血，去瘀生新，吐血咯血，鼻血尿血等。

【用量】牛、马 100～200 克；猪、羊 50～100 克。

云 母 石

【拉丁文】*Muscovite*

【藏名（译音）】浪色噶保

【汉语拼音】Yun mu shi

【来源】为硅酸盐类矿物白云母。

【生长环境】产于内蒙古、陕西、新疆、山东、江苏、浙江、江西、湖南、湖北、广西、四川、云南等地。形成于中酸性岩浆岩和云英岩中，也广泛见于变质岩中。强烈的化学风化作用可使之水化成水云母（水白云母、伊利石），再转化而成蒙脱石、高岭石。

【采集加工】四季可采。挖出原矿，去净泥沙、石块。

【性味功能】性平，味甘。补肾，平喘，止血敛疮。

【主治】慢性咳喘，结核咯血，吐血，出血，血痢。外用敷溃疡。

【用量】牛、马 30～90 克；猪、羊 15～30 克。

【禁忌】外感热性病慎用。

九、抗风湿药

荨 麻

【拉丁文】*Urtica macrorrhiza* Hand. -Mazz.

【藏名（译音）】涉布
【汉语拼音】Xun ma
【科属】荨麻科荨麻属
【生长环境】多生于半阴山坡、房侧、沟边、草丛林缘等处。
【采集加工】6—9月采集全草。切段，晒干。
【性味功能】性温，味苦、辛。有小毒。祛风除湿，解痉活血。
【主治】风湿性关节炎，产后抽风，毒蛇咬伤，荨麻疹等。
【用量】牛、马30～90克；猪、羊30～60克。

高山党参

【拉丁文】*Codonopsis alpina* Nannf.
【藏名（译音）】陆杜多杰
【汉语拼音】Gao shan dang shen
【科属】桔梗科党参属
【生长环境】多生于林缘及山坡草丛。
【采集加工】7—9月采集全草。除尽杂质泥沙，切段，晒干。
【性味功能】性微寒，味甘、辛。祛风除湿，解毒消肿。
【主治】风湿性关节炎，疮疖痈肿。
【用量】牛、马24～30克；猪、羊6～12克。

秦艽

【拉丁文】*Gentiana macrophylla* pall.
【藏名（译音）】锡汤
【汉语拼音】Qin jiao
【科属】龙胆科龙胆属
【生长环境】生于海拔2 700米以上的林缘，林间空地上，在海拔3 000～4 000米的高山草地分布最多。
【采集加工】8—9月挖根，晒干、切片备用。
【性味功能】性微寒（平），味苦、辛。入胃、大小肠等经。
【主治】祛风活络，除湿止痛，骨蒸虚热，关节疼痛，感冒风湿等。
【用量】牛、马40～150克；猪、羊10～40克。

九眼独活

【拉丁文】*Aralia atropurpurea* Franch.

【藏名（译音）】朱那
【汉语拼音】Jiu yan du huo
【科属】五加科楤木属
【生长环境】多生于山坡、林缘灌木丛中。
【采集加工】8—9月挖根。洗净，切片，晒干。
【性味功能】性温，味辛、苦。祛风燥湿，活血止痛，消肿散瘀。
【主治】风湿性腰胯痛，腰肌劳损。
【用量】牛、马30～45克；猪、羊12～18克。

直立铁线莲（灌木铁线莲）

【拉丁文】*Clematis fruticosa* Turcz.
【汉语拼音】Zhi li tie xian lian（Guan mu tie xian lian）
【科属】毛茛科铁线莲属
【生长环境】生于海拔2 700米的农区阳山灌丛中。
【采集加工】8—9月采根皮，晒干、切段备用。
【性味功能】性温，味辛，有毒。入肺、肾两经。
【主治】祛风除湿，行气通络，神经疼痛等。
【用量】牛、马50～100克；猪、羊15～25克。

心叶荚蒾

【拉丁文】*Viburnum cordifolium* Wall. et D C.
【汉语拼音】Xin ye jia mi
【科属】忍冬科荚蒾属
【生长环境】生于林缘或杂木林内及河岸灌木丛。
【采集加工】根四季可采，鲜用或晒干备用。
【性味功能】性温，味涩。入肝经。
【主治】风湿麻木，筋骨疼痛，跌损瘀凝，腰胁气胀等。
【用量】牛、马50～150克；猪、羊25～50克。

十、祛寒温里药

头花蓼（圆穗蓼）

【拉丁文】*Polygonum sphaerostachyum* Meisn.
【藏名（译音）】拉岗

【汉语拼音】Tou hua liao（Yuan sui liao）

【科属】蓼科蓼属

【生长环境】生于海拔 3 500 米以上的高山草甸和灌丛中。

【采集加工】于 10 月，挖其根茎。就近以水洗去泥土，除去残茎、外皮，晒干。

【性味功能】性温，味涩、甘。温胃健脾。

【主治】消化不良，痢疾，发热，腹泻等。

【用量】牛、马 24～30 克；猪、羊 9～15 克。

野　丁　香

【拉丁文】*Syringa persica* L.

【藏名（译音）】历细

【汉语拼音】Ye ding xiang

【科属】木樨科丁香属

【生长环境】多生于山坡灌木丛中。

【采集加工】5—6 月采集花蕾。阴干。

【性味功能】性温，味辛，有特殊香味。温中散寒，降逆止呕。

【主治】胃寒呃逆，呕吐，胃炎等。

【用量】牛、马 15～24 克；猪、羊 6～12 克。

胡　椒

【拉丁文】*Piper nigrum* L.

【藏名（译音）】坡哇日

【汉语拼音】Hu jiao

【科属】胡椒科胡椒属

【生长环境】原产东南亚，现广植于热带地区。

【采集加工】一般定植后 2～3 年封顶放花，3～4 年收获。果穗先晒，后去皮，充分晒干，即商品黑胡椒。果穗用流水浸至果皮腐烂去皮，晒干即商品白胡椒。

【性味功能】性热，味辛。入脾、胃二经。温中散寒，行气止痛。

【主治】积冷久痢，胸膈气滞，反胃呕吐。

【用量】牛、马 1.5～3 克；猪、羊 0.6～1.2 克。

藏　茴　香

【拉丁文】*Carumcarvi* L.
【藏名（译音）】恭牛
【汉语拼音】Zang hui xiang
【科属】伞形科黄蒿属
【生长环境】草地遍产。
【采集加工】秋采果实，晒干备用。
【性味功能】性温，味辛、甘。
【主治】祛风祛寒，健脾开胃，寒滞腰痛，胃寒呕逆。
【用量】牛、马40～100克；猪、羊15～25克。

十一、利 水 药

（一）利水通淋药

茯　苓

【拉丁文】*Poria cocos*（Schw.）Wolt.
【藏名（译音）】阿里
【汉语拼音】Fu ling
【科属】多孔菌科茯苓属
【生长环境】凡有松树的地方均生长。
【采集加工】7—8月采挖，洗净泥土，切片晒干。
【性味功能】性干，味甘淡。入心、脾、胃、肺、肾五经。利水渗湿，利尿消肿。
【主治】痰饮呕吐，尿闭，小便淋浊。
【用量】牛、马60～90克，猪、羊30～45克。

冬　葵

【拉丁文】*Malva verticillata* L.
【藏名（译音）】玛纳加巴
【汉语拼音】Dong kui
【科属】锦葵科锦葵属
【生长环境】生于海拔1 600～3 200米的村边、路旁、荒地等处。
【采集加工】8月采花，9—10月采果。洗净，晾干。

【性味功能】性寒，味甘。利水通淋。

【主治】尿闭，腰痛，腹泻，口渴，水肿，鼻衄，疮疽等。

【用量】牛、马 60～90 克；猪、羊 21～30 克。

小 垂 头 菊

【拉丁文】*Cremanthodium humile* Maxim.

【藏名（译音）】明见赛保

【汉语拼音】Xiao chui tou ju

【科属】菊科垂头菊属

【生长环境】生于海拔 3 700～4 700 米的高山碎石带、河滩碎石间及草甸中。

【采集加工】7—8 月采全草。就近以流水洗净泥土，除去根须，以木棒略砸，晾干备用。

【性味功能】性寒，味苦、辛。利水消肿，解毒。

【主治】全身肿。

【用量】牛、马 24～30 克；猪、羊 9～18 克。

戟叶石苇（戟叶瓦韦）

【拉丁文】*Lepisorus waltonii*（Ching）Ching

【藏名（译音）】扎布争瓦

【汉语拼音】Ji ye shi wei（Ji ye wa wei）

【科属】水龙骨科瓦苇属

【生长环境】多生于阴湿岩石上。

【采集加工】全年可采。割取地上部分（以孢子囊群成熟时采集为好），刷去黄毛，切段，晒干。

【性味功能】性平，味苦、甘。利水通淋，清泄肺热。

【主治】肾炎水肿，泌尿道感染，尿道结石，肺热咳嗽，支气管哮喘，咽喉炎等。外用可止外伤出血。

【用量】牛、马 24～30 克；猪、羊 6～12 克。

花木通（西南铁线莲）

【拉丁文】*Clematis pseudopogonandra* Finet. et Gagn.

【藏名（译音）】壹杧噶尔布

【汉语拼音】Hua mu tong（Xi nan tie xian lian）

【科属】毛茛科铁线莲属

【生长环境】喜生于山地林中及灌木丛中。

【采集加工】8—10月采收茎藤。刮去外皮，切片，晒干。

【性味功能】性寒，味苦。清热利尿。

【主治】水肿，膀胱炎，尿道炎，口舌生疮，久痢脱肛，乳汁不通等。

【用量】牛、马24～30克；猪、羊9～15克。

瞿　麦

【拉丁文】*Dianthus superbus* L.

【藏名（译音）】亚格玛

【汉语拼音】Qu mai

【科属】石竹科石竹属

【生长环境】草地、山麓普遍产，农区向阳干燥的高山也产。

【采集加工】开花时采集全草，晒干备用。

【性味功能】性寒，味甘、辛。

【主治】清热抗菌，尿路感染，排脓破血，通经消痈，去翳明目，血闭阴疮。

【用量】牛、马50～100克；猪、羊25～40克。

（二）逐水药

商　陆

【拉丁文】*Phytolacca esculenta* van Houtte

【藏名（译音）】巴兀噶尔布

【汉语拼音】Shang lu

【科属】商陆科商陆属

【生长环境】多生于林缘较阴湿而肥沃的土壤中。

【采集加工】8—10月挖根，去其茎叶、须根，洗净，切片，晒干。

醋制法：商陆片5千克，醋1.5千克，拌匀，闷至醋尽，文火炒至微黄，晾干。

【性味功能】性寒，味苦。有毒，利水消肿。

【主治】肝硬化腹水，慢性肾炎并发腹水及胸腔积液等。

【用量】牛、马15～24克；猪、羊6～12克。

【禁忌】脾胃虚弱、孕畜忌用。

泽　　漆

【拉丁文】 *Euphorbia helioscopia* L.

【藏名（译音）】 塔尔奴

【汉语拼音】 Ze qi

【科属】 大戟科大戟属

【生长环境】 多生于山坡草丛中。

【采集加工】 7—9 月挖根，除去茎苗、须根，洗净，切片，晒干。

【性味功能】 性寒，味苦。有毒。通经逐水，化坚消肿，祛痰，通利大小便。

【主治】 重症水肿，胸水，腹水，积聚痞块等。

【用量】 牛、马 30～60 克；猪、羊 9～18 克。

大　　戟

【拉丁文】 *Euphorbia sieboldiana* Morr. et Decne.

【藏名（译音）】 塔尔奴

【汉语拼音】 Da ji

【科属】 大戟科大戟属

【生长环境】 多生于山坡草丛中。

【采集加工】 7—9 月挖根，除去茎苗、须根，洗净，切片，晒干。制法同商陆。

【性味功能】 性平，味辛。有大毒。清热解毒，消炎利胆。

【主治】 退热，祛寒，破瘀，排脓，利胆，催吐，结症，瘤胃积食。

【用量】 牛、马 6～9 克；猪、羊 1～2 克。

十二、收敛固涩药

诃　　子

【拉丁文】 *Terminalia chebula* Retzius

【藏名（译音）】 阿入

【汉语拼音】 He zi

【科属】 使君子科诃子属

【生长环境】 野生于海拔 800～1 540 米的疏林中，或阳坡林缘。

【采集加工】 8 月果实成熟时采收，除净杂质，晒干。

【性味功能】性温，味苦涩。入肝、大肠二经。敛肺涩肠，收敛止血。

【主治】久泻久痢，久咳失音，子宫炎，肠道出血。

【用量】牛、马 30～60 克；猪、羊 9～15 克。

逆 阿 落

【拉丁文】*Polygonum periginatoris* Pauls.

【藏名（译音）】娘罗

【汉语拼音】Ni a luo

【科属】蓼科蓼属

【生长环境】多生于阴暗潮湿林下及沟边。

【采集加工】8—10 月采挖根部。洗净，切片，晒干。

【性味功能】性温，味辛。涩肠止痢。

【主治】急、慢性痢疾，肠炎。

【用量】牛、马 45～60 克；猪、羊 12～18 克。

辣 蓼

【拉丁文】*Polygonum hydropiper* L.

【藏名（译音）】恣恣沙曾

【汉语拼音】La liao

【科属】蓼科蓼属

【生长环境】多生于路旁、沟边较阴湿处。

【采集加工】6—10 月采集全草。洗净，切段，晒干。

【性味功能】性凉，味辛。祛风利湿，杀虫止痢，清热解毒。

【主治】菌痢，肠炎，消化不良，跌打损伤，风湿肿痛，皮肤湿疹等。

【用量】牛、马 60～90 克；猪、羊 12～30 克。

展 毛 翠 雀

【拉丁文】*Delphinium kamaonense* Huth var. glabrescens（W. T. Wang） W. T. Wang

【藏名（译音）】加岗哇

【汉语拼音】Zhan mao cui que

【科属】毛茛科翠雀属

【生长环境】生于海拔 2 400～3 900 米的林间空地和草地。

【采集加工】7—8 月采全草。就近以流水洗去泥土，将花摘出，分别晾干。

【性味功能】性微寒，味苦。收敛止泻，清热解毒。

【主治】肠炎，腹泻。

【用量】牛、马 12～18 克；猪、羊 6～12 克。

长 筒 马 先 蒿

【拉丁文】*Pedicularis longiflora* Rudolph. var. *tubiformis*(Klotz.)Tsoong

【藏名（译音）】露茹色尔保

【汉语拼音】Chang tong ma xian hao

【科属】玄参科马先蒿属

【生长环境】喜生于较潮湿的草坪处。

【采集加工】7—8 月采全草。洗净，晒干。

【性味功能】性寒，味涩，利水，涩精。

【主治】水肿，口干舌燥，痈疽等。

【用量】牛、马 9～15 克；猪、羊 3～6 克。

绿 叶 悬 钩 子

【拉丁文】*Rubus komarovi Nakai.*

【藏名（译音）】干楂朵拉

【汉语拼音】Lü ye xuan gou zi

【科属】蔷薇科悬钩子属

【生长环境】生于海拔 2 700 米左右的林缘灌丛中。

【采集加工】根、茎、叶夏秋可采，果 10 月采。

【性味功能】性平，味甘、涩。

【主治】收敛止血，感冒发热，肝炎、肺炎，涩精缩尿。

【用量】牛、马 100～200 克；猪、羊 20～40 克。

火　把　果

【拉丁文】*Pyracantha crenatoserrata*（Hamce.）Rehd.

【汉语拼音】Huo ba guo

【科属】蔷薇科火把果属

【生长环境】海拔2 700米以下的农区河岸分布最多。

【采集加工】10—11 月挖根或采果，根应抽去木心。叶四季可采。

【性味功能】性平，味酸、涩。入肝、肾两经。

【主治】根：虚劳潮热，跌扑损伤，除筋骨痛；果实：治痢疾，白带；叶：

治麻疹及虚劳骨蒸。

【用量】牛、马 100～200 克；猪、羊 50～100 克。

污　泥　素

【拉丁文】Sludge

【汉语拼音】Wu ni su

【采集加工】四时可采集。加工方法有两种：①取原污泥捏成小块，晒干、煨熟除去杂质研末备用，即“制污泥”。②取原污泥置瓦缸或搪瓷器皿内，按 1∶2 加清水浸透，搅拌 10～20 分钟，静置 24 小时，取上层澄清液放锅内煎熬，最后每 500 克水浓缩至 100 克时即可。

【性味功能】性平，味咸。含抗菌成分，入脾经。

【主治】解毒杀菌，收敛止泻，肠炎痢疾等。

【用量】牛、马 50～100 毫升；猪、羊 20～30 毫升。

十三、补 养 药

冬　虫　夏　草

【拉丁文】*Cordyceps sinensis*（Berk.）Sacc.

【藏名（译音）】牙扎贡保

【汉语拼音】Dong chong xia cao

【科属】肉座菌科虫草属

【生长环境】生于海拔 3 600～4 000 米的高山草甸和灌丛草甸中。产于青海、西藏、甘肃、云南、贵州等地。

【采集加工】4—5 月挖出虫菌合体。晾至半干，刷去外面黑皮，置通风处晾干即可。或将虫草先晾干，用酒喷软，再刷去黑皮，晾干。

【性味功能】性温，味甘。补肾益肺，化痰止咳。

【主治】结核，肾虚咳嗽，贫血虚弱，神经性胃痛，呕吐，食欲不振，筋骨疼痛等。

【用量】牛、马 30～60 克；猪、羊 15～24 克。

雪　莲　花

【拉丁文】*Saussurea tridactyla* Sch.-Bip.

【藏名（译音）】美多岗拉

【汉语拼音】Xue lian hua

【科属】菊科青木香属

【生长环境】多生于海拔 4 000 米以上的高山。

【采集加工】6—8 月采集全株。去尽泥沙，晾干。

【性味功能】性温，味酸、淡。除寒痰咳嗽，壮阳补血，暖子宫。

【主治】脾虚咳嗽，胎衣不下，阳痿，肾虚腰痛等。

【用量】牛、马 30～120 克；猪、羊 15～30 克。

遏　蓝　菜

【拉丁文】*Thlaspi arvense* L.

【藏名（译音）】则尕娃

【汉语拼音】E lan cai

【科属】十字花科遏蓝菜属

【生长环境】生于海拔 3 000～3 600 米的牧区路边及荒地。

【采集加工】8—9 月果实成熟时打出种子备用。

【性味功能】性微温，味苦、辛。入肝、脾两经。

【主治】血管硬化，眼目赤肿，除痹补虚，心腹疼痛，和中益气。

【用量】牛、马 100～150 克；猪、羊 20～30 克。

膜　荚　黄　芪

【拉丁文】*Astragalus membranaceus*（Fisch）Bge.

【藏名（译音）】吉三岗卜涧

【汉语拼音】Mo jia huang qi

【科属】豆科黄芪属

【生长环境】多生于向阳的山野草丛中。林区、农区有分布。

【采集加工】8—10 月采挖根部。去掉茎叶、须根及芦头，洗净，切片，晒下。生用或炙用。炙黄芪：取黄芪片加蜂蜜（黄芪 10 千克用蜜 1.5～3 千克），加开水少许拌匀，稍润，小火炒至黄色，不粘手为度。

【性味功能】性温，味甘。补中益气，排脓生肌，利尿止汗。

【主治】久病衰弱，慢性肾炎浮肿，消化不良，贫血。自汗、盗汗，痈肿疮疖，痢疾等。

【用量】牛、马 30～75 克；猪、羊 15～30 克。

一支箭（心脏叶瓶尔小草）

【拉丁文】*Ophioglossum reticulatum* L.

【藏名（译音）】丁阿

【汉语拼音】Yi zhi jian（Xin zang ye ping er xiao cao）

【科属】瓶尔小草科瓶尔小草属

【生长环境】喜生于阴湿草地。

【采集加工】5—9 月采集全草。洗净泥沙，切段，晒干。

【性味功能】性平，味甘，微苦。纳肾助阳，解毒消肿。

【主治】阳痿，肾虚腰痛，痈肿疔毒症。捣烂外敷治蛇咬伤。

【用量】牛、马 24～30 克；猪、羊 6～12 克。

佛　手　参

【拉丁文】*Gymnadenia conopsea*（L.）R. Br

【藏名（译音）】旺拉

【汉语拼音】Fo shou shen

【科属】兰科手掌参属

【生长环境】高山向阳草坡上，海拔 3 700～4 000 米的高山均有生长。

【采集加工】9—10 月挖根为宜，初春亦可挖。去茎苗，洗净泥土，晒干。

【性味功能】性微温，味甘。无毒。入肺、脾二经。补血益气，生津止渴。

【主治】肺虚喘咳，阳痿，乳汁缺少。可代人参用，功效稍逊。

【用量】牛、马 60～90 克；猪、羊 30～45 克。

溪畔银莲花（草玉梅）

【拉丁文】*Anemone rivularis* Buch.-Ham.

【藏名（译音）】索尕哇

【汉语拼音】Xi pan yin lian hua（Cao yu mei）

【科属】毛茛科银莲花属

【生长环境】生于海拔 1 700～4 100 米的山谷、林缘，河滩地、水渠旁。

【采集加工】6—8 月采叶、花，9—10 月采果、根。洗去泥土，除去残叶及根的外皮，晒干。

【性味功能】性温，味苦、辛。滋阴补血，祛湿，拔毒生肌。

【主治】病后体温不正常，淋病，关节积黄水，黄水疮（外敷可治黄水疮或提出关节中黄水），慢性气管炎，末梢神经麻痹，催吐。

【用量】牛、马 9～15 克；猪、羊 3～9 克。

水杨梅（普提香）

【拉丁文】*Geum urbanum* L.
【藏名（译音）】阿杂果日
【汉语拼音】Shui yang mei（Pu ti xiang）
【科属】蔷薇科水杨梅属
【生长环境】多生于路旁，田野及草丛中。
【采集加工】7—10 月采集全草。除去泥沙，洗净，切段，晒干。
【性味功能】性平，味甘、辛。滋阴养血，消肿止痛。
【主治】感冒，贫血，慢性肠胃炎，乳腺炎，疮毒等。
【用量】牛、马 60～120 克；猪、羊 30～60 克。

天　门　冬

【拉丁文】*Asparagus spinasissimus* Wang et S. C. Chen
【藏名（译音）】尼兴
【汉语拼音】Tian men dong
【科属】百合科天门冬属
【生长环境】多生于林缘附近或草丛中。林区、半农半牧区多有分布。
【采集加工】9—11 月挖取块根。除去须根，洗净，用蒸笼蒸至外皮易剥落时取出，趁热剥去外皮，抽心，晒干或烘干。
【性味功能】性寒，味甘、苦。滋阴润燥，清肺热，止咳嗽。
【主治】支气管炎，扁桃体炎，肺结核咳嗽，口干舌燥，津枯便秘等。
【用量】牛、马 24～30 克；猪、羊 12～18 克。

轮　叶　黄　精

【拉丁文】*Polygonatum cirrhifolium*（Wall.）Royle
【藏名（译音）】惹尼
【汉语拼音】Lun ye huang jing
【科属】百合科黄精属
【生长环境】多生于田野及山坡灌木丛等处。林区、半农半牧区多有分布。
【采集加工】8—10 月挖取根茎，除尽泥土及须根，蒸熟后晒干。
【性味功能】性平，味甘。补脾益肾，润肺生津。
【主治】诸虚不足，虚痨咳嗽，筋骨痿软等。
【用量】牛、马 60～150 克；猪、羊 30～90 克。

角蒿（藏菠萝花）

【拉丁文】*Incarvillea younghusbandii* Sprague

【藏名（译音）】乌确玛尔保

【汉语拼音】Jiao hao（Zang bo luo hua）

【科属】紫葳科角蒿属

【生长环境】生于向阳山坡、路旁、田边等处。半农半牧区多有分布。

【采集加工】7—9月挖根部。洗净，切片，晒干。8—9月采收成熟种子，晒干。

【性味功能】性温，味甘、淡。滋阴补血。

【主治】产后乳少，久病虚弱，贫血等。

【用量】牛、马60～120克；猪、羊30～60克。

凹　舌　兰

【拉丁文】*Coleoglossum viride*（L.）Hartm.

【藏名（译音）】龙英纳花

【汉语拼音】Ao she lan

【科属】兰科凹舌兰属

【生长环境】生于海拔3 800米以下的林边，灌丛。

【采集加工】9—10月挖根，洗净，水潦，晒干备用。

【性味功能】性温，味甘。

【主治】温肾壮阳，补五脏，阳痿遗精。

【用量】牛、马100～200克；猪、羊25～75克。

十四、镇 痛 药

唐古特马尿泡

【拉丁文】*Przewalskia tangutica* Maxim.

【藏名（译音）】唐冲尕保

【汉语拼音】Tang gu te ma niao pao

【科属】茄科马尿泡属

【生长环境】生于海拔2 000～4 100米的沙砾地，以及比较干旱的草原、路旁等处。在鼠害破坏之后的沙砾地上最常见。产于青海、西藏。

【采集加工】秋季果熟后采籽，晾干备用，9—10月采集根洗净，阴干。

【性味功能】性寒，味苦。有毒。镇痛散肿。

【主治】毒疮，瘤癌及皮肤病。内服慎用。

【用量】牛、马 2.7～3.6 克；猪、羊 1～1.5 克。

野　罂　粟

【拉丁文】*Papaver nudicaule* L.

【汉语拼音】Ye ying su

【科属】罂粟科罂粟属

【生长环境】生于草原，山野，河岸，亦见栽培于庭院供观赏。

【采集加工】药主要用果实（民间藏医用全草），秋天采集全草，果实与茎叶分别收集备用。

【性味功能】性温，味苦、涩，小毒。入肝、肺、大小肠等经。

【主治】镇痛收敛，久咳久痢，胃肠发炎，胃溃疡，气虚脱肛等。

【用量】牛、马 50～65 克；猪、羊 5～20 克。

唐 古 特 莨 菪

【拉丁文】*Anisodus tanguticus*（Maxim.）Pascher

【藏名（译音）】唐冲那保

【汉语拼音】Tang gu te lang dang

【科属】茄科莨菪属

【生长环境】生于海拔 1 700～4 300 米的农区村庄附近的路旁、沟边、田埂，牧区避风向阳的山沟及畜圈等处。

【采集加工】9—10 月挖根。就近以流水洗去泥沙，除去外皮及根须，切碎，入水熬煎，至药汁溶入水中后去渣，再浓缩成膏。7—9 月采籽备用。

【性味功能】性温，味甘、辛。有毒。有麻醉镇痛作用。

【主治】病毒恶疮，种子研细塞牙中止牙痛。内服宜慎用。

【用量】牛、马 2.7～3.6 克；猪、羊 1～1.5 克。

东莨菪（日本莨菪）

【拉丁文】*Scopolia japonica* Maxim.

【藏名（译音）】唐冲

【汉语拼音】Dong lang dang（Ri ben lang dang）

【科属】茄科莨菪属

【生长环境】生于草原冬房附近及圈舍周围、路边、山麓等处。

【采集加工】春秋两季挖根，将挖起的根洗净泥土，切片晒干备用。煎剂、粉剂、膏剂。

【性味功能】性温，味辛、麻。有剧毒。解痉镇痛。

【主治】精神狂躁，各种疼痛，人畜炭疽，痈疮肿毒，外伤出血，敛汗涩肠。外擦体癣。

【用量】牛、马 3～4.5 克；猪、羊 0.3～1.5 克。

铁　棒　七

【拉丁文】*Aconitum* sp.

【藏名（译音）】煤金

【汉语拼音】Tie bang qi

【科属】毛茛科乌头属

【生长环境】生于海拔 2 500～2 800 米的农区、河滩及山地。

【采集加工】秋末挖根。将根先用清水浸 7 日，每天换 2 次清水，待中心软透，切成薄片，放蒸笼内蒸透 2～3 小时，取出用猪油炒透，备用。

【性味功能】性大温，味辛。有剧毒。麻醉镇痛，除湿消肿。

【主治】跌扑扭伤，顽固风湿，关节剧痛，无名肿毒。外搽一般生用。

【用量】牛、马 1～2 克；猪、羊 0.3 克。

草　乌

【拉丁文】*Aconitum balfourii* Stapf.

【藏名（译音）】滂阿那保

【汉语拼音】Cao wu

【科属】毛茛科乌头属

【生长环境】多生于山地林缘、灌木丛中或原野草地。

【采集加工】9—10 月挖取块根。除去茎叶，洗净，切片，晒干。取净草乌凉水浸泡，每日换水 2～3 次，泡至口尝无麻辣感，取出再用甘草、黑豆煎汤共煮，至内无白心为度，取出晒干。

【性味功能】性温，味辛。有大毒。搜风止痛，祛湿开痰。

【主治】风湿性关节炎，中风瘫痪。外治痈疽未溃，疔疮初起，可用生草乌适量，研末涂敷患处。

【用量】牛、马 9～15 克；猪、羊 3～9 克。

【注意事项】本品反半夏、贝母、瓜蒌、白蔹、白及。

雪上一枝蒿（工布乌头）

【拉丁文】 *Aconitum kongboense* Lauener

【藏名（译音）】 朋阿那保罗玛查瓦

【汉语拼音】 Xue shang yi zhi hao（Gong bu wu tou）

【科属】 毛茛科乌头属

【生长环境】 多生于山地林缘、灌木丛中。

【采集加工】 9—10 月挖根。除去须根，洗净，切片，晒干（加工方法同草乌）。

【性味功能】 性大温，味苦。有剧毒。麻醉镇痛，祛风除湿，消肿。

【主治】 跌打损伤，风湿骨痛，牙痛。毒蛇、毒虫咬伤：用 15 克泡酒 500 毫升，泡 10 天后，外搽（严禁内服）。

【用量】 牛、马 1～2 克；猪、羊 0.3 克。炮制后用量酌加。

十五、平肝明目药

高 山 紫 菀

【拉丁文】 *Aster alpinus* L.

【藏名（译音）】 鲁美切哇

【汉语拼音】 Gao shan zi wan

【科属】 菊科紫菀属

【生长环境】 生于海拔 3 000～3 600 米的牧区山坡及较干燥的草坝。

【采集加工】 7—8 月采集全草，切段，晒干。

【性味功能】 性寒，味微苦。入肝经。清热利胆，平肝明目。

【主治】 风热感冒，结膜炎。花治头面风热。茎、叶清热抗菌。

【用量】 牛、马 30～60 克；猪、羊 9～18 克。

十六、驱 虫 药

狼 毒 大 戟

【拉丁文】 *Euphorbia fiseheriana* Steude

【藏名（译音）】 日加巴

【汉语拼音】 Lang du da ji

【科属】 大戟科大戟属

【生长环境】生于海拔 2 700 米的农区林缘灌丛中。

【采集加工】秋季挖根洗净，切片，晒干。乳浆入眼能造成失明。

【性味功能】性平，味苦。有大毒。杀虫，除湿祛痰。

【主治】痰饮停留，骨膜炎，结核顽疮，除腹水，通二便。

【用量】牛、马 6～24 克；猪、羊 3～6 克。

瑞香狼毒（小狼毒）

【拉丁文】*Stellera chamaejasme* L.

【藏名（译音）】日加巴

【汉语拼音】Rui xiang lang du（Xiao lang du）

【科属】瑞香科狼毒属

【生长环境】生于山野向阳处。

【采集加工】8—10 月采挖根。去茎叶，洗净，切片，晒干。

【性味功能】性平，味苦、辛。有大毒。祛痰治逆，破积消瘀，杀虫攻毒，行气止痛。

【主治】皮肤疥癣，痰饮积聚，咳嗽气逆，骨结核。可杀鸟兽。以外用为主，内服慎用。

【用量】牛、马 15～30 克；猪、羊 6～15 克。

蓝花侧金盏

【拉丁文】*Adonis coerulea* Maxim.

【藏名（译音）】加子多洛

【汉语拼音】Lan hua ce jin zhan

【科属】毛茛科毛茛属

【生长环境】生于海拔 2 700～4 500 米的林间空地，山麓、水沟旁、河滩、山坡等处。

【采集加工】6—7 月花盛时采全草。就近以流水洗去泥土，除去枯枝残叶及根须，晾干。

【性味功能】性寒，味苦。清热除湿，杀虫。

【主治】外用治疥疮和牛皮癣等皮肤病。

【用量】牛、马 6～12 克；猪、羊 3～6 克。

绢毛毛茛

【拉丁文】*Ranunculus pulchellus* C. A. Mey var. *sericeus* Hook. f. et Thorms.

【藏名（译音）】结蔡

【汉语拼音】Juan mao mao gen

【科属】毛茛科毛茛属

【生长环境】生于海拔 3 000～5 000 米的山坡或沟谷。

【采集加工】6—7 月花盛时采全草，8—10 月果熟后采种籽。全草就近以流水洗净污泥，晾干，种子晾干即成。种子最好。

【性味功能】性温，味辛。除湿健脾，驱虫。

【主治】消化不良，腹内气水，脱肛及蛔虫病。

【用量】牛、马 30～45 克；猪、羊 15～21 克。

贯　众

【拉丁文】*Polystichum squarrosum* Fee

【藏名（译音）】敦木日惹

【汉语拼音】Guan zhong

【科属】鳞毛蕨科耳蕨属

【生长环境】多生于山野林下较阴湿而肥沃处。林区、半农半牧区多分布。

【采集加工】7—10 月挖取根状茎。除去泥土、叶柄，洗净，切片，晒干。

【性味功能】性微寒，味苦。有小毒。清热止血，解毒杀虫。

【主治】蛲虫病、钩虫病、绦虫病，热病发疹，吐血，便血，赤痢，并用于防治流感。

【用量】牛、马 30～45 克；猪、羊 9～15 克。

苦　楝　子

【拉丁文】*Melia azedarach* L.

【藏名（译音）】芒兴

【汉语拼音】Ku lian zi

【科属】楝科楝属

【生长环境】多生于林缘或房屋附近。

【采集加工】9—11 月果实黄时采收。晒干。

【性味功能】性寒，味苦。舒肝止痛，根皮有小毒，驱蛔虫。

【主治】治胸腹痛，疝气痛等。

【用量】牛、马 24～30 克；猪、羊 12～24 克。

野　棉　花

【拉丁文】*Anemone rivularis* Buch. -Ham.

【藏名（译音）】莪苏巴

【汉语拼音】Ye mian hua

【科属】毛茛科银莲花属

【生长环境】多生于沟边，路旁草丛中。

【采集加工】7—10 月采挖根部。晒干。

【性味功能】性温，味辛。有毒。温胃法寒，止呕杀虫。

【主治】胃痛呕吐，蛔虫病，寸白虫病等。

【用量】牛、马 15～24 克；猪、羊 6～12 克。

石　榴　皮

【拉丁文】*Punica granatum* L.

【藏名（译音）】色珠

【汉语拼音】Shi liu pi

【科属】石榴科石榴属

【生长环境】多为野生，也有栽培。

【采集加工】树皮 8—9 月纵剥后晒干。根皮 10—11 月挖松剥皮，洗净，晒干。果皮 8—9 月摘取成熟果实，除去种子及膈、皮、瓤，晒干。花 5—6 月采摘花蕾，晒干。

【性味功能】性温，味酸涩。杀虫止痢，固涩止血。

【主治】树皮和根皮可驱虫，止痢，果皮治菌痢、脱肛，花治吐血，研粉吹鼻治鼻衄。

【用量】牛、马 18～24 克；猪、羊 12～18 克。

花　椒

【拉丁文】*Zanthoxylum bungeanum* Maxim.

【藏名（译音）】叶尔玛

【汉语拼音】Hua jiao

【科属】芸香科花椒属

【生长环境】生于海拔 2 500 米以下的农区。也有栽培。

【采集加工】9—10 月采成熟果实。

【性味功能】性温，味辛。有小毒。入肺、胃、肾三经，温中行气，杀虫止痒。

【主治】冷痛，驱虫，治疥癣。

【用量】牛、马 12～18 克；猪、羊 6～9 克。

硫　黄

【拉丁文】Sulphur

【藏名（译音）】莫色色保

【汉语拼音】Liu huang

【来源】为自然元素类硫黄族矿物自然硫，主要用含硫物质或含硫矿物经炼制升华的结晶体。

【生长环境】主产于内蒙古赤峰、陕西南部、四川甘孜、河南洛阳、山西、江苏、湖南、江西、广东、台湾亦产。

【采集加工】将采挖的原硫黄矿置特制的瓦罐内烧煅，待硫黄自罐底流入盛器内，经冷却后即成。

【性味功能】性温，味酸。有毒。杀虫解毒，润肠通便，温脾暖胃。

【主治】久泻冷泄，老龄虚寒的便秘，杀疥癣虫，治疥疮。

【用量】牛、马 30～60 克；猪、羊 6～18 克。

十七、外 用 药

硇　砂

【拉丁文】Sal Ammoniac

【藏名（译音）】加擦

【汉语拼音】Nao sha

【来源】本品为含有氯化铵类的一种矿石。

【生长环境】多产于火山熔岩的岩穴内，有时与煤或高碳质页岩石盐伴生，当石灰燃烧时也可产生，或呈壳皮状覆于岩石表面。

【采集加工】挖取后除去杂质，生用或和醋煮干成霜，备用。

【性味功能】性温，味苦、辛，咸。有毒。消积软坚，化痰止咳。

【主治】外用治目翳胬肉，痈疽等症。内服治噎膈反胃，止咳化痰。

【用量】牛、马 9～15 克；猪、羊 3～4.5 克。

鼠　瓣　花

【拉丁文】*Galeopsis tetrahit* L.

【藏名（译音）】吉入巴

【汉语拼音】Shu ban hua

【科属】唇形花科鼠瓣花属

【生长环境】生于海拔 3 000～3 500 米的牧区山坡草地土壤较肥沃的地方。

【采集加工】8—9 月采全草。洗净，切段，晒干。

【性味功能】性微温，味辛。解毒消肿。

【主治】解肉毒中毒。外敷冶肿毒。

【用量】牛、马 60～120 克；猪、羊 30～45 克。

毛　茛

【拉丁文】*Ranunculus japonicus* Thunb.

【藏名（译音）】吉泽

【汉语拼音】Mao gen

【科属】毛茛科毛茛属

【生长环境】生于海拔 2 400 米的农区沟边、林缘阴湿地。

【采集加工】四季可采，多用鲜品。

【性味功能】性温，味辛。有毒。忌内服。去瘀消肿，活血解毒。

【主治】痈肿恶疮，毒蛇咬伤，痢疾。

【用法】①全株绞汁涂患部（不能涂在健康皮肤上），治疮疔毒。②叶用口嚼后贴蛇咬伤处，疗效亦佳。③根捣烂敷患处，消肿。

【用量】牛、马 30～45 克；猪、羊 15～21 克。

野　决　明

【拉丁文】*Thermopsis lupinoides*（L.）Link.

【藏名（译音）】色那

【汉语拼音】Ye jue ming

【科属】豆科决明属

【生长环境】生于海拔 3 000～3 600 米的牧区向阳山坡。

【采集加工】夏秋采茎叶及种子备用。

【性味功能】性微寒，味甘、淡。入肺胃二经。有毒。解毒消肿，催吐。

【主治】恶疮疥癣，祛痰能吐。

【用法】①鲜茎叶捣烂敷肿毒恶疮处。②配东莨菪，碾末调油擦疥癣。③单服催吐。

【用量】外用量不限。内服慎用。

雾　灵　蒿

【拉丁文】*Artemisia wulingschanensis* Baranov et Skv.
【藏名（译音）】人尔猛
【汉语拼音】Wu ling hao
【科属】菊科蒿属
【生长环境】生于海拔 2 800 米的农区河岸灌木丛中。
【采集加工】7—8 月采茎叶，晒干备用。
【性味功能】性微温，味苦。入心、肺二经。解毒除湿。
【主治】敷治痈疮，煎洗痒疹。
【用量】牛、马 30～60 克；猪、羊 6～12 克。

雄　黄

【拉丁文】*Realgar*
【藏名（译音）】东润
【汉语拼音】Xiong huang
【生长环境】主产山西、山东、河南等省。
【采集加工】系含硫化砷的矿石采挖后，去除杂行泥沙等，研细粉用。
【性味功能】性温，味辛。有毒。解毒杀虫，燥湿祛痰。
【主治】外用治蛇虫咬伤，疥癣。内服治癫痫，虫积，冷痰痨咳。
【用量】牛、马 2～3 克；猪、羊 0.3～0.6 克。外用适量。
【注意事项】本品以外用为主，内服应慎重。孕畜及阴虚血亏者禁用。

碎　米　荠

【拉丁文】*Cardamine hirsuta* L.
【藏名（译音）】容母
【汉语拼音】Sui mi ji
【科属】十字花科碎米属
【生长环境】生于海拔 3 200 米的牧区较干燥地方。
【采集加工】夏季采全草，切段、晒干备用。
【性味功能】性寒，味苦。
【主治】祛痰消炎，胸膜发炎疼痛，外敷骨膜炎、硫黄水。
【用量】牛、马 50～150 克；猪、羊 20～40 克。

第三章　藏兽医防治疾病经验总结

第一节　内科疾病

在动物普通病中，内科病占据重要的地位。本章节主要叙述动物内科病中的常见病和多发病，介绍一些疗效好、具有地区代表性的防治方法，以反映藏兽医在诊治内科病方面的特点，为广大的藏兽医和赤脚兽医提供参考资料。

一、口舌疮（口膜炎）

口舌疮可分为口疮和舌疮两种类型，藏语称“卡乃”或“卡吉年采”，现代兽医称之为口膜炎。本病多由于心经积热或胃热上蒸和异物损伤舌体及口腔所致，是以口膜与舌红肿，水疱、溃烂、流涎等为特征的一种疾病。马、牛、羊发病者居多。

致病原因：①家畜在烈日炎天之下，过度劳役，乘骑奔走太急，致使热邪侵入心经，舌为心之外应，热邪上注于舌而发病，或因久渴失饮，饮喂失调而使胃肠积热，上蒸口舌而生疮。②饲料粗糙、尖锐或饲料内混有木片、铁丝、棘刺，以及冬季缺水，牛、羊舔食冰块等刺伤口舌，造成机械性创伤而发。

牙齿不整，误食毒草、霉败饲料，食过热物质及高浓度有刺激的药品，均可发生本病。另外，有的传染病如口蹄疫、羊痘亦可继发本病。

【症状】一般可分轻重两种。轻者口内流涎，口舌红肿，采食、咀嚼及吞咽表现困难；重则口舌糜烂，舌体肿大，口涎带血，患畜出现体热、精神倦怠、拒食等全身症状。

【诊断】可根据以上特有症状进行诊断。若牛、羊患口蹄疫时，除口腔有水疱、溃烂外，蹄叉也会伴有同样症状。羊患羊痘，除口舌疮外，全身尤其是股内、下腹亦有痘疹出现。

【治疗】

（1）睡菜30克，土木香15克，诃子15克。以上药共碾成细末，加入适量白蜂蜜调匀备用。用时涂布于犊牛口舌疮上。

（原四川省若尔盖县红星公社畜牧兽医站提供）

（2）先用木片在舌面上刮削，后用花椒、盐水冲洗。针刺通关穴，出血为度。舌根烂时，可用烧红的铁片沾上酥油或猪油涂擦患部。

（原四川省若尔盖县藏兽医经验）

（3）在上腭倒数第三棱两侧（玉堂穴）针刺放血，放血后用食盐涂抹，同时可针刺尾尖穴。

（原四川省色达县藏兽医经验）

二、食道阻塞

食道阻塞，藏语称“木巴嘎巴”或“米拉嘎巴”，中兽医称草噎。本病是食团或异物突然阻塞于食道的一种疾病，马、牛发生较多。主要因为饥饿时吃草过急，急欲吞咽，或抢食根块、块茎类饲料（如洋芋、萝卜等），以及富有弹性、黏腻易于成团的饲料，加之咀嚼不充分所引起。

另外，食道狭窄、食道麻痹、食道痉挛、食道憩室，以及牛羊舔食毛团，也可引发本病。

【症状】患畜突然停止采食，出现头颈伸直、尾巴翘起、摇摆头部等烦躁不安症状，口流大量涎沫，有时空嚼、咳嗽。严重者表现呼吸困难，有拉锯声，病畜发抖。牛则伴有鸣叫不已，瘤胃臌气，食物容易阻塞于食道上部。

【诊断】阻塞部位如在颈部，可在左侧食道沟摸到阻塞物。若有上述症状出现，而又在颈部触摸不到阻塞物，则可判断阻塞部位在胸腔食道内。

【治疗】

（1）用犬唾液10～20毫升，混合温水500～1 000毫升灌服，可使阻塞物入胃或吐出。

犬唾液的采集法：用犬最喜欢吃的肉、骨头，引诱而又不给食，这时犬会分泌唾液，收集于瓶内，以作药用。

（原甘肃省甘南畜牧学校提供）

（2）阻塞物在食道上部时，可用适量的草木灰与马料混合，马吃料时草木灰扬起，引起马匹咳呛，将阻塞物呛出。阻塞物在下部时，用手顺食道向下方挤。最严重者，可切开食道取出阻塞物。

（原四川省若尔盖县藏兽医经验）

（3）用拇指粗细的藤条一根，长约1.5米左右，一端可用纱布缠上疙瘩，扎紧，沾上油。将患牛保定好，头颈拉直，用藤条从口腔插入食道，向下推送阻塞物，一般可以治愈。

（原西藏昌都地区畜牧兽医站提供）

(4) 用短的擀面杖，顺患畜左侧咽喉部慢慢向下擀，同时灌服少许油类，以助食物下行。

（原西藏当雄县畜牧兽医站提供）

三、消化不良

消化不良是一种常见的消化道疾患，藏语称“马西瓦”或“洒玛土巴”，中兽医称脾虚慢草，西兽医称胃肠卡他。本病是因牲畜老龄体瘦，久病失治，饲养管理不善，致使脾胃亏虚、水谷运化功能失常的一种疾病。各种家畜一年四季都可发生，其中以牛、马最为多见，在牛一般称前胃弛缓、脾虚不磨。

本病主要是由于饲养管理不良所引起。如牧场草质不良，喂养失调，时饥时饱，突然更换草料，饮水不足，缺乏运动，重役或急剧奔驰后未给充分休息即予饮喂，致使脾胃虚损，水谷运化失常，四肢百骸不得营养，日久畜体消瘦成病。此外，长期过度劳役，草料不足，或老龄体衰，露宿风霜，久病失治、误治，以及齿病等也能引起脾胃运化功能减弱而致病。

在牛，也可因宿草不转、误食异物、百叶干、真胃病及翻胃吐草、胃肠虫积等继发。

【症状】病牛精神不振，头低耳垂，耳鼻发凉，胃呆纳少。或不吃少饮，反刍减少或停止，胃蠕动的次数减少，力量减弱。日久逐渐消瘦，被毛粗乱，四肢无力，肷吊毛焦，多卧少立，食欲时好时坏。有时食后出现慢性腹胀，腹泻与便秘交替出现；有时粪中带有消化不全的饲料残渣。下肢浮肿，口色青黄。病情严重时卧地不起。一般无体温变化。

马患此病主要表现为精神倦怠，耳耷头低，体瘦肷吊，被毛粗乱，耳鼻稍凉，食欲大减。有时大便稀薄，粪内混有消化不全的饲料，有时便干，粪球紧小，肠音时强时弱。口色白或淡红兼黄，舌面出现薄白苔或薄黄苔，或舌光无苔。

【诊断】根据上述主要症状予以确诊。

【治疗】

(1) 诃子肉200克，寒水石（煅）、胡黄连各100克，沉香、五灵脂、青木香、公丁香、柿蒂、木鳖子、木瓜、石榴皮、雪乌、雪上一枝蒿茎叶、麝香、草果、肉豆蔻、川红花、石灰华、松脂、连翘、手掌参、硼砂、土百部、角茴香各50克。上药共碾细末，将蜂蜜熬后过滤，与药物混合做成丸剂，如梧桐子大。大畜每次内服 20 粒，小畜 2 粒。

（原四川省若尔盖县红星公社畜牧兽医站提供）

（2）大黄 30 克，毛瓣绿绒蒿 25 克，土木香 6 克，水柏枝 15 克，寒水石 10 克，菥蓂 6 克，土碱 12 克，大戟 3 克。

制法：①寒水石用火煅烧存性，立刻取出放入 10%稀酒精中，然后取出磨细末备用。②大戟根切碎，在 10%酒精液中浸泡一晚，取出晾干做成细粉备用。③其余药味为细粉。同上两药混合均匀应用。

用法：小牛内服 2～4 克，大牛 6～10 克。

（原西藏畜牧兽医科学研究所提供）

（3）石膏 30 克，土碱 30 克，青木香 60 克，大黄 60 克，山柰 25 克，诃子 30 克，连翘 45 克，五灵脂 15 克，三棱瓜籽 30 克，香墨 15 克，北盐 15 克，荜茇 30 克。共为末灌服。

（原青海省久治县白玉公社畜牧兽医站提供）

（4）土碱 30 克，寒水石 60 克，阿魏 15 克，干姜 45 克，青木香 60 克，大黄 30 克，干蛇肉 15 克。混合研末，水调服。

（原青海省共和县倒淌河公社畜牧兽医站提供）

（5）杜鹃膏：杜鹃 500 克，寒水石 30 克，芫荽秆 30 克，木香 30 克。先将首味药切碎加水 4 000 毫升，熬至 1 500 毫升时取出药渣，再加其余三味药粉，熬成膏剂备用。大畜内服 20～30 克，小畜 5～10 克。

（原四川省若尔盖县红星公社畜牧兽医站提供）

四、胃 肠 炎

胃肠炎是湿热停积于胃或肠的一种急性炎症，胃和肠同时发病者居多。藏语称“跑采吉采”，中兽医称为肠癀。本病是因湿热移注于胃肠，致使胃肠功能失常，出现便泄、发热的一种病患。马、牛、羊、猪都可得病，不受季节和时令的限制。

本病多因采食和饲喂霉败不洁的草料，或饮入污秽浊水，或暑热炎天，劳役奔驰过度，饮水不足，致使热毒积于肠中，谷气凝于肠胃之内而引起。此外，误食毒物（如毒草、化学药品、农药）及服用浓的刺激性药品等也可引起本病。

胃肠炎也有因某些传染病（猪瘟、病毒性胃肠炎、牛瘟、羔痢等），寄生虫病（犊牛球虫病等），马骡结症和牛、羊前胃积滞继发而引起的。

【症状】病初精神沉郁，食欲减少或废绝，口渴喜饮，腹痛，病畜回头顾腹，时起时卧，体温升高，粪泻如汤、味腥臭，小便短赤，口内燥热，口色发红或赤红带黄，舌苔黄厚或黄腻，肠音减弱或停止。病至后期则身瘦毛焦，眼眶下陷，洞泻失禁，有的粪便顺腿而流，口色赤而带紫，磨牙，卧地不起，耳鼻发凉，四肢厥冷，甚至发抖，昏睡。

【诊断】

(1) 了解病史，特别要注意了解饲料的品种、品质，附近是否有传染病及中毒病的发生。

(2) 注意主要症状的出现，如热泻、粪便气味腥臭、体温升高，以及口色、精神状态的变化等。

(3) 注意与中毒症和传染病的区别。

【治疗】

(1) 珠芽蓼 30 克，茜草、雪乌、水湿柳叶菜、木通、大株红景天各 15 克。水煮服。

(原四川省色达县大则公社藏兽医经验)

(2) 土牛黄 5 克，三颗针 10 克，草红花 5 克，五灵脂 5 克，虎耳草 15 克，菖蒲 5 克，唐松草 10 克，小叶秦艽 5 克，黄花紫堇 5 克，土木香 5 克。

注：土牛黄为一种红褐色极细黏土，作为牛黄的代用品。

制法：①五灵脂加适量的水熬成浓稠糊状，称量备用。②三颗针粉碎，加适量水煎熬后，滤出药液，浓缩成稠糊状，称量。③其余药味为细末，混于上述两种稠膏剂中，调和均匀备用。

用法：犊牛每次 2～5 克，温水冲服。

(原西藏工布江达县藏兽医经验)

(3) 蒲公英（全草）5 000 克，翠雀（全草）5 000 克，船形乌头（全草）2 500克，毛莨花（花）2 500 克，花木通（花）2 500 克，萹蓄根 5 000 克，溪畔银莲花果子 2 500 克，卷丝苦苣苔（全草）3 500 克，藏茴香果子 3 500 克，西河柳（花和叶）3 500 克。混合磨成粉剂。大家畜 10～15 克，中家畜 8～9 克，小家畜 5～10 克，日服 2 次。

(原西藏巴青县中草药加工厂提供)

(4) 连翘 30 克，唐古特乌头 15 克，大株红景天 15 克，木通 15 克。共研细末灌服。大牛 30 克，小牛 6 克。

(原甘肃省卓尼县畜牧兽医站提供)

(5) 土木香 30 克，山楂、石榴皮、纤毛婆婆纳、草豆蔻、荜茇、裂叶荆芥、芫荽子、兰花野罂粟花、丹参、鹰骨粪（煅炭）、蔓荆子各 15 克。共碾成细粉。大家畜内服 20～30 克，小家畜 5～15 克，日服 3 次。

本方有清热解毒，和胃消食，益气活血，涩肠止痢作用。

(原四川省若尔盖县红星公社畜牧兽医站提供)

(6) 雪乌25克，翠雀15克，黄花铁线莲25克，大黄15克，绿绒蒿12克，侧柏15克，土胡连30克。共研末，水调服，日服2次。

（原青海省甘德县畜牧兽医站提供）

五、结　　症

结症又称肠阻塞，藏语称“治麻革巴”或“喔日嘎巴”。本病是马、骡、牛胃肠运化功能减弱，粪便积滞于某一肠段，引起肠道阻塞不通的一种腹痛疾病。以马、骡最为多见，牛次之。发病急，死亡率高，是危害农牧业生产的一种严重内科病。

引发结症的主要原因是饲养管理不善，饲喂品质不良、混有泥沙，以及营养单纯、多纤维而又加工不好的饲草、饲料，饲喂大量容易膨胀、发酵的饲料，加之放牧或饲喂不定时，饥饱不均，饮水不足，饱喂后即重役，突然更换饲料等。还可因役用过重，奔驰过急，忙闲不均，天气突变，年老、体弱、牙齿磨灭不齐、慢性胃肠炎、胃肠寄生虫等而发病。

上述因素皆可引起脾胃不和，阴阳失调，气血不顺，致使粪便聚集成结，停而不动，止而不行，肠腔不通而成腹痛起卧之症。

【症状】 初起时，食欲减少，舌及口腔津液不足，舌面少苔，肠音减弱，排粪减少或停止，表现起卧不安，拧尾。随着病情的发展，出现食欲废绝，排粪完全停止，口干舌燥，唇舌红，有黄苔，起卧加剧，踢腹拧尾，刨地顾腹，有的腹部高度膨胀，呼吸迫促，脉搏加快。最严重者，全身颤抖，汗出，呆神，站立不稳。体温无变化。

【诊断】

1. 了解病史　发病时间长者，病情较重；反之，病情则轻。喂后1～2小时发病者，多为胃扩张；时间稍长者，多为结症。

2. 腹痛表现　刨蹄，拉腰，回顾前腹部，起卧急剧，多为胃扩张；慢起慢卧，摇尾，回顾后腹者，多为粗大肠管阻塞；急起急卧，踢腹打滚，多为小肠及小结肠阻塞；频作排粪姿势，而无粪便排出，多为狭窄部、直肠阻塞，中兽医称靠门结。

3. 臌气　多为小结肠阻塞和肠变位而引起。口干舌有苔，多为结症，冷痛有时亦有肚胀，但口腔湿润或口津反多。

4. 直肠检查　在距今1 200多年前就已被藏兽医采用，至今仍是确诊结症的最重要的手段。

【治疗】

(1) 木香十三味：木香500克，苦苣苔150克，角蒿根500克，岩川芎

120克，省头草100克，硇砂1克，大黄150克，炒食盐100克，紫脑砂30克，土大黄100克，白莨菪30克，甘松100克。混合为细末备用。山羊、绵羊1～5克，马、牛5～40克，温水冲服。

（原西藏当雄县畜牧兽医站提供）

（2）治初生马驹大小便不通方：诃子壳30克，大黄15克，小苏打15克。共碾成粉末。每次内服5～15克，日服2次。

（原四川省若尔盖县红星公社畜牧兽医站提供）

（3）直肠掏结：先将手洗净上油，再慢慢伸入肛门，把马粪掏出，再灌滑石、大戟、蓖麻子。灌后骑上猛跑，然后灌碱水。

（西藏古代医学者玉妥·元丹贡布方）

（4）承气丸：巴豆30克，荜茇3克，诃子30克，红枣30克（煅存性），牡蒿30克。共研粉末做丸，如豌豆大。大家畜20粒，小家畜3～10粒，灌服，日服2次。

（原四川省若尔盖县红星公社畜牧兽医站提供）

（5）角蒿500克，大黄500克，制大戟150克，蓖麻子90克（脱皮）。将上药研为细末备用。大家畜每次60～75克，小家畜每次15～20克，日服2～3次。

（原西藏当雄县畜牧兽医站提供）

（6）大黄500克，高山大黄500克，轮叶棘豆150克，土碱（制）150克，角蒿500克。共研为细末备用。大家畜60～75克，小家畜15～20克。一次内服，日服1～2次。

（原四川省若尔盖县红星公社畜牧兽医站提供）

（7）大黄3 000克，食盐3 000克，碱3 000克，水4 500毫升。

制法：将大黄碾为末，然后把以上四味药放在锅里煎熬，煎煮约1小时呈稠糊状，做成丸子备用。

用法：牛每次10～15克，马15～18克，山羊、绵羊5～6克，日服2次。

（原西藏索县畜牧兽医站提供）

六、冷　　痛

冷痛是家畜因外感风寒，内伤阴冷而致的一种急性阵发性的腹痛疾患。藏语称“长毒”，中兽医又称伤水起卧，现代兽医称痉挛疝。

病因主要是气候突然改变，由热变冷，阴雨注淋，夜露风霜，寒邪侵入，停留于肠，清浊不分，气失升降，阴盛阳衰。或是在重役后贪饮冷水太多，冷伤肠胃，肠络拘急而作痛。还可因畜体素有阳气不足之症，脾阳不振，又食冰冻过冷饲料，以致运化失司，寒湿互结，导致腹痛。

【症状】 病畜耳鼻发凉，起卧不安，肠音响亮似雷鸣，口色青淡或青黄，有的频频排出稀薄粪便，小便清长。

牛患本病除上述症状外，常表现饮食欲废绝，反刍停止，时而伸腰，时而拱背，有时前蹄刨地，后蹄踢腹。严重者卧地时发苦鸣。

【诊断】 特别注意受凉的刺激，多于冷饮后发病。口中清淡多津液，肠音响亮为其特征。直肠检查无结，胃不扩张。

【治疗】

(1) 木香六味：广木香（角蒿）3 500 克，大黄 150 克，高山大黄 150 克，甘松 150 克，省头草 150 克，白莨菪籽 90 克，炒盐一把。大家畜内服 50～60 克，幼畜 10～20 克。

（原西藏当雄县畜牧兽医站提供）

(2) 将香皂在 1 000～1 500 毫升温水中搓揉，至水中充满泡沫为度。给患马一次灌服。

(3) 细心剥落病畜眼睑上的薄膜（要特别细心，严防出血，以免损伤眼睛）。

(4) “益希止哈”（藏语名）：诃子 30 克，青木香、生姜、大黄、食盐、苏打各 15 克。共为末，开水冲，候温灌服。

（原四川省色达县大则公社藏兽医经验提供）

七、胃 扩 张

胃扩张，藏语称“波赤仓瓦”或“波加吉”，中兽医称大肚结、胃结、过食疝。本病是因马、骡贪食过多，草料停滞，胃腑不能运化，使胃急剧膨胀，发生腹痛起卧的一种急性病。从其发病次序和性质讲，有原发性的、继发性的、食滞性的和气胀性的区别。本病在马、骡起卧症中较为多见，发病急速，病情急剧，往往因失治、误治导致胃破裂而死亡。

原发性的胃扩张，多因过食难消化、易发酵膨胀或霉败的草料，以及突然改变饲草饲料和更换饲喂方式引起过食而发生。过食后，饲料的刺激容易造成胃气失常，内容物难于下行，停于胃内，发酵、产气，胃腑迅速扩张。继发性的主要是因肠阻塞、肠变位等，导致肠道不通，胃腑之水谷不能下排，停留胃内，产酸、产气引起胃壁扩张。

【症状】 原发性胃扩张，初期有阵性腹痛，前蹄刨地，摇尾不安，随即腹痛加剧，急起急卧，回头顾前腹部，发抖，喘粗，无明显肚胀变化，口多津液。后期口色转红，排粪减少。

继发性胃扩张，腹痛和全身症状更加剧烈，有时鼻孔流出黄色液体和草料残渣，并具有原发病的症状，治不及时，往往有胃破裂的危险。

【诊断】了解病史，本病原发病，多在喂后0.5～2小时发病。根据所表现的症状和其他腹痛加以区别。直肠检查，可在腹腔的左前下方摸到膨大的胃壁。

【治疗】

(1) 石榴籽二十味：石榴籽150克，绢毛莨菪60克，三颗针果子150克，野棉花30克，桂皮30克，黄花杜鹃叶炭90克，小豆蔻30克，野冬寒莱子30克，荜茇27克，大黄60克，草红花15克，菥蓂60克，牛宗姜90克，伞梗虎耳草30克，新木香15克，唐古特青兰90克，炒盐巴60克，螃蟹甲24克，藏木通150克，刺蒺藜30克。混合为末备用。山羊、绵羊1～5克，马、牛5～20克，内服。

（原西藏当雄县畜牧兽医站提供）

(2) 藏木香150克，大黄1 000克，山柰500克，紫茉莉90克，诃子650克，小叶莲60克，螃蟹甲30克，醋柳果60克，硇砂15克，蛇肉150克，寒水石1 150克，土碱1 500克。

制法：蛇肉去毒，白酒适量，加入麝香少许，把蛇肉泡入，浸泡一昼夜，取出晾干，同其余药味共为细末备用。

用法：山、绵羊5克，马、牛5～10克，内服。

（原西藏当雄县畜牧兽医站提供）

(3) 安息香0.03克，硇砂0.03克，朱砂0.03克，乌头0.6克，翻白草0.6克，水菖蒲1.2克，雄黄0.3克，姜黄0.6克，浮萍草1.2克，麝香少许。碾成细粉混合均匀备用。大家畜3～5克，中等家畜1.5～3克，小畜1～1.5克，内服。

（原西藏工布江达县畜牧兽医站提供）

八、牛羊瘤胃积食

牛羊瘤胃积食，藏语称为“麻西”或“诺鹿结日玛翼弯那”，中兽医称宿草不转、瘤胃积食。本病是牛羊脾胃虚弱，运化无力，草料停积于胃的一种病症。每年冬、春二季，老龄、瘦弱牲畜发病较多。

主要由于畜体羸瘦，脾虚胃弱，腐熟草料的功能减退，加之长期饲养管理不良，如久喂粗硬干草或久渴失饮，以致草料难以腐熟化导，停滞于胃，不能运转而成。另外，使役或饥饿后，贪食过多粗硬易膨胀发酵的饲料；或饲料突变，运动不足，脱缰偷食，以及误食毛团等物损伤脾胃，致使胃弱不能运化，宿草停于胃中而成。

脾胃虚弱、百叶干、误食异物、真胃疾患也可继发此病。

【症状】 病初精神不振，头低耳垂，食欲和反刍减弱或停止，鼻镜干燥，嗳气酸臭；有时出现腹痛不安，拱背，顾腹，后肢踢腹，粪干黑难下；按压瘤胃充满坚实，瘤胃蠕动减弱或停止。严重者由于瘤胃满大，压迫膈肌，出现喘粗，心跳加快，口色青紫，痛苦呻吟，卧地不起，昏睡不醒。

【诊断】 依据上述主要症状进行确诊。

【治疗】

(1) 承气丸：见本节“结症”部分。

(2) 寒水石 2 500 克，山柰、诃子各 250 克，藏木香 1 000 克，大黄 2 000 克，土碱 3 000 克。

制法：把寒水石煅烧后放入青稞酒（或酸性水中）中，再取磨细。土碱以 1∶2 的浓度（3 000 克土碱加 6 000 毫升水）加水溶解，然后煎煮，使水蒸发干，再把所有的药味混合碾成细粉，即可用。

用法：大牛 3～4 克，中等牛 2.5～3 克，小牛 1.5～2 克，内服。

（原西藏工布江达县畜牧兽医站提供）

(3) 见本节“结症”部分治疗 (6)。

九、牛羊瘤胃臌气

牛羊瘤胃臌气是牛、羊消化道疾病中最为常见的一种病，藏语称“维瓦”或“诺鹿波布乃”，中兽医称气胀、肚胀。本病是因牛、羊过食易于发酵或品质不良的霉败草料，食物停滞于瘤胃，进一步发酵产气，致使瘤胃迅速或缓慢膨大的一种患疾。一年四季都可发生。

发病原因主要有两种：①过食大量易发酵产气的草料，如初春的嫩草、露水草、带霜冰的青饲料、开花前的苜蓿，以及已经发酵或霉败变质的秋末二茬苜蓿等。此外，饲喂大量不易消化的、易于膨胀的油渣、豌豆之类，以及误食有毒植物如曼陀罗、万年青等亦可引起。这些饲料，在胃内迅速发酵产气，使瘤胃急剧胀大，肚腹胀满。②患畜平素脾胃虚损，饲喂失调，空腹猛食草料，致使脾胃虚弱，脾阳不振，脾胃腐熟，运化水谷精微的功能减弱，清浊升降失常，食物聚于胃腑而发病。

另外，传染病（炭疽）、瘤胃积食、百叶干、误食异物、真胃疾患及食道阻塞等亦可继发。

【症状】 分急性型和慢性型两种。

1. 急性瘤胃臌气　是在采食后突然发病。病初饮食及反刍即停止，时起时卧，后蹄踢腹，继而肚腹急剧胀大，左肷显著凸起，拍打瘤胃声如鼓响。患畜呼吸喘粗，口色、结膜青紫，严重者张口伸舌，流涎，四肢张开站立，最后神志呆痴，左右摇摆，倒地不起，窒息死亡。

2. 慢性瘤胃臌气 发病缓慢，病期较长，肚胀程度也较轻，但多反复发作。患畜精神不振，胃呆纳少，或时好时坏，反刍缓慢或停止，肷部时胀时消。按压瘤胃，多不甚硬，口色淡白。

【诊断】主要根据上述症状，与瘤胃积食、瘤胃弛缓、创伤性网胃炎、百叶干、真胃炎等相区别。炭疽病体温在41℃以上或突然死亡，本病体温无明显变化，食道阻塞则大量流涎，可以进行区别诊断。

【治疗】

(1) 甘松30克，大苏打30克，白酒250毫升。牛一次灌服。

(原青海省甘德县畜牧兽医站提供)

(2) 酥油加糌粑混合灌服。对病情严重的，在肷俞穴穿刺放气，放气完毕后，火烙伤口。

(原四川省色达县藏兽医经验提供)

(3) 诃子、山楂、川楝子、青木香、山柰、木藤蓼、草本悬钩子、雪乌、麻艽花、块根紫菀、高山辣根菜、短管兔耳草各30克。共为末服。

(原四川省色达县大则公社藏兽医经验)

(4) 用石块或砖块、瓦片在牛角上摩擦或轻轻敲打多时可愈。

(原甘肃省卓尼县畜牧兽医站提供)

(5) 甘松500克，湿生萹蓄、翼首花、木香、青木香、五灵脂、山楂、滑石、细果角茴香、草果各150克，大黄240克，紫菀90克，天冬240克，大蓟90克，诃子90克，川楝子90克，干姜180克，荜茇90克，胡椒90克，草红花90克，丁香90克，肉豆蔻90克，砂仁90克，麝香0.3克。共碾细末，制成如鹿粪球大丸药，以铁屑为衣。用时将丸药放在熬好的茶里灌服，每次3丸，日服3次。

(原四川省色达县藏兽医经验)

十、感　冒

感冒，藏语称“干巴”。本病是家畜因感受风寒、风热而引起，以发热、食欲减退、被毛逆立、精神不振为主要症状的一种外感疾病。一年四季，各种家畜都可发病，尤以春、秋二季为多见。

外感风寒为寒邪侵犯肌表，毛窍闭塞，表里调节失司的恶寒、发热、无汗的一种表实证。

外感风热是夏季炎热天，风热之邪袭犯肌表引起以发热为主的一种温热表证。

【症状】

1. 风寒感冒　精神不振，初期肌表、耳鼻发凉，遇风寒则颤抖，无汗，随之肌表寒热不均或发热，体温升高，有的伴有咳嗽，流清涕，食欲减退或废绝，喜卧地。

2. 风热感冒　口色红，肌表热，有时汗出，脉浮数，食欲大减，精神不振，体温升高，喘粗。

【诊断】寒冷季节一般多发外感风寒，夏日炎热天多发外感风热。外感风寒脉浮紧无汗，怕冷，口色多暗。外感风热，脉浮数，不怕寒冷，往往有汗，喜饮水，口色多淡红或红亮。

【治疗】

（1）翼首草、伞梗虎耳草、白当归、紫菀、滑石、高山辣根菜各 1 500 克，土荆芥 500 克，角茴香、多刺绿绒蒿、囊距翠雀、唐古特缬草各1 000克。共研成细末。马、牛内服 10～30 克，羊 5～10 克，日服 1～2 次。

（原西藏安多县畜牧兽医站提供）

（2）六味散：石面、草红花、肉豆蔻、丁香、白豆蔻、草果各 30 克。制成粉剂。马内服 20～45 克，马驹 5～15 克。

（原四川省若尔盖县红星公社畜牧兽医站提供）

（3）麻黄、龙胆各 30 克，雪乌、镰形棘豆、线叶垂头菊、萼果香薷各 25 克，土黄连、旱麦瓶草各 15 克。研成粉末。一次开水冲服，日服 2 次。

（原青海省甘德县畜牧兽医站提供）

（4）水柏枝、红景天、辉葱各 30 克，银莲花 20 克，羌活 25 克，麻黄 15 克。研成粉末，日服 2 次。

（原青海省甘德县畜牧兽医站提供）

（5）石灰华、草红花、肉豆蔻、丁香、白豆蔻、草果各 30 克。共研细末。大马服 18～36 克，马驹 5～15 克。

（原四川省若尔盖县红星公社畜牧兽医站提供）

十一、肺　　炎

肺炎，藏语称为“罗采”，是热邪壅滞肺经，引起患畜咳嗽、流鼻、体温升高、喀喘的一种疾病。本病是包括中兽医的肺热咳嗽、肺火流鼻、肺痈等病，以及现代兽医所称的支气管肺炎、大叶性肺炎、异物性肺炎在内的一种疾患。各种家畜都可以发生。

主要诱因是气候异常，冷热不和，引起感冒，外邪入里，肺当其冲，邪热壅滞，肺失肃降功能。也有的是因为家畜劳役过重，奔走太急，气塞咽喉，肺火太盛所引起。此外，马腺疫、流感等也可继发。若肺经呛入异物，如灌药不慎等，则将引起异物性肺炎。

【症状】 病畜呈现精神不振，食欲减少，体温升高，呼吸增快，肌表发热，口色转红等全身症状。舌苔白、黄，患畜呈高音湿性咳嗽。鼻液初期稀薄，随着病情发展，由白色转为黄色，质稠；咳嗽加剧，患畜喘粗不已，全身壮热不退，咳喀声转为低哑，全身无力，食欲废绝；更严重者，则出现鼻流黏稠黄色脓涕，呼吸浅快，腹壁扇动，全身虚弱，卧地不起，呼吸停止而死亡。

异物性肺炎，除有上述症状外，鼻液颜色多与异物色素一致，并有异物入肺史。

【诊断】 本病应与马腺疫的颌下肿胀、溃烂所致的喘喀相区别，同时要注意与马、牛流感，肺充血，肺水肿等病相区别。肺充血和肺水肿往往发病突然，病程急，并常有泡沫状红色鼻腔流出。异物性肺炎，有异物喀肺史，鼻液颜色和异物色素一致。

【治疗】

(1) 滑石、红景天、高山辣根菜各 2 500 克，黄花蒿、大菟丝子、黑三棱各 500 克，狐狸肺 1 000 克。混合为细末。马、牛内服 5～20 克，羊 1～5 克。

（原西藏安多县畜牧兽医站提供）

(2) 芥菀、草茸、毛瓣绿绒蒿各 500 克，高山辣根菜、轮叶黄精、紫花芥各 1 000 克，滑石 1 500 克。混合为细末，牛、马内服 9～36 克，羊 5～15 克。

（原西藏安多县畜牧兽医站提供）

(3) 大杜鹃膏：大杜鹃 500 克，诃子壳、睡菜各 30 克。先将大杜鹃按 1∶8加水熬至 1∶3 时去渣，加入后二味细粉，文火熬成膏剂备用。亦可做成丸剂。大家畜 10～15 克，小家畜 3～5 克内服。

（原四川省若尔盖县红星公社畜牧兽医站提供）

(4) 滑石、菥蓂、红景天、木通、水柏枝各 30 克，紫草、黑刺果膏各 24 克，甘草、辣根菜、报春、紫堇、厚穗兔耳草、“景保宗吉”（藏名）、黑香、老鹳草、“夏力嘎”（藏名）各 15 克，蚤缀、花苜蓿各 18 克，龙胆 45 克，短管兔耳草 9 克。茵陈 60 克，“嘎刀”（藏名）12 克。碾细为末灌服。

（原青海省久治县白玉公社畜牧兽医站提供）

(5) 白花龙胆（藏名“邦间尕保”）：大家畜45克、羊5～10克。

（原甘肃省卓尼县畜牧兽医站提供）

(6) 红花、草果、石膏、豆蔻、砂仁、檀香、龙胆草各15克，黑沉香、木通、卷柏、甘松各6克，紫檀香、射干、川楝子、诃子各9克，茵陈、木香、高山辣根菜、黑虎耳草各18克，肉桂3克，山楂、菖蒲各12克，甘草21克，麝香少许。共为末，日服18～24克。

（原青海省甘德县青珍公社畜牧兽医站提供）

(7) 沙枣膏：鲜沙枣果数量不拘。将鲜沙枣果捣烂，放在布袋内压挤出汁水，盛容器内加热煎煮。火力先大后小，待汁水浓缩成膏状即可。大家畜内服18～30克，小家畜5～10克。

（原四川省若尔盖县红星公社畜牧兽医站提供）

(8) 小杜鹃30克，石榴皮、桂通、草豆蔻（或白豆蔻）、草红花、土木香、公丁香、乌梅、葡萄干、石灰华、螃蟹甲、七叶一枝花、荜茇、甘草各15克，肉豆蔻、沉香各3克。共碾末，按1∶5加水，煎汤备用，大家畜18～36克，小家畜9～18克，日服2次。

（原四川省若尔盖县红星公社畜牧兽医站提供）

(9) 诃子15克，菖蒲30克，木香30克，铁棒锤9克，滑石30克，麝香1.5克。混合煮水，犊牛一次灌服。

（原四川省色达县藏兽医经验提供）

(10) 由陇蜀杜鹃、镰形棘豆、高山辣根菜、麻黄组成。详细内容见第四章藏兽医经验专题研究资料“幼畜地方性肺炎治疗经验的验证”。

(11) 异物性肺炎治疗方：西河柳30克，小杜鹃、山麻黄、西藏圆柏、阿氏蒿、臭蒿、木茎山金梅、甘草、丛菔、胡黄连各15克。制成散剂、煎剂均可。大家畜内服18～36克，小畜1.5～9克。

（原四川省若尔盖县红星公社畜牧兽医站提供）

(12) 西河柳300克，黄花紫堇300克，翼首花240克，长筒马先蒿180克，黄花报春花120克，秦艽400克，藏黄连300克，唐古特青兰180克，荠菜300克，贝母90克，黄精400克，滑石150克，丛菔500克。共为细末备用。牛每次内服30～40克，马40～45克，山羊、绵羊9～15克，日服2次。

（原西藏索县畜牧兽医站提供）

(13) 螃蟹甲18克，西河柳18克，石膏30克，丛菔24克，黄花紫堇30克，锦鸡儿3克，紫菀30克，藏黄连40克。混合研为细末备用。牛每次内服18～21克，马30～40克，山羊、绵羊10～15克，日服2次。

（原西藏索县畜牧兽医站提供）

十二、尿淋尿闭

尿淋尿闭，藏语称为“景格巴”或“金巴乃金巴嘎巴”，是膀胱和尿道趋于闭塞引起小便不通的一种疾病。患畜排尿困难，只点滴而下，若出不出，淋淋漓漓；或尿路不通，出现排尿姿势而感疼痛。本病多发生于夏秋两季。患畜受湿热侵袭，加之剧烈劳役，饲养管理不当，排尿时猛受鞭击，或受外伤性的滚跌、压、打均易损伤肾经、膀胱及尿道引起“缩”尿，尿积于膀胱，遂成此患。

【症状】 患畜站卧不安，四肢表现无力，后肢时常张开，蹲腰努责，欲尿不尿，小便闭塞或淋滴难下，排尿困难有痛感。严重者后腹感到胀满，行动缓慢，多卧少立。若属沙石尿淋，有时呻吟吼叫，用手顺阴茎捏摸，可摸到有坚硬沙石结物。后期阴茎有时伸出包皮外，肿大。鼻镜汗珠时有时无，食欲，反刍减少或停止。

【诊断】 根据症状表现确诊。本病在牛则以尿液淋漓、排尿痛苦、若尿而不尿为主要症状。

【治疗】

(1) 车前子碾末加水冲服。牛为5～10克，羊为3～6克。

（原甘肃省甘南畜牧学校提供）

(2) 脑砂、冬葵磨细粉，水调灌服。如不好，在阴茎口放入少许脑砂，并用竹筒吹气。

（原西藏畜牧兽医科学研究所提供）

(3) 芍药15克，用水煎成黄色药液30克，一次灌服。

（原甘肃省卓尼县畜牧兽医站提供）

(4) 嘎渣、打布各用指头大的量，家畜一次温开水冲服。

（原西藏工布江达县藏兽医站提供）

(5) 白蒺藜30克，螃蟹15克，野冬苋菜15克。每次5～10克，用水冲服，日服2次，治愈为止。

（原四川省若尔盖县红星公社畜牧兽医站提供）

(6) 海金沙18克，蒺藜18克，脑砂18克，螃蟹24克，阴郁马先蒿24克，芡实24克，肉豆蔻15克，蜗牛壳（密闭烧炭）30克。共为细末，每服1.2克，日服3次，温水灌服。

（原青海省甘德县青珍公社畜牧兽医站提供）

十三、肾　炎

肾炎，藏语称“凯米耐”或“开采”，中兽医称内肾癀，多为牲畜感受外邪，入里化热，或暑热炎天，奔走过急，热聚于内，下移肾经，出现拱腰、尿红的一种疾患。各种家畜都可以发生。

本病因为家畜被雨淋、受寒、感冒等，外邪入里化热，或平素阳盛，加之暑热炎天，奔驰过急，致使内热炽盛，下移肾经，引起疾病发生。另外某些传染病（如丹毒、炭疽、巴氏杆菌病）、寄生虫病（如肾虫病），以及过服某些药品（氨基糖苷类药物、四氯化碳、吩噻嗪、磺胺），也可引发本病。

【症状】 患畜往往表现拱腰。腰部发硬，敏感疼痛，后肢不灵。转弯困难，并伴有发热。腹下及后肢浮肿，尿量减少，色呈棕红或有血尿，严重者无尿。慢性者毛焦身瘦，精神沉郁，腹泻，尿少，水肿等。

【诊断】 尿色的改变，腰部拱起及后肢浮肿，腰部疼痛敏感，可作为诊断的重要根据。

【治疗】

（1）生姜、螃蟹、当归籽、白果各30克。磨成细粉加藏酒中，早晚灌服。

肾俞穴、尾根穴艾炙。

（原西藏畜牧兽医科学研究所整理提供）

（2）石灰华、草红花、肉豆蔻、丁香、白豆蔻、草果各30克。制成散剂，大马内服18～24克，小马5～15克。

（原四川省若尔盖县红星公社畜牧兽医站提供）

十四、癫　痫

癫痫又名痫症、羊羔风，藏语叫“结西”或“直木乃”，属于“龙”病的一种。本病是以全身痉挛，四肢抽搐，口吐涎味，两目上视，突然倒地，丧失知觉，并反复发作为特征的一种疾病。醒后即起立，水草如常。多发生于体质较弱的小牛，其他如马、猪、羊等都有发生。

发病原因有子痫和胎痫两种。子痫为幼畜生下后，管理不善，突然受惊伤肝，肝火过盛而成；或饲喂无节，脾胃受损，水谷之汤，聚为痰涎，蒙蔽心窍，则发癫痫，或外感热邪，阴液亏伤，三焦积热，流窜心经生风而发病。

胎痫为先天遗传或胎中所患，是仔畜在母体中发育时，母畜受惊、过劳或患病而致仔畜产后发病。

【症状】 患畜四肢抽搐，肌肉痉挛，头向后弯，两眼上翻，牙关紧闭，口吐白沫，呻吟嘶鸣，倒地昏睡，此为痰闭心窍、阻塞经络所致。也有的突然发病，猝然倒地，醒后如常。上述症状一般反复发作，但间隔时间不同。

【诊断】本病的症状较为典型，是临床诊断的主要依据。

【治疗】

(1) 以刀割破耳尖，将放出的血涂于患畜的口鼻处。

（原甘肃省碌曲县畜牧兽医站提供）

(2) 对患畜立即静脉注射60%酒精（或60度白酒）100～150毫升（按个体大小而定）。

紧急情况，立即针刺分水穴、尾尖或尾后静脉，适量放血，也可割破耳尖放血。

（原甘肃省甘南畜牧学校提供）

十五、中　　毒

有毒物质因误食，或经呼吸道吸入，或接触皮肤而进入家畜体内，引起家畜发病称为中毒。藏语称“豆波巴”或“毒乃”。能引起家畜中毒的原因甚多，如食入腐败、发霉的饲料，误食有毒植物、昆虫，服用过量的剧毒药品，饮入含毒的水或误食农药、化肥及喷过农药的饲料等。有的用腌菜、腌肉、腌鱼等物喂猪也易引起猪的食盐中毒。现将家畜常见的几种中毒情况、症状及治疗方法分述如下：

（一）毒草中毒

牲畜在饥饿的情况下误食蓖麻子、醉马草、有毒紫云英等，或将这些毒草与野草混合割取作为饲料，饲喂牲畜而引起中毒。

【症状】中毒后，精神沉郁，四肢、腰背僵硬，步态摇摆，呆立或卧地不起，口角流涎，流泪畏光，停食停饮。

【治疗】

(1) 固定好马头。取醉马草一把（干湿均可），同干柴一起点燃，用烟熏患马鼻孔，让其自由吸入，直至鼻口流出鼻液、口涎为止。

（原甘肃省甘南畜牧学校提供）

(2) 针刺玉堂、鼻俞、分水穴，少量放血。

（原甘肃省甘南畜牧学校提供）

(3) 防风散：防风1 500克，阿魏500克，兰石草750克，绢花毛茛500克，水柏枝1 500克，菖蒲1 200克，角蒿根150克，草乌150克，麝香1.5克，囊距翠雀450克，藏茴香150克。混合为末备用。此方专防治家畜的醉马草中毒。

用法：上药粉用白酒或青稞酒灌服。牛、马用药粉9～15克，酒130～

200毫升；大羊用药粉3～4克，酒40～50毫升；小羊用药粉1.5～2克，酒20～30毫升。每年冬季12月灌服，连服7天，给药后，停止饮水半天。天气暖和时用水灌服。

（原西藏当雄县畜牧兽医站提供）

(4) 曲生得母（石头上长的草球）1 500克，乌鸦1只，鱼1条，高山大黄1 000克，水菖蒲1 000克。

上药混合碾细粉备用。山羊、绵羊3～6克，马，牛6～18克，日服3次。

（原西藏工布江达县畜牧兽医站提供）

(5) 大黄、老鹳草、骨碎补各等份。马、牛30～45克，羊9～12克，磨碎煮汤灌服。

（原青海省称多县畜牧兽医站提供）

（二）麻毒、白土毒、沥青以及用剧毒药物过量的中毒

【症状】中毒家畜流涎流涕，呼吸急促，强直，战栗，卧地，沉郁。

【治疗】

(1) 藏青果2 500克，贯众500克，水柏枝1 500克，诃子1 000克，船形乌头500克，红乌头500克，卷丝苦苣苔3 500克。混合为细末。每次1小勺，日服2～3次。

（原西藏工布江达县畜牧兽医站提供）

(2) 喜马拉雅东莨菪500克，绿叶悬钩子30克，诃子肉30克。发酵后做成针剂（直接蒸馏法提取药液），制成品应每5毫升含生药1克，肌内注射，大家畜30～40毫升；小家畜10～15毫升。静脉注射，大家畜25～35毫升，小家畜5～10毫升。

东莨菪解有机磷毒，诃子肉解植物毒，绿叶悬钩子有使毒物沉淀的作用。此方治疗各种牲畜的药物及水草中毒均有较好疗效。

（原四川省若尔盖县红星公社畜牧兽医站提供）

（三）霉草、污水、食物中毒

腐烂发霉的饲料中含有许多种霉菌，如曲霉菌、青霉菌、白霉菌等，各种霉菌具有不同程度的毒力，家畜食、饮都会引起中毒。

【症状】主要是急性胃肠炎和神经紊乱。表现流涎，喉头过敏，有时发生疝痛。全身衰弱，步伐不稳。

【治疗】

(1) 槲蕨、银粉背蕨、网眼瓦苇各等份；诃子、硇砂、马钱子各少许。前三味药熬成膏，后三味药为末混入膏中。日服2次。

（原青海省班玛县畜牧兽医站提供）

(2) 骨碎补 5 000 克，瓦苇 2 500 克，贯众 2 500 克，诃子肉 30 克。熬成膏剂备用。大家畜内服 18～30 克，小家畜 6～9 克。

（原四川省若尔盖县红星公社畜牧兽医站提供）

(3) 雪上一枝蒿（制）120 克，安息香 30 克。共碾成细末，加饴糖以银朱为衣，制成丸剂如豌豆大。大畜内服 20 粒，小畜 3 粒，日服 2 次。

（原四川省若尔盖县红星公社畜牧兽医站提供）

(4) 甲珠 500 克，干姜 1 120 克，西河柳 1 500 克，大黄 2 000 克，寒水石 2 000 克，土碱 1 500 克。混合为末。犊、驹内服 6～9 克，绵、山羊 3～6 克，日服 1～3 次。

（原西藏安多县畜牧兽医站提供）

(5) 羊霉草中毒解毒方：土木香 30 克，北缬草，甘松、亚大黄、大黄，东莨菪根各 15 克。将上药按 1∶8 加水熬至 1∶3 时，滤取药液，药渣加水再熬一次，两次药液混合备用。大羊内服 10～30 毫升，羔羊 5～10 毫升。

（原四川省若尔盖县红星公社畜牧兽医站提供）

(四) 狼毒中毒

【症状】 肚腹胀满，口流清涎。

【治疗】 盐水加广酸枣、蜂蜜调和灌服，或在上方加入乌梅灌服。

第二节　外科疾病

在川西北高原广大藏族同胞集居的牧区，由于多处高原，地势险峻而复杂，牲畜成群，故发生的外科疾病也比较多。因此，藏兽医在长期的生产实践中，积累了很多治疗外科疾病的经验，尤其对于创伤、咬伤、骨折、脱臼、眼病等，具有独特的疗法，值得在广大藏区进一步推广和发扬光大。

一、创　　伤

凡由碰撞、砍砸、压挤、切刺、蹴踢等外因，致使牲畜体表或深部组织发生损伤，并伴有皮肤或黏膜破损的，称之为创伤。藏语称为“达朴君”。根据受伤的时间及伤部表现，可分为新鲜创和陈旧创两种。

【症状】 新鲜创，一般表现为局部裂开，血液流出，疼痛肿胀，颜色鲜红；如果日长创久，则会化脓溃烂，血瘀坏死，色变污灰。根据病因和表现症状，较易诊断。

【治疗】

1. 新鲜创　若创部污染被毛、泥土等，则需先用盐水或花椒水冲洗，然后选用下药。

（1）止血创伤粉：松树二层皮（炒焦）45克，卷柏18克，黄连36克，地榆18克，冰片5克。共为细末，撒布创口。

（原西藏畜牧兽医科学研究所提供）

（2）枯矾30克，白矾30克，黄柏30克，细辛6克。共为细末，撒敷创面。

（原四川省汶川县威州公社畜牧兽医站提供）

（3）土消炎粉：细叶草乌500克，瑞香狼毒1 000克。共为细末，取适量撒布创面；或将上药打成粗渣，500克药加2 500毫升水煎煮半小时，用一层纱布过滤，将滤渣再加适量水煎煮，再过滤；并将两次滤液混合得2 500毫升量（含生药为20%）。最后用多层纱布过滤则成。用此液涂搽局部。

（原西藏那曲县畜牧兽医站提供）

（4）当归（炒）30克，枣树皮（炒）90克。共为细末，撒布创面。

（原甘肃省甘南畜牧兽医科学研究所提供）

（5）马桑叶适量，用口咬烂敷于创口上，或将适量接骨丹（羌活鱼），捣烂敷于创口上。

（原四川省理县通化公社畜牧兽医站提供）

2. 陈旧创　先用盐水、花椒水或旋覆花水，或其他具有消毒杀菌作用药物的煎煮液，彻底冲洗创部，然后选用下方。

（1）*岩青外伤流浸膏*　取岩青根一定量，按1∶5到1∶8的比例加水，用火煎熬3～4小时，趁热纱布过滤，并将药液浓度调整到1∶2，然后向药液中加入医用甘油10%～20%、鱼石脂1%～2%混合均匀，装瓶备用。用时，搽敷伤部。

（原西藏亚东县畜牧兽医站提供）

（2）*“群阿”（藏语名）*　水柏枝120克，菖蒲150克，一枝蒿（细叶乌头）60克，麝香12克，水银60克。

制法：分两步进行。①取含1%酒精的水溶液1 000毫升，把一枝蒿切碎浸泡24小时，取出晾干。②在水银中加量的铅加热熔解，再加入少许硫黄，使水银液体成糊状，硫黄变成焦炭状。然后将晾干的一枝蒿和其余药一并碾成细粉，装瓶备用。用时，撒布创面。

（原西藏工布江达县畜牧兽医站提供）

（3）*“董乳松岗”（藏语名）*　雄黄30克，硫黄15克，硫酸铜15克，镰形棘豆15克。共为细末，用凡士林调成膏，涂敷局部。

（原四川省色达县大则公社畜牧兽医站提供）

二、鞍　　伤

鞍伤，藏语称之为“加朴君”，多因鞍具形状不当，构造不良，畜背不洁，加之装卸失宜，长途驮运或骑乘，而使鬐甲及背部发生破伤。

【症状】病初在鬐甲或背部有大小不等、程度不同的被毛脱落和皮肤损伤。创伤红肿，有黄色或带血液的液体渗出，局部敏感，触之热痛。如不及时治疗，则会化脓、溃烂、坏死，甚至形成瘘管。

【预防】鞍具的形状、大小、厚薄要适宜，构造要牢固，行进中不要突快突停，以免鞍具移动，擦伤皮肤造成鞍伤，同时要注意畜背及鞍具的清洁。如已发生鞍伤要及时治疗，切不可继续装鞍使役。

【治疗】

(1) 水菖蒲60克，大黄60克，草乌30克，船形乌头30克，红景天60克，朱砂30克，石梅60克，麝香15克。共用细末，用酥油调成软膏状，涂敷伤处。

（原西藏工布江达县畜牧兽医站提供）

(2) 石灰500克、大黄120克。共为细末，撒布创面。或用植物油调成软膏涂敷。

（原四川省色达县畜牧兽医站提供）

(3) 去腐散：雄黄、枯矾、黄丹、松香各30克，冰片6克。共为细末，撒布创面。或用植物油调成软膏涂敷。

（原甘肃省夏河县合作镇畜牧兽医站提供）

三、咬　　伤

凡畜体被蛇、犬、狼等动物袭击啃咬致伤，都称为咬伤。藏语称“索交巴”。凡咬伤，均较一般创伤为重，因这类动物多具有毒腺，咬伤后毒汁注入创口，除加重局部伤情外，毒汁随血脉流行，窜走全身，还可引起中毒。

【症状】刚被咬伤时，患部疼痛剧烈，根据不同动物的咬伤，常有特殊的撕裂啃咬伤口，伴有出血、肿胀。此外，对毒蛇咬伤、狼咬伤及蜘蛛、黄鼠狼咬伤的特有症状，分述于下。

1. 毒蛇咬伤　出现呼吸迫促，急躁不安或精神沉郁，低头闭目。严重者知觉麻痹，全无反射。

2. 狼咬伤　前蹄刨地，起卧不安，呼吸急促，晃头乱撞。

3. 蜘蛛、黄鼠狼咬伤　前蹄搔动，急躁不安，神志扰乱，来回走动。

【治疗】一般咬伤，可按创伤处理。同时在咬伤周围肿胀处，用小宽针乱刺数孔，以排出黄水毒汁。其他咬伤，按下方治疗。

1. 毒蛇咬伤

(1) 大臭草、三角风、钓鱼竿、九节风、一支箭、竹林消、一枝蒿、木通花、土大黄子、大青叶各等量。捣烂，敷于患处。

（原四川省汶川县草坡公社克冲大队提供）

(2) 冷水洗净伤口毒血，用青蒿饼（青蒿叶加口水捣烂做成饼）包敷。再用叶烟油 3～12 克，温开水冲调灌服，日服 3 次。

（原四川省理县朴头公社畜牧兽医站提供）

2. 狼咬伤

(1) 雪上一枝蒿碾为细末，撒布创面。

（原云南省迪庆藏族自治州畜牧兽医站提供）

(2) 用元根适量，加盐水灌服。针刺玉堂、肾堂穴。如咬伤嘴唇中毒，可配合用狼粪和其他植物烟熏鼻孔，若鼻流清液即愈。

（原西藏畜牧兽医科学研究所整理玉妥·元丹贡布方）

3. 蜘蛛、黄鼠狼咬伤　脑砂、酒曲煎汤待凉加入山羊血或猪血灌服，能透毒外出而治愈。

（原西藏畜牧兽医科学研究所整理玉妥·元丹贡布方）

四、烧　　伤

烧伤亦称烫火伤，藏语称作“梅君”。主要是由于高热作用于畜体表面而引起的损伤。如因马厩、建筑物、山林失火，燃烧武器、易燃药品、电击、开水、滚油、热蒸汽、热金属等高热和酸、碱等化学物质损伤畜体而得。

【症状】由于热度和作用于畜体时间的不同，所造成的损伤有不同表现。轻者被毛燎焦，皮肤潮红，轻度水肿，微现红斑，进而出现水疱，溃流黄水，皮肤焦黑，皮肉凝固而发白，严重水肿，体感灼痛。很快化脓、溃烂、坏死。

【治疗】先将病畜牵到阴凉安静处，大量给水补液，然后选用下方治疗。

(1) 仙鹤草、黄刺泡根、荠菜、瓦莲各等量。共为细末，用麻油调敷患处。

（原四川省汶川县龙溪公社胜利大队提供）

(2) 白蜡叶 15 克，鱼腥草 15 克，黄柏皮 30 克，人中白 18 克，五朵云 30 克。共为细末，清油调搽患处。

（原四川省汶川县草坡公社克冲大队提供）

(3) 参见本节“创伤”新鲜创处方止血创伤粉。

(4) 岩青叶制成细粉，加鸡蛋油或甘油调成糊状，涂敷伤处。（鸡蛋油制法：先将鸡蛋煮熟去白，再把蛋黄放铁锅内炒焦，油即出。）

（原西藏亚东县畜牧兽医站提供）

五、瘘　　管

瘘管多因鞍伤、脓疮，时久失治，日渐深陷，或因深部异物染毒化脓，脓汁外渗，而形成狭窄管道，称为瘘管。藏语称“麻鲁”。

【症状】患部肿胀疼痛发热，体表有皮肤内卷，形成凹陷的创口，常有稀薄或浓稠脓汁流出，有时见混有烂肉或颗粒状坏死物，创口周围常黏着脓痂。管道狭窄而深，管壁坚实光滑。有时可在瘘管深部发现异物。

【治疗】清洗创部后，于管道内填入岩青流浸膏纱布捻，或将岩青流浸膏直接灌注管腔内。

岩青流浸膏的制作：将岩青用清水洗净，加水10倍，煎煮4～6小时，取汁静置一夜后，用多层纱布过滤，把滤液再倒入铜或铝锅内煎熬（瓦罐、砂锅更好），待浓缩到原药液的1/3为度。取汁加鱼石脂1%、甘油10%，搅拌半小时成乳剂即可。

（原西藏亚东县畜牧兽医站提供）

六、脓　　疮

脓疮是热毒蓄于肉理，发于肌肤，腐熟肌肉，溃烂成脓，或外伤感毒，腐肉溃脓而成。藏语称“那若”。

【症状】初发微热作痒，渐感热痛，逐渐成脓，临床所见，多为已成脓者。患部肿痛，疮口溃烂，流有脓血。日久病重者，发有臭味，疮面及疮围呈暗紫色，进而变为污灰，脓汁稀薄，不易愈合。

【治疗】

1. 外治方　用消毒液洗疮后，选用下方。

（1）拔毒散：青黛30克，雄黄60克，枯矾60克，黄连30克，大黄60克，栀子60克，冰片9克，薄荷脑3克，芒硝30克。共为细末、撒布疮面，或用凡士林配制成20%软膏，搽敷患部。

（原甘肃省夏河县合作镇畜牧兽医站提供）

（2）四味滑石散（藏语称“久岗阿巴”）：滑石500克，麝香1个，生石灰500克，黄连皮（三颗针的皮）1 000克。共为细末，撒布疮面；或用陈旧酥油调制成膏，敷于疮部。

（原西藏工布江达县畜牧兽医站提供）

（3）唐古特莨菪90克，羊胆3个，青盐30克，烟叶60克。共为细末，用酒调成糊状，搽敷疮部。

（原青海省共和县倒淌河公社畜牧兽医站提供）

2. 内服方　天丁30克，地丁30克，归尾2克，淮通2克，木通30克，花粉2克，银花15克，防风15克，乳香12克，白芷9克。煎汤灌服。

（原四川省汶川县草坡公社畜牧兽医站提供）

七、肿　毒

肿毒是由于气壮火旺，血离经脉，溢于肤腠，血瘀郁结，气血瘀滞而引起。多发生肿胀，或化黄水，或腐成脓。藏语称“年布鲁”。

【症状】病初微肿，稍热有痛，逐渐肿大，疼痛加剧。肿硬多痛，局部发热，色呈赤红者，则多破溃成脓，而肿软无痛，皮色少变者，则多破流黄水。

【治疗】

1. 外治方

（1）菖蒲45克，船形乌头45克，土大黄60克，草乌45克，麝香3克，朱砂30克，猪毛菜60克。共为细末，用适量的水调成糊状，搽敷肿胀处。

（原西藏工布江达县畜牧兽医站提供）

（2）敷疮膏：生天南星按1∶8加水，熬至1∶3时，去渣取汁，再用微火浓缩成膏，搽敷患部。

（原四川省若尔盖县红星公社畜牧兽医站提供）

2. 内服方

（1）野冬苋菜150克，野棉花105克，角柱花120克，唐古特青兰105克，刺蒺藜105克，绣球藤90克。共为细末。内服；小家畜每次5～6克，大家畜每次9～12克。

（原西藏墨竹工卡县畜牧兽医站提供）

（2）唐古特莨菪500克，赤小豆15克，麝香2克。将唐古特莨菪加水熬成膏，后二味为末，加入膏中，制成豌豆大小的丸剂。口服一次1丸，日服2次。

（原甘肃省卓尼县畜牧兽医站提供）

八、肚　黄

肚黄俗称“锅底黄”，藏语称“波娃曲胀巴”。本病乃血瘀所致。初发于脐部，大如手掌，以后渐长形如锅底，越长越大，最后可满布肚下。

【症状】腹下渐肿，初发脐部，如不治疗，逐渐扩大，布满肚底，厚如豆饼，不感疼痛，按压有面团感，并留有指痕。

【治疗】

1. 内服方 青黛15克，牛蒡子15克，知母30克，黄药子15克，白药子15克，栀子21克，黄芩21克，连翘30克，郁金15克，菊花15克，小豆根30克，射干15克，玄参30克，法半夏9克，薄荷6克，甘草9克，蜂蜜120克。鸡蛋清4个为引，共为细末，开水冲凋，候温灌服。

（原甘肃省夏河县合作镇畜牧兽医站提供）

2. 外治法 局部消毒后，用宽针乱刺患部皮肤，再用铜勺刮挤，让黄水尽量流出。然后慢步牵遛患畜。

（原甘肃省卓尼县畜牧兽医站提供）

九、风 湿 症

风湿症，藏语称“巴木重”。是牲畜常发的一种全身性疾病，但以四肢、腰背的变化最为突出。其发病原因尚不清楚，有待进一步研究。一般在饲养管理不良、机体衰弱、贼风侵袭、汗出当风、夜受风寒、阴雨浇淋等情况下，容易引起本病。

【症状】患畜突然发病，同时常伴有体温升高、精神不振、食欲减退等一般症状。

受侵部位，不局限于一处一肢，常呈游走性，且多侵害腰部及后肢。因此，常出现腰硬腿紧、步态强拘、腰背板直、胯鞑腰拖的症状。受侵肌肉表现疼痛、紧张、板硬，如颈部风湿，有颈项强硬、低头困难的现象。如为风湿性跛行，还有一个与一般跛行不同的特点，即初运步时跛行重剧，走开后则减轻。

【治疗】

1. 腰胯风湿

(1) 内服方 制川乌6克，制草乌16克，羌活9克，独活9克，威灵仙15克，桑寄生15克，茯苓15克，熟附片9克，桂枝12克，木通15克，防己9克，北细辛6克，五加皮15克，海风藤9克，秦艽12克，木瓜12克，钻地风9克，当归尾15克，党参15克。共为细末，开水或酒冲服。小家畜每次9～15克，大家畜30～60克，日服2次。

（原四川省理县朴头公社畜牧兽医站提供）

(2) 外治法 在腰荐十字部（即百会穴）用刀状烙铁烧烙成“㊉”形，同时沿后肢肌沟，用点状烙铁，进行点状断续烧烙。

（原四川省色达县畜牧兽医站提供）

2. 腰背风湿

(1) 内服方 羌活15克，独活12克，防风30克，荆芥30克，薄荷24

克，紫苏30克，白芷24克，桂枝18克，南星24克，秦艽2克，细辛15克，川芎18克，麻黄18克，陈皮15克，白酒、大葱为引。共为细末，开水冲服。

（2）外治法　艾火灸烧百会穴。或用热水浸湿的毛巾或布块，铺在患畜腰背上，前起肩胛后至尾椎，把白酒500毫升或酒精250毫升，倒在毛巾或布上，用火点燃，进行烧敷，烧后局部用毯子或麻袋盖上。

（原四川省汶川县威州公社兽防站提供）

3. 颈部风湿

（1）内服方　可选用腰胯风湿或腰背风湿方。

（2）外治法　用烙铁进行烧烙。从耳根后四指处起，沿颈椎上下每隔四指烧烙一下，直烙到肩胛前缘，左右各两排（以皮肤稍烙焦为度）。

（原四川省若尔盖县畜牧兽医站提供）

4. 治猪风湿病方　风尾草30克，洋菊花根24克，羊肉500克。

混合加水适量，炖煮，候温灌服，每日1剂，连服3～4剂。

（原四川省汶川县绵池公社畜牧兽医站提供）

十、腰 胯 痛

腰胯痛，藏语称“格巴乃”。本病多由闪伤所致，如失步踏空、陡坡跌滑、翻车砸压、逢沟跳涧、猛转回身，以及蹴踢冲撞等原因损伤腰胯，使气血瘀滞，不能畅循，而成本病。

【症状】患部肿痛，脊腰强硬，胯靸腰拖，后退及回转困难，卧多立少，或立而难卧。重者步态不稳，左右摇晃，即后躯行如酒醉，甚至卧地不起。

【治疗】

1. 内服方　五灵脂18克，白达21克，石菖蒲21克，豆蔻21克，藏红花21克，红桴子21克，唐古特青兰21克，大株红景天21克，铁棒锤21克，麝香21克，唐古特乌头21克，朱砂15克，猪胎粪21克，兔脑21克。共为细末，制成小豆大药丸，外以朱砂为衣。每服1～2丸，日服2次温开水灌下。

（原甘肃省卓尼县尼巴公社畜牧兽医站提供）

2. 外治方　土牛膝60克，一枝蒿60克，见肿消60克，五通60克，酸酸草60克，伸筋草60克，舒筋草90克，七星箭30克。鲜草捣烂，炒热加酒包敷患部。

（原四川省汶川县玉龙公社板子沟大队提供）

十一、关 节 炎

关节炎，藏语称“次仲布”。本病因跌、扑、扭、挫，阴雨浇淋，风寒侵袭，致使气血凝滞，循行受阻，瘀于关节而引起。

【症状】患病关节肿胀发热，疼痛拒摸，虚蹄立地，减负体重；或提举悬蹄，立地休息，运步跛行，屈曲艰难，抬举不高，步幅短缩，患肢难移，踏着痛剧，昂头点脚。

【治疗】

1. 内服方

（1）金银花、连翘、天花粉各9克，乳香、没药、甲珠、牛膝、当归、地丁、蒲公英、红花各6克，黄酒250毫升为引。共为细末，温开水冲服。

（原四川省理县上孟公社畜牧兽医站提供）

（2）当归45克，川芎30克，红花30克，血通30克，杜仲45克，威灵仙30克，搬倒正30克，白芍30克。煎汤或泡酒服。

（原四川省汶川县雁门公社白水大队提供）

2. 外治方

（1）5%一枝蒿酒精液，涂擦患部。

制法：取一枝蒿细末5克，加于95%酒精100毫升中，即成。最好浸泡1周后应用。

（原西藏昌都地区畜牧兽医总站提供）

（2）槐叶30克，红毛七30克，酸酸草30克，红牛膝30克，木通叶30克，土三七30克，原麻叶30克。共捣烂，酒调敷患处。

（原四川省汶川县草坡公社克冲大队提供）

十二、骨　　折

因意外损伤，如跌撞、蹴踢、打击和压挤等外力，所造成的牲畜骨折，在生产中是较为多见的，如不及时予以合理的治疗，就会导致残废，丧失使役能力。在临床上常见的，主要是四肢骨折，其他部位的骨折较为少见。藏语称为“柔卡”。

【症状】骨折局部肿胀、变形，患畜有剧痛，甚至肌肉颤抖、出汗。如为四肢骨折，则表现高度跛行，患肢不能负重。若系完全骨折，其下端呈钟表样摆动。较浅部位的骨折，触诊时可摸到断端的骨碴。若为开放性骨折，则可见相应的破伤，并伴有出血，或可见骨碴及骨的碎片。

【治疗】

1. 内服方

（1）朱砂15克，甘草30克，麝香3克，雪猪胆6克，石棉6克，龙骨石6克，阳起石6克，牛乳石6克，自然铜6克，水木贼6克，赤石脂6克，磁石6克，寒水石30克（先用火炒红，放入冷水中取出再用），多刺绿绒蒿30

克，贝母45克，独一味30克。共为细末，小畜每次5～10克，大畜每次30～45克，水冲灌服。

（原西藏当雄县畜牧兽医站提供）

（2）羌活鱼、肉桂、当归、槟榔各90克。共为细末，小畜5～15丸，大畜25～50克，水冲灌服，日服2次，连服7天。

（原甘肃省玛曲县畜牧兽医站提供）

2. 外敷方　刺龙泡根、大木通、小木通、接骨草、云南一枝蒿各等量。捣碎加鸡蛋清调匀，包敷患部。

（原四川省汶川县草坡公社沙排大队提供）

3. 整复固定法

（1）*四肢骨折*　根据骨折部位，做好长短适宜的木夹板4块。将马横卧保定，患肢在上。确定骨折部位后，用绳子一头拴在患肢系部，另一头拴在术者腰上，便于整复。整复后，在患部用毡子包好，并用垫子衬垫凹陷的地方，使之平整，经绷带缠包，然后把四块夹板放上，再用浸湿的草绳捆好进行固定。整复1周后如患肢蹄子发热，即可取出1块夹板，以后每隔1周取出1块。如果骨折部皮肤拥有破损，要注意消毒，可用碘酒涂擦，撒布抗菌消炎的药粉后，再行包扎固定。

（2）*肋骨骨折*　在患部放一有孔木板（长度能达两侧好的肋骨，圆孔恰在骨折处，木板靠畜体一侧，形状尽量与肺部用吻合），事先把骨折处的皮肤提起，穿入木板孔中，在严密消毒的情况下，对称将皮肤切透一小口（即两层皮肤都切透），然后别上一根小木棍，则达到牵拉整复固定的作用。

（以上两法均系原四川省若尔盖县畜牧兽医站经验）

十三、脱　　臼

脱臼，藏语称“崩次克比巴”。在使役中，脱臼常由于滑、撇、跌、扑等原因所造成，如道路不平、泥泞暗坑、滑倒蹬空、过窄桥宽沟、踩踏不稳、猛驰失足，以及急剧转弯等，均可使着力关节的骨端脱离关节窝，不能自行恢复原来的位置，而成脱臼。

【症状】患肢局部肿胀，疼痛，运步跛行，出现异常肢势（增长、缩短、内收、外展）。脱臼关节发生变形、错位，局部表现突起或凹陷，并呈异常固定，即脱臼关节不能自由活动。

【治疗】

1. 肩关节脱臼

（1）将患畜横卧保定，患肢在上。先将三健肢捆在一起加以固定，然后把一装有泥土的小口袋，垫放在患肢内侧，再用皮绳拴住患肢系部，一人拉伸，另一人在患部用力推压，如有明显的响声，即证明复位。

（原四川省若尔盖县畜牧兽医站提供）

（2）将患畜横卧保定，患肢在下。先将两后肢捆紧加以固定，然后用一条结实的短绳，两头分别拴在两前肢（即健、患肢）的系部，随健肢的活动牵拉，可以复位。同时在脱臼部位进行十字形烧烙。

（原西藏畜牧兽医科学研究所整理玉妥·元丹贡布方）

2. 髋关节脱臼

（1）将患畜倒卧保定，患肢在上。先将其他三条腿捆在一起，加以固定。然后在患肢内侧即大腿间，夹垫一毛团球，再向下向稍前方向用力牵拉，同时一人配合按压脱臼部，进行整复，复位后在局部作十字形烧烙。

（原西藏畜牧兽医科学研究所整理玉妥·元丹贡布方）

（2）将患畜倒卧保定，患肢在上。局部及所用器具消毒后，在其脱臼关节中央两旁对称地将皮肤切开两个小口，用牛毛绳穿过皮肤切口牵引，然后从事先准备好的、与局部形状相吻合的圆木板中部孔中拉出，别上小木棍，压迫固定，以达复位。

（原四川省若尔盖县畜牧兽医站提供）

3. 膝关节脱臼 将患畜横卧保定，患肢在上，并保持在畜体正中位置。用绳子拴住系部，绳子的另一头系在斜向前方的木栓上绑紧，将绳绷紧，然后由一人持木棒敲打绳子，使之复位。

（原四川省若尔盖县畜牧兽医站提供）

4. 膝盖骨脱位 患畜作膝关节脱臼保定后，在脱臼局部消毒后，将皮肤切两个小口，然后把用牛毛绳编制成的底部留一小孔的碗状盖子，扣放在患部，再将皮肤从小孔中挑起，用小木棍别上，可达复位。

（原四川省若尔盖县畜牧兽医站提供）

5. 球关节脱臼 将健肢提起并捆好，使患肢负重，再强迫病畜行走，便可自行复位。

（原四川省若尔盖县畜牧兽医站提供）

6. 下颌关节脱臼 让患马咬住羊腿或木棒，然后在腮颊部用针扎刺，或将马头用力向上提，促使马使劲开口衔咬，便还原复位。并用酥油或其他脂肪加热，用布擦敷局部。

（原西藏畜牧兽医科学研究所整理玉妥·元丹贡布方）

十四、牙　　痛

牙痛，藏语称“索乃”，一般是由于胃肠积热、炎症扩散或感风寒所致。本病主要表现为进食困难，进而消瘦。但常被误认为是胃肠疾病，消化不良，而延误治疗。故临床上要作细致检查，以确定本病。

【症状】有时局部肿胀，热痛，采食缓慢，咀嚼小心，尤其在吃硬质饲料时更为明显。食后半小时内在患侧牙齿有残留的草渣，在嚼草时歪头咧嘴，较重时则口涎增多，咀嚼困难，吐草团。总之，表现为有食欲，但不能嚼，无法食入的症状。

【治疗】

（1）鸢尾膏：鸢尾籽（取高山、低山及中等高度的山产的三种各等份）按1∶8加水，熬至1∶2时滤取药液，再以微火煎熬，浓缩成膏。大家畜9～18克，小家畜5～10克，口服。亦可外用，涂敷局部。

（原四川省若尔盖县红星公社畜牧兽医站提供）

（2）北细辛9克，石膏60克。煎汤灌服。

（原四川省理县畜牧兽医站提供）

（3）白矾15克，冰片3克。共为细末，撒患处。同时用醋1～3滴滴耳（左痛滴右耳，右痛滴左耳）。

（原四川省理县畜牧兽医站提供）

十五、脱　　肛

脱肛，藏语称“则下落巴”或“吉下浪”，多由于久卧湿地、气虚脏冷所致，各种家畜均可发生。在牛则多发生于胃肠臌气，便秘等病时。由于过度努责，腹压太大，或负载过重而上高坡，引起直肠头脱出于肛门之外，更经风吹浮肿，不能回收，遂成本病。

【症状】耳耷头低，精神不振，水草迟细，频频努责，排粪困难，时时弓腰，肠头脱出，不能回收。时久，则翻出部分逐渐冷硬发紫，甚至感染溃烂。

【治疗】

1. 手术疗法

（1）先用温盐开水洗净脱出部分，再喷洒、撒布枯矾粉3～9克于脱出物上，将其缓缓送入，最后用热皮鞋底蘸热醋熨烫肛门1小时。

（原四川省理县上孟公社畜牧兽医站提供）

（2）先用花椒、食盐水洗净脱出部分，再以烤热的柔软物轻轻敲打脱出部分，即可自动缩入。

（原甘肃省甘南畜牧兽医研究所提供）

2. 药物疗法

（1）大枣30克，白术12克，茯苓12克，党参30克，黄芪30克，升麻15克，全归15克，诃子12克。上药煎汤，一次内服，日服3次。同时，用蓖麻子捣泥敷百会穴，再用艾灸3～7柱。

（原四川省理县扑头公社畜牧兽医站提供）

（2）泡参30克，当归24克，川芎24克，白术30克，柴胡24克，升麻30克，陈皮30克，土大黄60克，猪鼻子90克，甘草15克，鸦胆子30克。上药煎汤，一次内服。

（原四川省汶川县绵池公社白土坝大队畜牧兽医站提供）

十六、结膜炎和角膜炎

结膜炎和角膜炎，藏语称“扭乃”，为牧区常见病。多发于夏秋季节。以2岁龄的牦牛犊、牦牛较为多发，其他家畜较少。

【症状】一侧眼或双眼发病，表现为羞明、流泪，眼睑肿胀，结膜充血，眼周常有黏性或黏脓性分泌物附着。严重者形成角膜翳，视物不清，或视力完全丧失。

【治疗】

（1）针刺三江、睛俞穴，并用空心草透顺气孔。

（原四川省若尔盖县畜牧兽医站提供）

（2）三裂碱毛茛、红花等份，共煎熬，过滤，取其沉淀之上清液，点眼。每日1～2次。

（原青海省共和县倒淌河公社畜牧兽医站提供）

（3）三颗针眼药：取三颗针加适量水，煎熬1～2小时，用多层纱布过滤，装瓶。每日点眼1次，连用5～6天。

（原西藏畜牧兽医科学研究所提供）

（4）三颗针90克，黄连150克，硼砂30克。黄连加水熬成汤，加入其他二味药粉和适量水，慢火熬1～2小时，趁热过滤，滤液点眼。

（原西藏畜牧兽医科学研究所提供）

（5）老鹳草适量，按10%（干品）加入冷开水浸泡3天，用多层纱布过滤。滤液静置3～4天，用滤纸过滤。滤液中加入安钠咖粉少许，装瓶、消毒，点眼。

（原西藏畜牧兽医科学研究所提供）

(6) 取千里光 1 500 克，加水 1 500 毫升，浸渍 1～2 小时，连渣蒸馏，收集蒸馏液 750 毫升，分装、消毒。肌内注射，大猪 10～20 毫升，小猪 3～5 毫升。

(原西藏畜牧兽医科学研究所提供)

(7) 取三颗针根茎皮适量，按 1∶8 加水，煎熬 2 次，合并两次煎液过滤，微火熬制成膏。用水或鲜牛奶稀释后点眼。

(原四川省若尔盖县红星公社畜牧兽医站提供)

(8) 刺柏 30 克，鱼胆 15 克，麝香 15 克。共为极细粉末，装瓶备用。用时洗净患眼将药粉少许吹入眼内。

(原四川省色达县达则公社畜牧兽医站提供)

(9) 铁屑 30 克，刺柏 15 克，诃子 15 克，山楂 15 克，川楝子 15 克。上药煎汤，一次灌服。

(原四川省色达县大则公社畜牧兽医站提供)

(10) 铁屑、诃子、山楂、川楝子、红花、黄柏、细黄蒿各等份。共为末。每次 1 克，日服 2 次。

(原青海省玛多县畜牧兽医站提供)

(11) 五灵脂膏：取五灵脂适量，加水溶化，过滤，慢火熬成膏。大家畜 18～30 克，小家畜 6～9 克，内服。

(原四川省若尔盖县红星公社畜牧兽医站提供)

(12) 夏枯草 60 克，金银花 120 克，菊花 60 克，千里光 120 克，荆芥 60 克。煎水内服，日服 2 次。

(原四川省汶川县雁门公社畜牧兽医站提供)

(13) 黄菊花 90 克，车前草 60 克，黄连 60 克，黄芩 60 克，地丁 60 克，灯芯草 120 克，金银花 120 克。煎汤内服，日服 2 次。

(原四川省汶川县雁门公社畜牧兽医站提供)

十七、藏兽医阉割术

藏族劳动人民在长期生产实践中创造的阉割术，具有独特之处，工具简单，操作方便，手术安全，速度较快，适合牧区条件。

(一) 公马阉割术 (火骟法)

此法适用于 2～3 岁大群马的去势。

所用工具有夹棍（长 33.3 厘米，直径 5 厘米的木棍，纵向劈开，切面削平，一头用绳固定，亦可用止血钳代替）、火铲（藏族群众拨火的火具，可用长形烙铁代替）及阉刀 1 把。

公马右侧保定。术部消毒。术者左手紧握睾丸，右手持刀，切开阴囊，挤出睾丸。再分别用夹棍夹住精索，将烧红的烙铁烧断精索，取下夹棍，如不流血，即可将精索送入，撒布消炎粉及涂搽碘酒。

（二）公牛、公羊阉割术

本法适用于牧区 2～3 岁公牛和公羊的去势。

所用工具及药品有阉刀 1 把，75%酒精，5%碘酒等。

手术时公畜侧卧保定。术者蹲于患畜臀后，一脚踩住畜尾。左手拽住阴囊底部，用力后拉，使手拽处与睾丸有段距离。右手持刀，迅速割去阴囊底部皮肤一小块（以能挤出睾丸为度）。挤出一侧睾丸，左手固定精索，右手握住睾丸用力拉拽，迅速拽断精索。另一侧睾丸同法摘除。两个睾丸摘除后，两手提起阴囊切口倒入 5%碘酒 2～3 毫升，再用一手捏住切口，揉阴囊片刻，即可。

手术时应注意切口要整齐；拉出睾丸时，左手必须抵紧阴囊。切忌两手同时用力拽拉睾丸，以免引起肠脱出。

（原西南民族学院整理提供）

第三节　产科疾病

产科疾病为母畜妊娠、分娩及产后的常发病，在广大牧区显得更为多见和突出。每当产犊、产驹、产羔季节，往往大量发生，给畜牧业生产带来很大损失。广大藏族劳动人民在长期与疾病作斗争的过程中，对于防治产科的各种疾病，积累了许多丰富的经验。例如，应用雪莲花、鼯鼠肉、鱼肉等治疗胎衣不下和难产，用食盐、花椒治疗子宫脱出及手术整复子宫脱等均有显著疗效。这些宝贵的经验都是应该进行发掘、提高和推广应用的。

一、子 宫 炎

子宫炎多由于分娩、子宫脱、胎衣不下、胎死腹中、胎毒滞留或外感毒邪所致，也可由阴道炎蔓传而得。多见于牛。藏语称“普努念才”。

【症状】患畜弓背，有时腹痛，阴户流出黏稠分泌物或污浊恶露，体温升高，食欲不振，时常卧地。严重时，食欲废绝，反刍停止，尾根及阴户周围附着腥臭分泌物，行走时步态僵硬，不肯站立。如不及时治疗，则可因中毒而致死亡。

【诊断】阴道内经常流出黏性污浊分泌物，阴门频频收缩。阴道检查，可见宫壁增厚，子宫发炎。

【治疗】

(1)“西琼”(藏语名):土木香500克,野姜750克,水柏枝500克,寒水石250克,大黄500克,醋柳果500克,丹参1 000克,藏菖蒲250克,草乌30克,柏子仁500克,囊距翠雀250克,鱼腥草1 250克。共为细末。大家畜45克,小家畜15~20克,开水冲调,候温灌服,日服1~3次。

(原西藏当雄县畜牧兽医站提供)

(2)红花9克,生姜30克,红糖90克。前两药各煎汤。取红花全液加生姜液1/3,红糖30克及碱水适量,混匀注入子宫内,剩余生姜液和红糖一次灌服。

(原西藏畜牧兽医科学研究所提供)

二、不孕症

适龄母畜由于气血不调,血不营经,经健康公畜交配而不受孕,或不发情,或产一、二胎后不再怀胎的,通称为不孕症。藏语称“曲松玛乃巴”或“干木”。此病多见于牛,特别是犏牛和牦牛,也见于马、羊。

【症状】在牧区多发于膘肥体壮的适龄母畜,表现为不发情或发情而交配不孕。也有的是形体消瘦的母畜,表现为神怠力乏、口干毛焦、性欲不发,因而久配不孕。

【诊断】适龄母畜发情不正常,或发情表现不明显,或屡经交配不能怀孕,即可诊断为本病。

【治疗】

(1)催情药:鹿鞭0.5克,蛤蚧1克,山刺梨0.8克,西河柳0.5克,柏子仁0.5克,佛手参0.3克,头鸡蛋0.3克,羊睾丸0.6克。上药切碎混合,加水约12 000毫升,煮沸约1小时,候温,早晚灌服100毫升,连服10天。

(原西藏乃东县畜牧兽医站提供)

(2)墨地果膏:墨地果5 000克,小叶假楼斗菜(花)30克,川椒30克。取墨地果按1∶8加水,熬至1∶3时,滤去药渣,加入后两味药末,微火熬成膏。大家畜18~30克,小家畜6~9克,日服2次,连服1个月。

(原四川省若尔盖县红星公社畜牧兽医站提供)

三、羊水过多

羊水过多,藏语称“果确芒哇”或“七刀”,多发生于初产的牦牛及瘦弱母牛。皆因气血失调,胎气不舒,血涩气滞,气血不畅所致。往往发生于临产前1～2个月。

【症状】孕畜突然腹围增大，叩之有响水音，触诊有波动感。患畜精神不振，四肢叉开站立，不愿卧地，食欲逐渐减退。一旦卧下，则不易立起。

【治疗】

(1) 披针叶毛莨（花）5 000克，溪畔银莲花（籽）、青盐、大黄、莪参、小苏打各2 500克。共为细末。日服3次，每次牛30～60克，连服15～30天。

（原四川省若尔盖县红星公社畜牧兽医站提供）

(2) 绢毛毛莨、芹叶铁线莲、溪畔银莲花各等份。混合，牛每次60克，煎汤灌服。

（原四川省色达县畜牧兽医站提供）

(3) 硇砂、海金沙、野豌豆、棋盘花、蒺藜各等份。牛每次30克，煎汤灌服。

（原四川省色达县畜牧兽医站提供）

四、流　　产

流产，藏语称“切瓦”或“觉瓦”，指母畜产期未到而胎儿坠落。多因饲养不善、使役不当而致肾气不足，胎宫血亏，不能养胎；或因跌扑闪挫，损伤胎元致成本病。若反复发生流产，即习惯性流产。各类家畜均可发生。

【症状】多为突然发病。患畜表现精神不安，时时蹲腰，后肢开张，不断努责，阴道流出异物或少量浊液、血水。回头看腹，阵痛起卧，胎儿流出。

【诊断】阴门肿胀，阴户内流出羊水或浊液，流出未满期的胎儿。

【预防】加强放牧管理，防止孕畜跌、碰、踢、咬。对性烈胆小的孕畜，要防其受惊。

【治疗】

(1) 肉豆蔻、石膏、川红花、丁香、草豆蔻、草果各等份。上药按1∶5加水，浸泡24小时，按常规方法蒸馏，制成90%的注射液。肌内注射，马5～10毫升，每日1次，连用5天。

（原四川省若尔盖县红星公社畜牧兽医站提供）

(2) 黄精15克，天冬15克，防风15克，太白参（阴郁马先蒿）30克，白蒺藜15克。共为细末，水调灌服。有保胎作用。

（原四川省若尔盖县红星公社畜牧兽医站提供）

(3) 土百部30克，熟黄精15克，天冬15克，麦冬15克，白蒺藜15克，牲畜胎盘片30克。上药按1∶8加水，煎熬至1∶3，滤取药液。如上法再煎两次，合并三次滤液，马、牛内服100～300毫升，羊50～80毫升，日服1次，连服7天，亦可预防流产。

（原四川省若尔盖县红星公社畜牧兽医站提供）

（4）“哇洽借巴”（藏语名）：阴郁马先蒿30克，短叶石刁柏、红果、黄精、迷果芹、蒲公英、绢毛毛茛、芹叶铁线莲、钝裂银莲花各15克。共为细末，水冲服。在已有流产征兆而尚未流产前使用。马每次6～9克，每隔半小时服1次。

（原四川省色达县大则公社畜牧兽医站提供）

五、难　　产

孕畜妊娠期满，并已出现疼痛不安、弓腰努责、胎水外流等产兆，但由于胎位不正或骨盆狭窄等原因而致胎儿不能顺利产出，即称难产。藏语叫“吉嘎巴”或“载木特巴”。本病多见于初产母畜。

【症状】孕畜出现阵痛，急躁不安，起卧看腹，频频努责，并显阴唇肿胀，产门流出浊液，或露出胎儿部分肢体，乳房胀大或流乳，或躺卧地下，痛苦呻吟，但胎儿久久不能产出。

【诊断】凡孕畜妊娠期满，并已出现腹痛不安，或从产门流出部分胎衣，或流出浆液，而时久不见胎儿落生，即可确诊为难产。

【治疗】医者首先将手伸入子宫，确定胎位和胎儿生死，再采取相应的治疗方法。

1. 药物疗法

（1）寒水石2 500克，广木香1 000克，干姜250克，诃子250克，大黄2 000克，土碱3 000克。上药混合研粉。大牛一次口服20克。

（原西藏工布江达县畜牧兽医站提供）

（2）蛋草（全草）5 000克，假耧斗菜（全草）3 500克，大黄根3 500克，花木通（花）2 500克，土碱3 500克，毛茛（花果）2 500克，鱼肉2 500克，花椒2 500克，麝香6克，溪畔银莲花籽2 500克。上药混合研粉。内服，大家畜9～15克，中家畜6～9克，小家畜3～6克。

（原西藏巴青县中草药加工厂提供）

（3）方见本节“胎衣不下”部分治疗（4）。

2. 手术疗法

（1）术者手上涂油，将胎儿缓缓送入阴道，还入子宫，理顺胎儿，然后把前肢和头拉在一起，即可慢慢托出。

（原西藏畜牧兽医科学研究所整理古籍）

(2) 剖腹取胎：从产道难以拉出者，则可采取剖腹取胎术，方法见第四章藏兽医经验专题研究资料“电针麻醉在兽医外科手术上的应用”一文有关部分。

六、阴道脱和子宫脱

阴道脱和子宫脱指母畜阴道及子宫的一部分或全部外翻脱出于阴门之外的一种疾病。藏语称“普努顿巴”或“袈漏”。本病多发生于初产母牛和体质衰弱的母牛；也有的是由于分娩、胎衣不下时过度努责，或难产时用强力牵拉胎儿，损伤元气，气血虚弱，中气下陷，致使子宫外翻于阴道之内或阴道及子宫脱出于阴门之外，形似悬球。多见于牛，其次为马、羊。

【症状】一般多在分娩后不久发生，亦有非产期外脱者。病初患畜站立不安，拱腰揭尾，频频努责。继之，子宫的一部分或全部渐渐脱出于阴门之外，初为红色，时间稍久，浮肿增厚，呈暗红色。患畜精神困倦，饮水和进草动作迟细，行走困难。甚者卧地不起，脱出部黏附草土，色呈紫黑，甚至硬结，溃烂出血。此时多预后不良。

【诊断】子宫或阴道脱出于阴门之外。阴道脱出多发生于产前，子宫脱出多在产后。

【治疗】

1. 手术疗法

(1) 复位　将患畜取前低后高姿势，站立保定或侧卧保定，用花椒食盐水洗净脱出及污染部分，缓缓复位。复位后进行固定。

(2) 固定　有羊膀胱固定法、冰块固定法和酒瓶固定法等三种方法。

①羊膀胱固定法是将消毒过的羊膀胱放入复位后的阴道或子宫内，注入适量气体，结扎膀胱口，并将其拴于患畜臀部毛上。1～2 天后，放气，取出膀胱即可。

②冰块固定法是将一稍大于拳头的冰块，于温水中除去棱角，放入复位后的阴道或子宫内即可。

③酒瓶固定法是将一净酒瓶放入复位后的阴道或子宫内，瓶口系绳固定于患畜阴门之外，待 1～2 天后，取出酒瓶即可。

(原甘肃省甘南畜牧兽医站、畜牧学校、碌曲县畜牧兽医站提供)

2. 药物疗法

(1) 防风 60 克，陈艾 90 克，花椒 15 克，白矾 30 克。上药水煎，洗涤子宫。再将子宫送入阴道内复位。

(原四川省理县上孟公社畜牧兽医站提供)

（2）当归15克，熟地15克，黄芪15克，白术15克，陈皮9克，党参15克，茯苓9克，柴胡15克，升麻15克，甘草6克，黄芩9克。水煎。一次内服，日服1剂，连服3～4剂。

（原四川省理县上孟公社畜牧兽医站提供）

七、胎衣不下

孕畜分娩或流产后，因气血两亏，中气不足，气血迟滞，而使胎衣不能在正常时间内排出，称为胎衣不下。藏语称“夏玛顿巴”“夏玛木龙哇”或“咱乃”。本病多见于牛，尤以犏牛、牦牛为多。其他家畜亦发此病。

【症状】胎衣全部或部分不下，患畜不时弓腰努责，精神倦怠，食欲减退。如胎衣停滞时间过久，则腐败溃烂，呈暗色，或经常从阴户流出褐红色的腥臭恶露，体温升高，呆立，不吃草，牛羊反刍停止。

【诊断】胎衣不下为其主要诊断依据。

【治疗】

（1）雪莲汤：雪莲花、小叶假耧斗菜各30克。共为细末，白酒200毫升为引，一次灌服。

（2）复方雪莲注射液：见第四章藏兽医经验专题研究资料“雪莲方剂治疗牛胎衣不下的疗效观察”。

（3）雪莲鼯鼠酒：见第四章藏兽医经验专题研究资料“雪莲鼯鼠酒治疗牛胎衣不下的疗效观察”。

（4）鼯鼠肉、大黄、青盐、川椒各30克，大戟狼毒（火灰中煨透、去皮）、小叶假耧斗菜、赤小豆、亚大黄各15克。上药混合，按1∶8加水，熬至1∶3时，取汁口服。大家畜60～120毫升，小家畜30～50毫升。

（原四川省若尔盖县红星公社畜牧兽医站提供）

（5）“谢吉着巴”（藏语名）：寒水石2 500克，山柰250克，藏木香1 000克，诃子250克，大黄2 000克，土碱3 000克。先将寒水石入火煅后放青稞酒（或酸性水）中淬后研粉，土碱按1∶2加水溶解，再煎煮使水蒸发干，最后混合所有药，共为细粉。大牛3～5克，中等牛2.5～3克，小牛1.5～2.5克，一次内服。第一次用大剂量。

（原西藏畜牧兽医科学研究所提供）

（6）“达里松器”（藏语名）：狼毒30克，鼯鼠肉15克，小叶假耧斗菜15克。共为细末。开水冲服，牛马每次6～9克，每隔半小时服1次。

（原四川省色达县达则公社畜牧兽医站提供）

（7）野葡萄水：3～4月将野葡萄树的粗枝砍断，其水自然流出。牛每次灌服野葡萄水250毫升。

（原云南省中旬县畜牧兽医站提供）

八、缺　乳

母畜在哺乳期间，由于营养不良，体质瘦弱，血虚气衰，不能化乳；或因喂养太盛，运动不足，气血壅滞，经络不畅，而致乳量减少或完全无乳，称为缺乳。藏语称为“干赤”或“努玛干木赤”。多见于老弱母畜和初产母畜。

【症状】一般症状不太明显，仅见乳汁短少或全无。也有的出现水草迟细，精神不振，乳房缩小，并现松软，捏挤无汁，幼畜吮乳有声而不见下咽。

【治疗】炮甲珠18克，箭芪60克，秦归90克，潞党参90克，王不留行24克，通草12克。上药同猪前蹄炖服。

（原四川省理县扑头公社畜牧兽医站提供）

九、乳房炎

乳房炎，藏语称“努买念才”或“努章”，多见于奶牛。常因母牛在产乳期久卧湿热之地，或初产牛乳孔闭塞，致使乳房积乳，气血瘀滞。或乳房不洁，外伤染毒，致乳房发生红、肿、热、痛，而成本病。

【症状】病初乳房硬肿，皮肤变红，发热疼痛，拒绝哺乳，后肢张开站立，不愿卧地，行动迟缓。严重者，食欲减少，精神不振，体温升高。日久则溃破流出脓液，症状随之逐渐减轻而痊愈。也有长期不愈转为慢性乳房炎者。

【诊断】乳房肿胀，疼痛发热，拒绝挤奶和哺乳。

【治疗】

（1）蒲公英90克，布氏紫堇30克，大黄45克，镰形棘豆30克，制草乌15克，石膏150克。共为细末，水调一次灌服。或制成软膏外敷。

（原青海省称多县畜牧兽医站提供）

（2）岩青外伤流浸膏：见本章第三节家畜外科疾病《创伤》中的陈旧创处方一。

（3）鬼箭锦鸡儿30克，蒲公英30克。混合捣碎，敷患部。

（原青海省甘德县畜牧兽医站提供）

（4）米口袋24克，金银花30克，生草15克，蒲公英30克。共为细末，一次内服，日服2次。

（原青海省甘德县畜牧兽医站提供）

十、产后腹痛

产后腹痛，藏语称“吉茶结觉色加巴”或“载不吉章哇”。本病多发于产后1～3天，尤以第2天为多见。多因产畜外感风寒、内伤阴冷，使风寒之气蕴于脏腑，阴气过盛，致成肚腹疼痛的一种疾病。

【症状】母畜分娩后肚腹疼痛不安，后腿踢腹，立卧不宁，频频回头，甚至水草停止。但若给以温热，则症状能稍减轻。

【治疗】

细其十二味　藏木香150克，大黄1 000克，山柰500克，紫茉莉150克，诃子750克，小叶莲60克，螃蟹甲30克，醋柳果60克，硇砂15克，蛇肉150克，寒水石1 250克，土碱1 500克。先以白酒适量，加少许麝香，将蛇肉浸泡一昼夜，取出蛇肉晾干，同其余药共为细末。水冲内服，牛、马每次6～12克，羊5克。

（原西藏当雄县畜牧兽医站提供）

十一、产后瘫痪

产后瘫痪，藏语称“吉茶乃浪玛脱巴”或“载不吉木浪”。本病主要是由于产后气血亏损，感受风寒，则腠理滞涩，经络不通，而导致母畜在分娩后发生四肢瘫软无力或昏睡不起的一种病。多见于犏牛。其他家畜较为少见。

【症状】多在产后2～5天发病。病初患畜站立困难，后肢无力，行走摇摆，精神沉郁，饮水和食草等行动缓慢。继而卧地不起，后躯瘫痪，四肢末端发凉，反刍停止，头向后弯呈昏睡状。日久则后躯发生褥疮，畜体日趋消瘦而死亡。

【诊断】孕畜分娩后出现上述症状，即可确诊。尤以后肢瘫痪、卧地不起为其主症。

【治疗】玉竹60克，当归30克，党参30克，黄芪30克，白术15克，巴戟15克，芦芭花12克，生地15克，熟地15克，羌活15克，独活15克，桂枝12克，木瓜12克，地龙30克，威灵仙12克，附片12克。上药加肉骨头炖。日服2剂。

（原四川省理县扑头公社畜牧兽医站提供）

第四节　传染病

动物传染病，藏语称“果乃”，意为可传染的疫病。千百年来，广大藏族人民通过生产实践，对动物传染病的认识和防治积累了丰富的经验，在畜牧业发展上起了很大作用。过去，由于藏族地区交通不便，居住分散，对同一种动物传染病有很多不同名称。新中国成立以来，有关单位对这些不同名称的动物传染病进行了科学诊断，尤其是分子生物学技术的发展，目前大多数传染病病原都已被确诊，现将藏兽医防治家畜主要传染病的方法介绍如下。

一、炭　　疽

炭疽，藏语称“沙乃”或“沙左”，意为土地病或脏土病。本病多发生在秋天雨季，其他季节也可发病。各类家畜都可传染炭疽病，也能传染给人。家畜的炭疽病多为散发，也可发生地方性流行。炭疽杆菌属芽孢杆菌属，无鞭毛，不运动，革兰氏染色阳性。

【症状】炭疽病多为急性死亡。病畜一发病，体温就很高。马、骡常发炭疽，驴的炭疽病不多见。马患炭疽后有腹痛症状，烦躁不安，全身发抖，站立不稳，卧地不起，颈侧、胸部、腹下出现黄肿，发热疼痛。死后腹围增大，鼻和肛门流出血液，结膜、口腔发紫。

牛患炭疽后惊叫不安，腹围增大，喜站立在树荫或潮湿地方，双目凝视，采食停止，很快卧地倒毙。死后腹围增大如圆筒状，肛门哆开流血，鼻亦出血，血色黑如菜籽油，尸体很快腐败，恶臭。

羊患炭疽后，惊叫不安，狂奔，有的不出现任何症状而突然死亡。

猪患炭疽后，突然惊叫，声音嘶哑，喉头肿胀，死后腹围急剧增大，鼻孔流出带有泡沫血液。

【诊断】尸体剖开后炭疽病畜的血液呈黑紫色，皮下有大小不同的出血斑点，脾脏肿胀很大，胆囊也肿大，胆汁如油，病畜的生肉腥臭，熟肉色如煮熟的肝脏，无肉香味，在处理过尸体的草场上继续放牧时，家畜能患同样症状的急性死亡病。目前，炭疽病诊断主要通过炭疽沉淀反应快速而简便的血清学诊断方法进行诊断，其标准抗原用菌株主要有C40-214、C40-216和C40-217株，以及无荚膜Sterne株弱毒菌株，操作方法见相关参考书。

【治疗】

(1) 莨菪膏：喜马拉雅东莨菪500克，马蔺子3克，蔓荆子3克，牙皂3克，麝香0.3克。

制法：将喜马拉雅东莨菪按1：8加水，熬至1 500毫升后，过滤去渣。再将药液浓缩成流膏状，加入其余各药搅拌混匀即成。

用法：大畜内服9～15克，小畜3～5克，日服2次，最多只能服2天。若病畜因莨菪中毒，表现狂躁不安，瞳孔放大，脉数，可用草木灰1～2把加水搅拌，取上清液灌3次。

（原四川省若尔盖县红星公社畜牧兽医站提供）

（2）麝香十八味散：麝香1克，阿魏30克，乌头1克，土牛黄15克，广木香9克，红檀香15克，白檀香15克，水菖蒲6克，诃子15克，硇砂3克，浮萍草30克，肉豆蔻9克，大戟15克，白狼毒30克，纤毛婆婆纳30克，草乌15克，安息香15克，铁棒锤15克。

制法：先将铁棒锤与草乌一并浸入85%酒精中置24小时，取出晾干，再与其他各药混合研末即成。

用法：大畜内服6～8克，小畜2～3克。

（原西藏工布江达县畜牧兽医站提供）

（3）“彭巴干登”散（藏语名）：矮莨菪120克，安息香60克，黑乌头160克，诃子30克，秦艽30克，翼首草30克，高山龙胆30克，姜黄30克，小叶棘豆60克，菖蒲60克，硇砂60克，巴京子30克。上药共研末，牛每次内服30～60克，日服3次。

（原西藏工布江达县畜牧兽医站提供）

（4）翼首草散：翼首草60克，牛黄25克，船形乌头40克，白檀香30克，轮叶棘豆40克，五灵脂55克，白木香45克，麝香3克，铁棒锤幼苗60克，安息香35克，滑石粉30克，草红花30克。上药混合为末，牛、马内服5～10克，羊1～3克。

（原西藏当雄县畜牧兽医站提供）

（5）脾脏穿刺：用线先量出牛耳根周围长度，自背中线向下在倒数第二肋间隙又量出与耳根同等长度的一点，此点即穿刺点。一般按大牛五横指、中牛三横指、小牛二横指的深度刺入尖竹棍，刺毕后火烙伤口。

（原四川省色达县藏兽医经验）

（6）取硫黄120克，加童便350～400毫升，一次灌服。

（甘肃省《甘南民间兽医验方汇编》第二辑）

（7）取麝香1.5～3克，加水一次灌服。

（甘肃省《甘南民间兽医验方汇编》）

（8）白莨菪7 500克，高山党参50克，黑莨菪7 500克，铁棒锤幼苗15克，结血蒿500克，唐古草15克，翼首草15克，香薷草15克，大籽蒿15克，蓝花青蓝15克，黑大叶15克，龙胆15克，安息香15克，轮叶棘豆500克，香茶菜115克，麻黄9克，小垂头菊65克，红诃子或西河柳115克，白青蓝3克，藏菖蒲18克，诃子12克，黑乌头9克，新木香50克，囊距翠雀65克，麝香0.3克。

制法：先将白、黑莨菪和结血蒿、轮叶棘豆四味药加水适量，煎熬成流浸膏状，再将其他药物磨粉加入浸膏内混匀即成。

用法：牛、马内服3～5克，羊内服1～3克。

（原西藏当雄县畜牧兽医站提供）

（9）七味瘟疫散：船形乌头60克，雪上一枝蒿（制）、紫草茸、茜草、刺柏、麝香各3克。研粉做丸如梧桐子大，银朱为丸衣。大畜50粒，小畜5～15粒灌服。

（原四川省若尔盖县红星公社畜牧兽医站提供）

（10）诃子肉30克，荜茇15克，雪上一枝蒿（制）15克。研粉做丸如豌豆大，锌红为丸衣。大畜内服20粒，小畜3粒，日服2次。

（原四川省若尔盖县红星公社畜牧兽医站提供）

（11）翼首草250克，船形乌头150克，角茴香120克，大叶秦艽135克，草河车120克，囊距翠雀105克，唐松草90克，轮叶棘豆120克，鮀新菊120克，羽叶点地梅90克，细叶草乌叶60克。共研细末，大畜9～24克，小畜2～4克，加水灌服，日服2次。

（原西藏当雄县畜牧兽医站提供）

（12）穿刺脾俞穴：取三棵针枝条1根，比筷子稍粗稍长，在脾俞穴刺入约20厘米，取出枝条，取火烧之。

（原西藏安多县畜牧兽医站提供）

【预防】对死于炭疽的家畜不剥皮、不吃肉，由专人负责深埋在干燥的人畜不常去的地方。深埋掩土前，尸体上面撒上一层石灰，没有石灰时应撒上草木灰或牛羊粪灰，有条件的地区应全尸烧毁。对死过炭疽病畜的棚圈或草场要彻底打扫干净，再撒上一层石灰或草木灰，打扫出的粪便、污血、垫草要仔细烧毁。对怀疑为炭疽或与炭疽死畜接触过的家畜，要隔离饲养，并由专人负责观察和防治。此外，炭疽病可以用第Ⅱ号炭疽芽孢苗、无毒炭疽芽孢苗和抗炭疽血清进行免疫防治

二、牛肺疫

牛肺疫，藏语称“洛乃”或“堆乃”，意为肺脏病或前躯病。本病一年四季均可发生，不受季节影响，但以冬、春季节发病较多。发病后经10天左右死亡，很少有急性死亡的，是一种地方性流行病。本病由肺炎支原体引起，只传给各种牛，牦牛最容易感染，不传染给马属动物，也不传染给山羊、绵羊。

【症状】病畜呼吸浅快，早晨出牧前剧烈咳嗽，咳嗽时低头张嘴，连咳不断，状极苦痛。在山地牧场病畜头部一律面向上坡站立。鼻镜干裂，肷部扇

动，食欲、反刍均停止，排出干硬黑色粪球。病畜喜走上坡，不愿下坡，步态不稳，时走时停，喜站不喜卧，晚间也站在棚圈内，站立时两前肢叉开，腹式呼吸。病后期，在肉垂、胸前甚至腹下出现水肿，压之如面团状，颈部脉动很明显，两三步以外可听到肺部的粗厉呼吸声，畜体极度消瘦，肘和臀部发抖，个别病畜在驱赶或放倒时突然发生死亡。

【诊断】病畜在临床上的特殊症状如喜站不喜卧，夜间也站在棚圈内，站立时前肢叉开，头部面向上坡，喜走上坡，不愿下坡，呼吸声粗厉明显等，可作诊断参考。另外，尸体剖开后胸腔内有大量黄色胸水，胸水内可见到黄色黏胶样积块。肺脏萎缩，呈灰白色，有的与胸壁粘连，胸膜上有灰白色污脓，或有出血斑块。胃、肠道空虚，肠黏膜明显出血。同时结合病原分离鉴定结果进行确认。

【防治】

(1) 西河柳5 000克，大杜鹃、西藏圆柏各2 500克，绿叶悬钩子500克，香加皮250克，甘草、丛菔、七叶一枝花各150克，川木香、连翘各50克，山柰、山楂、诃子肉、苦楝子、樟脑、阿魏各27克，山木通3克，麝香1.5克。

制法：将麝香、樟脑、阿魏共研成粉末，其余各药按每千克药物加水8 000毫升，煎成3 000毫升，过滤去渣，再将麝香等三味药的粉末加入拌匀后密闭备用。

用法：大牛100～300毫升，小牛30～70毫升灌服。本方有预防作用。

(原四川省若尔盖县红星公社畜牧兽医站提供)

(2) 藏红花9克，诃子15克，川楝6克，栀子6克，木香根6克，木香叶3克，白木香3克，闹羊花3克，藏苦草3克，黄连3克，龙胆草6克，草乌头6克，芫荽6克，秦艽3克，野菊花5克，藤条6克，木兰花9克，猪血24克，冬花6克，甘草3克，葡萄3克，栀子花6克，石榴皮24克，无花果21克，青莲花6克，五灵脂15克，砂仁24克。上药加水共煎，去渣一次灌服。本方用于预防。

(甘肃省《甘南民间兽医验方汇编》)

(3) 诃子36克，川楝9克，栀子5克，降香18克，甘草12克，红柳24克，冰糖12克，麝香0.6克，病牛胸水300毫升。

制法：先将川楝、诃子、栀子、红柳、甘草、降香切碎，加水煮一夜，去渣备用。宰杀牛肺疫患病后期病牛一头，取胸水放铜锅中与上两液混合，再加入溶解后的冰糖、麝香水溶液即成。

用法：上方剂供25头牛服用，每头牛平均50毫升加足冷水灌服。灌服后，牛会出现体温升高，轻度全身反应，经1周恢复。但必须经常观察反应情况，以防发生牛肺疫流行。本方供预防用。

（甘肃省《甘南民间兽医验方汇编》）

（4）“洛则”汤（藏语名）：牛黄、红檀香、藏茵陈、纤毛婆婆纳、滑石、草红花、藏黄连、船形乌头各30克，葡萄干、兰石草、白花龙胆、川楝子、山楂、诃子，苦参、覆盆子、野生姜、藏木香、细叶草乌叶、醋柳果、大籽蒿、藏茴香、甘草、“勒卡托”（藏语译音，汉名待鉴定）各15克，长约16.67厘米的西河柳一缕（去皮芯），滑石（与去皮芯的西河柳同重量），白景天（为滑石2倍重量）。

另加一头病牛的全部胸水、心包液、半个肺脏、心、舌、胸骨取其尖、四肢腱少许，以及少量瓣胃、真胃内容物。

制法：先将西河柳、白景天切细后加水适量煎汤二三次去渣。将研末的其他药物和剁细的脏器及胸水等一并加入上液中，用勺不停止地扬上液24小时（也有用倒在酥油桶中不停地打24小时的），随扬随弃去液面白色泡沫，澄清备用。

用法：大牛一茶碗，小牛半茶碗一次灌服。灌服后出现全身轻度症状，如产奶量下降、慢草喜卧等，3～5天即恢复正常。此方主要用于预防。

（原西藏当雄县畜牧兽医站提供）

（5）雄黄3.6克，樟脑4.5克，麝香3克。混合为末，日服1次，连服3次。

（原西藏工布江达县畜牧兽医站提供）

（6）诃子3个，川楝子3个，山楂3个，黑刺果4个，樟脑3克，麝香0.5克。除樟脑、麝香外，上药共煎去渣，待冷后加入樟脑与麝香灌服，日服1次，连服3次。

（原西藏工布江达县畜牧兽医站提供）

（7）紫檀香、川红花各90克，木香60克，沙棘、诃子、兰石草、甘草、高山辣根菜、滑石、安息香、山楂、锡金微紫草、短穗兔耳草、密花角蒿、茜草各15克。上药共研末，冰糖为引，大牛9克，小牛3～5克加水灌服，日服3次。

（原四川省色达县藏兽医经验）

三、马腺疫

马腺疫，藏语称“俄地”，意为颌下红肿发痛。本病属急性传染病，为散发或地方性流行，只传染给马、骡、驴。年轻马发病最多，老龄马次之。病的特征是颌下淋巴急性肿大化脓。

【症状】病畜发热咳嗽，精神委顿，食欲减少或废绝，病初流水样鼻液，后转为黏脓性，有的鼻液中混有血液；头颈伸直，吞咽困难，饮水时将鼻和嘴同时淹没水中，良久不能成功饮水，只做饮水状，然后把口伸出水外摇头不已，不断在树干、木桩或槽沿擦鼻。

颌下肿胀明显，病初肿胀热而痛，摸之发硬。严重病畜的耳下、面颊、鼻侧也肿胀，结膜红肿、有眼屎。后期颌下肿胀变软，痛觉消失，肿胀处中央脱毛，皮肤呈青紫色，溃烂后流出糊状黄白色脓液，脓液无明显臭气，此时病畜开始饮水吃草，病情好转。若不及时治疗，疮口久久不能愈合，甚至形成瘘管，污脓结痂后使颌下脱毛区不断扩大。个别病畜四肢浮肿，有的虽症状明显，但精神和饮食均正常。本病很少引起家畜死亡。

【诊断】根据流行情况和临床症状，不难作出确诊。但易与鼻疽、流感等病相混。与马流感的区别是：马流感的颌下肿胀不明显，开始发病就呈大流行，咳嗽很明显；马腺疫只呈地方性流行，颌下肿胀非常明显，很少咳嗽或不咳嗽。

与鼻疽的区别：鼻疽为散发性，病程较缓慢，颌下肿胀仅有鸡蛋大小，很硬，不发热，病后期才出现脓性鼻液，腺疫病畜发病不久即出现黏性鼻液，颌下肿胀远比鼻疽明显得多。

【防治】

（1）小杜鹃、向荆、黄花蒿各 2 500 克，莨菪根 500 克，石灰华、长管马先蒿、草红花、雪上一枝蒿（茎、叶）各 150 克，甘草、老鹳草各 100 克，柏香（柏树的油节）50 克，没药 2.7 克，诃子肉 3 克，红檀香 1.5 克，白檀香 1.5 克，麝香 0.3 克。

制法：除麝香外，其他各药按每千克加水 8 000 毫升，煎至 3 000 毫升，过滤去渣，加入麝香，密闭保存。

用法：大马内服 150 毫升，中马 100 毫升，小马 50 毫升。本方用于预防。

（原四川省若尔盖县红星公社畜牧兽医站提供）

（2）翼首草、伞梗虎耳草、囊距翠雀各 1 000 克，乌双龙胆、秦艽、小叶棘豆各 500 克，麝香、安息香、乳香各适量。上药共末，加水灌服，每次 1 小勺，日服 3 次。

（原西藏工布江达县畜牧兽医站提供）

（3）见第四章藏兽医经验专题研究资料“用中草药试治马腺疫的疗效观察”。

（4）见第四章藏兽医经验专题研究资料“中草药治疗马腺疫的试验”。

(5) 石灰华、肉豆蔻、白豆蔻、丁香、草红花、草果各等份。上药共研末，大马20～40克，小马5～15克，加水一次灌服。

(原四川省若尔盖县红星公社畜牧兽医站提供)

(6) 七味瘟疫丸：船形乌头60克，雪上一枝蒿（制）、紫草茸、茜草、紫草、刺柏、麝香各3克。上药共研末，做丸如梧桐子大，银朱为丸衣。大畜50粒，小畜5～15粒加水灌服。

(原四川省若尔盖县红星公社畜牧兽医站提供)

(7) 雪上一枝蒿幼苗、雪乌、土木香、翼首花、连翘各12克，紫草、镰形棘豆、蓝花绿绒蒿、茜草各6克，安息香、麝香、地丁、黄花蔷薇花、狼毒、松脂、螃蟹甲、硇砂各3克。上药共研末，大畜9～21克，小畜3～6克，加水灌服。

(原四川省若尔盖县红星公社畜牧兽医站提供)

(8) 烧烙法：先在下颌间隙用烙铁烙一下，然后在两鼻侧烙一个“十”字，最后在眶上烙个“口”字。

(原四川省若尔盖县红星公社畜牧兽医站提供)

(9) 翼首草250克，船形乌头150克，大叶秦艽105克，草河车120克，粉苞菊105克，囊距翠雀120克，唐松草90克，轮叶棘豆120克，鞑新菊20克，羽叶点地梅90克，细叶草乌叶60克。上药共研末，大畜9～24克、小畜2.5～4克加水灌服，口服2次。

(原西藏当雄县畜牧兽医站提供)

四、马流行性感冒

马流行性感冒，藏语称“达强木”。本病是一种急性流行病，能引起大流行，多发生在冬、春交接季节，特别在气候剧变时，更易发病。藏族地区地处高寒，发病率也更高。马、骡对马流感很敏感，驴很少发生。马流感不引起大批死亡，但往往由于在病的大流行期间使役不当，病畜过度劳累，或同时感染其他疫病，导致病情恶化而发生急性死亡，尤其壮年马死得更多。

【症状】 病畜精神沉郁，垂头耷耳，咀嚼草料慢，眼结膜充血或发黄，羞明流泪，眼半闭，站立不动，前肢合拢，后肢张开，喜站于阴暗或荫凉处，连声咳嗽，流黏性鼻液，口膜潮红，全身发热。严重病畜腹痛明显，状如疝痛，食欲废绝，排出牛粪样软便，粪色初灰黄，后变灰黑而恶臭，内混黏膜和血液，亦有排出稀粪的。死前站立不稳，四肢发抖，卧地而死。个别病畜突然死亡，症状如炭疽，鼻孔流血，但臌气不明显。本病不传染于其他家畜。

【诊断】 本病发生于感冒病症的大流行，通过临床及了解病史不难确诊。

【治疗】

(1) 大杜鹃、西河柳各 5 000 克，山麻黄、黄花蒿、藏圆柏、小杜鹃各 1 250克，睡菜、石灰华各 350 克，东莨菪、天仙子各 250 克，莨菪、唐古特马尿泡各 150 克，诃子肉、川楝子、山楂各 15 克，肉豆蔻、迷香、公丁香、土木香、草果、雪上一枝蒿（制）各 3 克，麝香 1.5 克。

制法：除麝香外，各药按每千克加水 8 000 毫升，熬至每千克药剩水 3 000毫升，过滤去渣，加入麝香，密闭备用。

用法：大马 100～200 毫升，小马 30～70 毫升灌服。

（原四川省若尔盖县红星公社畜牧兽医站提供）

(2) 诃子肉、柏香各 30 克，睡菜、雪上一枝蒿（制）各 15 克。制成散、丸、煎剂均可。散剂按大马 9～18 克，小马 3～6 克内服；煎剂按大马 50～100 毫升，小马 30～50 毫升，一次内服。

（原四川省若尔盖县红星公社畜牧兽医站提供）

(3) “直打颠阿”（藏语名）：短穗兔耳草 60 克，高原鸢尾、雪乌、诃子，大黄各 6 克，糙果紫堇、湿生萹蓄各 3 克。上药共研末，大马 6 克，小马 3 克，加水冲服，日服 2～3 次。

（原四川省色达县藏兽医经验提供）

(4) 石灰华、草红花、肉豆蔻、丁香、白豆蔻、草果各等份。上药共研末，大马 18～36 克，小马 5～12 克，加水一次灌服。

（原四川省色达县藏兽医经验）

(5) 虱草花 500 克，结血蒿 180 克，囊距翠雀 120 克，唐松草 120 克，土牛黄 60 克，黑硫黄 60 克，雄黄 60 克，高山党参 180 克，麝香 6 克，水菖蒲 30 克，细叶草乌 30 克，九眼独活 60 克，醋柳果 90 克。上药共末，大畜内服 30～50 克，小畜 5～15 克，加水灌服，日服 1 次。

（原西藏当雄县畜牧兽医站提供）

(6) 土牛黄 150 克，长筒马先蒿 150 克，滑石 500 克，草红花 500 克，纤毛婆婆纳 500 克，地丁 500 克，藏黄连 500 克，黄花报春花 500 克，水柏枝 150 克，广木香 30 克，水菖蒲 60 克，草乌头 120 克，麝香 3 克，红景天 2 500 克。上药共末，大畜 24～40 克，小畜 3～5 克，加水灌服，日服 1 次。

（原西藏当雄县畜牧兽医站提供）

五、牛出血性败血症

牛出血性败血症（简称“牛出败”），藏语称“尕乃”，意为堵塞病或噎喉。牛出血性败血症是一种急性传染病，若不采取紧急防治措施，可引起大批死亡。

本病的发生没有一定的季节性，一年四季均可发生。由于牛群所处的环境不同，牛出败的传播范围也不同。在农区，由于牛的饲养分散，所以多为散发；牧区由于集中放牧，多为地方性流行。虽然各类家畜都可感染出血性败血症，但各类家畜间相互传染的例子却不多见，只有在牦牛发生出血性败血症后，偶尔见到绵羊同时发病。在西藏个别地区牛出血性败血症经常发生，有的地区多年一直不发病。藏族人民认为出血性败血症与狼害有关。

【症状】本病特征为病牛几乎毫无例外地都出现喉头肿胀。急性发病牛在放牧时突然惊慌不安，翘尾狂奔，口流白沫，张口伸舌，呼吸声音粗厉，远距离可听到吭、吭的声音，头颈伸直，鼻黏膜浮肿，两鼻孔张开很大，触摸喉头肿胀明显，热痛敏感，常突然倒毙。

慢性病畜的食欲、反刍停止，尚能饮少量水，站立或卧地不动，呼吸浅快，张口伸舌，头部平伸，行动迟缓，卧地后颈部贴地上，尿少色黄，排粪困难，粪少色黑，粪便上有黏膜。死后颈部皮下、喉头内外有胶样黄色水肿，肺与气管内有大量气泡。

无论急、慢性病畜都有高热发生，持续达五六天之久。

【诊断】喉头急性肿胀，呈地方性流行、急性死亡等均为诊断的参考依据。

与炭疽的重要区别：炭疽发病后瘤胃臌气明显，喉头不一定肿胀，很少有伸舌急喘等症状，而牛出血性败血症与此恰相反。

【治疗】

(1) 寒水石2 500克，广木香1 000克，干姜 250 克，诃子 250 克，大黄2 000克，土碱3 000克。上药共研细末，按牛的体质，加水灌服 6～21 克。

（原西藏工布江达县畜牧兽医站提供）

(2) “穹阿”（藏语名）：水菖蒲 120 克，水柏枝 150 克，黑莨菪 60 克，麝香 1 个，水银适量。

先将水银放在热锅中，加少许硫黄使其变黑，然后与其他药物共研细末备用。每头牛可灌 0.5～3 克。

（原西藏工布江达县畜牧兽医站提供）

六、犊牛副伤寒

犊牛副伤寒，藏语称“比乃”，意为犊牛病。本病由沙门氏菌引起，多发生在产后 10 天内的小犊牛，是一种急性地方性传染病，往往只在某一群犊牛中发生。在治疗不及时的情况下，会造成严重损失。

【症状】本病的主要症状是腹泻与咳嗽。犊牛精神不振，背部拱起，不吃奶，发病1～2天后开始腹泻，粪色黑而臭，粪内混有肠黏膜，有里急后重现象，不断努责，呼吸浅快，咳嗽不止。后期，卧地不起，呻吟，死时有昏睡状。

【诊断】生前临床症状无特殊表现，故诊断较困难，常借助实验室细菌分离试验辅助诊断。

【防治】

(1) 杜鹃、西河柳嫩枝各5 000克，代赭石、睡菜、土牛黄、川乌头各1 500克，甘草、沙枣膏、硫黄、诃子各500克，樟脑、安息香各270克，阿魏180克，香墨30克，麝香1.5克。

制法：麝香与樟脑共另研末。其他药物按1∶8加水，熬至1∶3时过滤去渣，然后加入麝香、樟脑粉拌匀即成。

用法：每只犊牛灌服10～30毫升。

(原四川省若尔盖县红星公社畜牧兽医站提供)

(2) 七叶一枝花根30克，山木通15克，雪乌15克，连翘15克。上药共研末，按1∶8加水，熬至1∶3时，去渣取汁备用。每只犊牛灌服5～15毫升。

(原四川省若尔盖县红星公社畜牧兽医站提供)

(3) 羌活30克，雪上一枝蒿（制）、雪上一枝蒿茎叶、雪上一枝蒿幼苗、诃子肉、仔猪胎粪（烧存性）、牡蒿膏、山豆根、丛状虎耳草、石灰华、紫檀香、土牛黄、草红花、小蓟花，七叶一枝花、角茴香、麝香、五灵脂、诃子壳、睡菜、线叶垂头菊、硫黄、丁香、木鳖子、速香、小叶假耧斗菜各15克。上药共研细末，密闭备用。每犊灌服3～6克，日服2次。

(原四川省若尔盖县红星公社畜牧兽医站提供)

(4) 草红花150克，唐古特青兰500克，伞梗虎耳草150克，纤毛婆婆纳150克，毛瓣绿绒蒿90克，藏黄连150克，长筒马先蒿150克。上药混合为末。每犊灌服5～6克。

(原西藏当雄县畜牧兽医站提供)

七、坏死杆菌病（腐蹄病）

坏死杆菌病，藏语称“廷乃”，意为跛行病。本病以病畜的蹄子腐烂发生跛行为特征。多发生在夏秋雨水较多的季节，在春天嫩草尚未生长的硬草茬牧场、多碎石的放牧地和畜圈潮湿等环境中易发生本病，原因是在这些环境中蹄部最易受外伤侵害。各种家畜都可发生坏死杆菌病，但山羊、绵羊和犊牛最常见。本病只出现地方性流行。

【症状】病畜食欲、反刍减少或停止。离群站立，行动迟缓，放牧时落群。不久，一肢或两肢蹄部溃烂化脓或坏死，流出灰红色污脓，病畜高度跛行，有的卧地不起，驱赶时只行数步就卧地，肢不负重。随着病情加重，病畜体质消瘦，咳嗽，流黄色黏性鼻液，口膜发红，口紧闭，打开口腔很臭，病畜的上腭、舌面、颊部等有灰白色溃烂疮面，这种口腔内的病变在小牛病畜最明显，所以也称为犊牛白喉。有的小牛视力减退或视而不见，因而对外界发生的音响较敏感，常出现惊厥状态。有的小牛角膜发生白翳，双目失明，最后消瘦死亡。死后在肺脏、肝脏上面可见到大小不等的圆形坏死脓结。绵羊常出现跪地吃草症状，蹄部病变常引起整个患肢下部肿胀或溃烂。

【诊断】畜群中若发现多数牛、羊跛行，蹄子腐烂，兼有咳嗽、瞎眼等即可怀疑为坏死杆菌病所致。另外，发病季节和发病原因方面可作诊断参考。

【治疗】

(1) 草三七、瓦苇、小景天、龙骨，阿氏蒿、绢毛苣、角茴香各5 000克，牡蒿、金莲花、斑瓣虎耳草、匐地毛茛、丛状虎耳草各2 500克，块茎粗苏1 500克，绿矾500克，牛羊胆汁30克。

制法：按药重加8倍水煎熬，至每千克药剩水3 000毫升时，过滤取汁，再加热熬成膏。

用法：患部先用温盐水洗净，将药膏涂擦在溃烂和坏死部位。

（原四川省若尔盖县红星公社畜牧兽医站提供）

(2) 雄黄、绿矾、硫黄、镰形棘豆各等份。研为细末，撒在患部。

(3) 大黄、食盐、陈酥油各等量。做成软膏，涂擦患部。

（原西藏当雄县畜牧兽医站提供）

八、羔羊痢疾

羔羊痢疾，藏语称“单木乃”或“娘乃”，均为腹泻病的意思。本病为地方性流行病，以腹泻为主，死亡率很高。引起羔羊痢疾的原因是多方面的，包括气候剧变、饥饱不均、羔宫潮湿、母羊缺奶等。产后2～7天多发病。

【症状】羔羊精神沉郁，卧地昏睡，强扶站立后四肢不负重，口吐白沫，呼吸浅快，排出黄色、白色或绿色稀粪。有的鸣叫不已，意欲吃奶，但放在母羊身边后又不吃奶。死前头部偏向一侧或后仰，四肢划动。死后胃内有凝固羊奶，肠道出血、臌气明显。

【诊断】排出黄、绿色粪便，有神经症状，死亡急速等均为诊断依据。

【防治】

(1) 石榴皮30克，山柰15克，白胡椒6克，荜茇6克，肉豆蔻3克，桂通3克，草果3克，山茴香籽3克，草豆蔻（白豆蔻也可）3克。将上药制成散剂、煎剂或注射液均可。散剂经发酵后做成发酵酒，收效更佳。散剂口服2次，每次3～6克。发酵酒3～5毫升灌服。

（原四川省若尔盖县红星公社畜牧兽医站提供）

（2）短穗兔耳草60克，高原鸢尾6克，雪乌6克，诃子6克，大黄6克，糙果紫堇3克，湿生萹蓄3克。上药共研末，每羔灌服0.5～1克，日服2～3次。

（原四川省色达县藏兽医经验提供）

（3）黄连酊：日服2次，每次3～5毫升。

（原西藏畜牧兽医科学研究所提供）

（4）黄岩酊：见第四章藏兽医经验专题研究资料“黄岩酊试治羔羊、犊牛腹泻病及大家畜腹泻症报告”。

（5）地榆1 500克，老鹳草1 000克，旱蓼1 000克，佛手参1 000克，胡黄连1 000克，大黄500克，藏木香1 000克。上药混合为末，每羔加水灌服3～6克。本方有预防作用。

（原西藏亚东县畜牧兽医站提供）

（6）老鹳草1 500克，胡黄连1 500克，大黄500克，岩青1 000克，藏木香750克，秦皮1 000克。上药混合为末，加水灌服每羔3～6克。

（原西藏亚东县畜牧兽医站提供）

九、绵羊链球菌病

绵羊链球菌病，藏语称“呷木正呷”，意为阻塞病。本病是一种地方性流行病，由链球菌引起，对绵羊危害很大，有的山羊也可发病，但不感染给马、牛或其他家畜。本病多见于冬、春季节。

【症状】病畜高热，精神不振，离群站立，呼吸浅快，流泪，眼结膜极度充血，口流大量混有泡沫涎水。喉部肿胀，有的舌头肿胀，排出混有血液的稀粪。后期病畜头部肿大明显，呻吟磨牙，突然倒地死亡。

【诊断】病后期，头部肿大很明显，可作诊断参考。

本病与大肠杆菌病相似，主要不同处：大肠杆菌病多感染幼畜，除绵羊外，山羊、小牛、马驹都可发病，病的主要特征是麻痹昏睡、头部不肿大、腹泻明显。

【防治】

（1）东莨菪根、陇蜀杜鹃各5 000克，镰形棘豆、瑞香狼毒花、狼毒各1 250克，土牛黄30克，阿魏2.7克，麝香1.5克。

制法：先将前五味药每千克按 1∶8 加水熬至 1∶3 时过滤取汁，药渣按同法再熬 2 次，3 次滤液混合后加入研细的其他药粉，混匀密闭备用。

用法：每羊 10～30 毫升灌服。本方有预防作用。

（原四川省若尔盖县红星公社畜牧兽医站提供）

（2）用浓度为 0.1%的麝香酊皮下注射，每羊注射 2 毫升。

（原西藏改则县畜牧兽医站提供）

十、羊　　痘

羊痘有山羊痘、绵羊痘之分，山羊痘藏语称“惹中木”，绵羊痘称“漏中木”。二者互不感染，也不传染给其他家畜。羊痘一年四季均可发生，在冬、春季节多发，为地方性流行病。在防治疏忽时可引起大的流行，一般死亡率不高。

【症状】发病初期，病畜有高热，喜饮慢草，大畜群放牧时多被疏忽，不易发现。其后在眼、鼻、颊、腋下、尾根等无毛或少毛区出现红疹、水疱、脓疱，病畜喜在土坡、围墙等处摩擦，流黏脓性鼻液，眼结膜肿胀，有大量黏性眼屎，流泪羞明，呼吸困难，有的面部结灰黄色脓痂。母羊群常发生流产。

【诊断】临床症状的表现为确诊的依据。

【防治】

（1）高山紫菀5 000克，胡黄连、翼首草、丹参、秦艽、镰形棘豆、茜草、小叶天冬、土牛黄、睡菜、雪上一枝蒿（制）、川乌各 150 克，香墨 3 克，麝香 1.5 克。

制法：先将前八味药按 1∶8 加水，煎至 1∶3 时，去渣取汁。然后加入已磨细粉的其他药味拌匀即成。

用法：大羊 10～30 毫升，小羊 5～10 毫升，一次灌服。本方有预防作用。

（原四川省若尔盖县红星公社畜牧兽医站提供）

（2）炉甘石 60 克，雪上一枝蒿叶 60 克，寒水石 30 克，诃子肉 27 克，麝香 24 克，石灰华 24 克，硼砂 24 克，川红花 21 克，公丁香 21 克，草果 21 克，紫草 15 克，无名异 15 克，肉豆蔻 18 克，草豆蔻（或白豆蔻）3 克，龙者（一种化石名）30 克，水银 30 克，硫黄 30 克。

制法：将硫黄先研成细末与水银合在密闭罐内煅烧 2 小时，另将诃子肉、炉甘石与适量西河柳同煎，待水干后取出晒干，最后将各药共研为细末备用。

用法：日服 2 次，每次 3～5 克。此方用于预防。

（原四川省若尔盖县红星公社畜牧兽医站提供）

（3）麝香 10 克，95%酒精 300 毫升，无菌蒸馏水 1 000 毫升。将麝香放在酒精中浸泡5～6天，加入灭菌蒸馏水中过滤装瓶备用。

用法：大羊2毫升，小羊1毫升，皮下注射。

（原西藏白郎县藏兽医经验）

十一、猪肺疫

猪肺疫，藏语称“帕瓜洛乃”，是一种急性地方性流行病。本病只传染于猪。本病特点是病猪痛苦咳嗽，喉头肿胀。

【症状】急性猪肺疫不表现症状突然死亡。病猪咳嗽明显，痛苦连咳，叫唤时声音嘶哑，严重病畜呼吸困难，有犬坐姿势，但不多见。喉头明显肿胀，流黏性鼻液。皮肤上出现紫红色斑点，排稀粪，内含黏膜和血液。

【诊断】因常与猪瘟并发，不易区分。单纯猪肺疫在临床上的皮肤红斑指压可褪色，稍候才恢复原状，咳嗽、呼吸困难，喉头肿胀等可作诊断的依据。本病常与炭疽相混，但炭疽病猪喉头肿胀很敏感，不咳嗽，死后尸体很快腐败，臌气明显。

【防治】

（1）高山辣根菜30克，甘草、兰石草、密花角蒿、小垂头菊、北重楼、卵瓣蚤缀、红景天、石榴子、滑石各15克。上药共研末，每头猪3～6克，灌服。有预防本病作用。

（原四川省色达县大则公社藏兽医经验）

（2）将西河柳嫩枝叶切碎，按1∶8加水，熬至1∶3时滤液去渣，药渣用同法再熬一次后去渣。将两液混合熬成膏状即成。每头猪灌服5～10克，日服2次。

（原四川省若尔盖县红星公社畜牧兽医站提供）

十二、猪气喘病

猪气喘病，藏语称“帕瓜核乃”。一年四季均可发病，无明显季节性，为地方性流行病。常为慢性经过，防治较困难。

【症状】干咳和喘息是本病的特征。病猪站起后垂头连咳达一两分钟之久，背部拱起，呈腹式呼吸，久病猪有两重性吸气状，有的胸部出现息痨沟。食欲减退，呆立不动，逐日消瘦，最后死亡。

【诊断】咳嗽时的特有症状可供诊断参考。本病与猪肺疫的区别在于肺疫发病急，死亡快，全身出现红斑，喉头明显肿胀，而气喘病则恰相反。

【防治】

（1）陇蜀杜鹃360克，镰形棘豆360克，高山辣根菜180克，麻黄180

克，柴胡 270 克，曼陀罗籽 30 克。

制法：按药重量加水 3 倍，温浸 24 小时，煎煮 2 次，将前后 2 次煎剂混合后浓缩为每毫升含生药 1 克，加 3 倍 95%酒精沉淀 72 小时，过滤脱醇，再精滤 2 次，加入 0.2%冰片防腐，并滴定酸碱度为 pH7.0，装瓶消毒备用。

用法：每头猪肌内注射 8～15 毫升，连用 3～7 天为 1 疗程。

（原四川省若尔盖县红星公社畜牧兽医站提供）

（2）猪喘素：滇独活、麻黄、藏黄连、黄精、松花各等份。

制法：将上药共研末为散剂，按猪体大小给药，中等大小猪每次服 30 克。另也可制成酊剂和针剂，针剂制法为：取上生药 500 克，用泉水 10 000 毫升浸 24 小时，然后蒸馏，得一号药液，药渣再加 5 000 毫升水浸 12 小时，然后煮沸，得二号药液，再如制二号药液同法得三号药液。将二、三号药液混合后，用 95%酒精处理 24 小时，用 5～7 层纱布过滤，回收酒精，将一号药液加入其中，调整酸碱度，装瓶灭菌备用。中等大小猪每次肌内注射 20 毫升。

（原云南省中甸县畜牧兽医站提供）

第五节　寄生虫病

动物寄生虫病是由一种或数种寄生虫寄生在动物体内或体外所致的疾病。动物的寄生虫很多，它们不但大小不同，形态各异，成长发育的生活史有差别，而且在家畜体内、外的寄生部位也各不一致，有的寄生在肺部，有的在肝脏，有的在胃肠道，有的在脑膜上等等。凡寄生在家畜体内的就是内寄生虫，寄生在家畜皮毛上的就是外寄生虫。藏兽医对寄生虫的命名是按寄生部位或虫体形态来定的。如寄生在肺部的称为“洛布”，即肺虫；寄生在肝脏的称为“钦布”，即肝虫；寄生在肠道的就称为“觉布”，即肠虫等。对肠道中的绦虫，又是按形态来定名的，藏语称绦虫为“嘎勒仁玛”，即白扁长虫。各种寄生虫都以食取家畜体内的营养物而生存，但寄生在家畜体内外的时间长短不一，有的寄生时间很短，有的终生奇生在家畜体内。但无论它们的寄生时间长或短，都能使被寄生的家畜（即宿主）受害，如它们产生的毒素，可以使家畜中毒；在家畜体内移行时，可以引起家畜内脏出血；在家畜体表穿孔叮咬时，使家畜瘙痒不安等。这些有害的因素，对畜牧业生产造成了严重的损失，轻则使家畜的正常生长发育受阻，畜产品的产量和质量降低，使役能力减弱；重则引起家畜大批死亡。藏族人民在长期与家畜寄生虫病的斗争中，积累了许多宝贵的经验，如对虫下药，以驱虫为主，结合健脾益气补血，同时开展综合防治措施，从而有力地保护了家畜健康，促进了畜牧业生产。现将藏族地区常见的几种寄生虫病和藏兽医防治这些寄生虫病的经验介绍于下。

一、肝片吸虫病

肝片吸虫藏语称为“钦布”，意即肝脏虫。肝片吸虫的成虫只寄生在家畜的肝脏和胆管内，主要危害牛和绵羊、山羊，其他家畜的肝脏和胆管内也可发现肝片吸虫，但危害不大。肝片吸虫的形状似小柳树叶，暗褐色，扁平，能蠕动。每头病畜肝脏内虫体的数量不定，少的只有数条或数十条，多的则达千百条。肝片吸虫没有雌雄之分，螺是其中间宿主，成虫在肝脏或胆管内产卵后，卵随粪便排出体外，在体外遇到适宜的气候和环境时，孵化为一种幼虫而钻入水中的螺体内，再经蜕化又从螺体内钻出，游弋于水中或爬行到水边牧草上，当家畜吃草饮水时，幼虫随水草进入家畜肠道，穿破肠壁，逐渐移行到家畜的肝脏或胆管内，经过一段时间就变为成虫。因此，肝片吸虫的生活过程与体外环境关系密切，只要有适宜的温度、湿度和螺，它就能从卵孵化为可以侵害家畜的幼虫，这就是许多高寒牧场没有肝片吸虫病的原因。有经验的牧民在夏、秋放牧时，避开潮湿或有死水潭的草场，是很有道理的。

【症状】病畜的颌下和胸前出现面团样水肿，被毛粗乱，毛色发黄，毛尖卷曲，畜角无光泽，触摸之很粗糙，早晚眼睑肿胀明显，眼结膜由污黄逐渐变为淡蓝色，羞明怕光，有时流泪，四肢和鼻镜发冷，食欲不振，尤其在中午天热时不吃草，不反刍。后期病畜卧地不起，起则站立不稳，离群呆立，腹泻如水，粪臭色黑，粪内含有泡沫和血液。个别病畜伸舌吸气，瘦弱死亡。

【诊断】病畜的颌下和胸前水肿，眼结膜由污黄渐变为淡蓝色可供诊断参考。同时，按腹泻病治疗后，药物无效，或只有短期效果。通过剖检，在病畜肝脏内发现大量虫体即可确诊。

【防治】

（1）乌双龙胆1 000克，翻白草1 150克，秦艽1 150克，囊距翠雀1 150克，假耧斗菜240克，麝香0.3克，马先蒿240克，草乌90克，西河柳500克，菖蒲15克。上药共研末，大牛30～45克、小牛24～30克，羊15～30克，于11～12月加藏酒适量灌服。服药后一天不饮水，并在阳坡放牧。此方有预防作用。

（原西藏比如县畜牧兽医站提供）

（2）贯众十九味：贯众650克，槟榔60克，苏木90克，当归45克，藏茴香18克，木通45克，龙胆草60克，甘草30克，土茯苓60克，唐古特青兰75克，香薷草75克，藏黄连90克，囊距翠雀45克，香茶菜75克，莨菪籽45克，野棉花60克，土连翘45克，甘松60克，藏黄芪30克。上药共研末，每千克体重按 1.5 克加水搅为糊状，一次灌服。

（原西藏畜牧兽医科学研究所，西藏当雄县畜牧兽医站提供）

（3）酸奶水一碗，青盐 120 克。分灌给 3 只羊。

（甘肃省《甘南民间兽医验方汇编》第二辑）

（4）黄烟水一小杯，一次灌给羊。

（甘肃省《甘南民间兽医验方汇编》第二辑）

（5）红白芒硝各 153 克，干姜 90 克，藏木香 90 克，鬼臼 90 克，广木香 90 克，小豆蔻 150 克。

制法：小豆蔻加水适量煮成糊状，其余药味粉碎加入糊剂中搅匀，做成丸或片备用。

用法：每牛 210～240 克，加水灌服。

（原西藏工布江达县畜牧兽医站提供）

（6）煤油 500 毫升，麝香 1.5 克，樟脑球 1 个，藏酒 500 毫升。上药混合均匀，牛 50 毫升，羊 20 毫升，加水一次灌服。隔日 1 次，连用 2～3 次。

（原西藏尼木县畜牧兽医站提供）

（7）灭螺，做好沼泽、积水草地的排水，用泥土填塞或用刺柴覆盖死水沟，禁止在这些地方放牧。

二、肺线虫病

肺线虫藏语称为“洛布”，意为肺虫，寄生在家畜肺脏的支气管、小支气管中。虫体乳白色如细线，有大小两型。肺线虫主要危害 2 岁左右的牛和绵羊，也会感染马、猪、山羊，但危害不严重。肺线虫的生活史，大小两型基本相同，有雌雄之分，雌虫在病畜的气管内产卵后，卵随着牛、羊咳嗽而被咳入口内，复被吞咽入胃和肠道中。幼虫在肠道中从卵内孵化而出，再随粪便排出体外，在适宜的气候和环境中，幼虫经几次蜕化，六七天后成为可以侵袭家畜的幼虫。这种幼虫随牛、羊吃草饮水又进入肠道，再逐渐移行到肺脏的小支气管、支气管和肺泡内长大为成虫。值得注意的是，有侵袭能力的幼虫可在草场上存活 1 个月或更长，这也增加了侵袭家畜导致其发病的机会。

【症状】病畜眼结膜贫血苍白，咳嗽不止，绵羊在夜间咳嗽更明显。病畜喜欢站立于阴暗背阳处，精神沉郁，垂头闭眼，被毛粗乱无光，卧地后常下颌顶在地上。病程后期，体质消瘦，颌下、胸前及四肢等处浮肿，流黏性鼻液，往往因鼻液干涸引起病畜呼吸困难。最后由于消瘦或者窒息而死。

【诊断】主要通过剖检病畜，于肺脏内发现大量线虫虫体来确诊。

【防治】

（1）松萝酸钠注射液：见第四章藏兽医经验专题研究资料《松萝酸钠驱除绵羊大型肺丝虫实验报告》。

（2）黄花木500克，白花刺参150克，苦地胆草500克。

制法：将上药切碎后置瓷桶内，加入原药量的6倍体积的水，微火煎熬2～3小时，趁热用多层纱布过滤，再将药渣加水淹没，煎煮1小时，纱布过滤，两液混合后浓缩至约为40%，在室温下静置24小时，再用多层纱布并夹一层棉花过滤后装瓶，流通蒸气灭菌1小时，密封保存备用。

用法：每羊2毫升气管穿刺注射。

（原西藏亚东县畜牧兽医站提供）

（3）诃子180克，石龙子180克，广木香180克，水萝卜180克，马尾松（取在山顶生长的）90克，鲜杜鹃叶180克，麝香9克。

在杜鹃叶中加水适量，煎熬为浓汤，将其他药物磨成细粉加入汤内，做成片剂。大羊150克、中等羊90克、小羊60克，加水灌服，日服1次。

（原西藏工布江达县畜牧兽医站提供）

（4）麝香3克，硇砂3克，兰石草150克，阿魏60克，樟脑3克，滑石3克，杜鹃叶5 000克。

在杜鹃叶中加4倍水煎熬为糊状，其他药磨细粉后加入糊中拌匀做丸或片。小牛、羊每次灌服30克。

（原西藏工布江达县畜牧兽医站提供）

（5）石斛45克，马钱子60克，天仙子45克，蔓荆子60克，矮莨菪30克，樟脑球1个。上药混合为末，大牛4匙、小牛2匙，用温开水冲服，日服1次。

（原西藏工布江达县畜牧兽医站提供）

（6）大蒜4头，覆盆子18克，柏树枝12克，野葱6克，九眼独活12克，当归12克，唐古特山莨菪6克，蔓荆子18克，马钱子18克，大株红景天12克，樟脑球1个，麝香3克，天仙子18克，石膏12克，红花18克，丁香30克，草果6克，乌头12克，虫草12克，苏木6克。上药混合为末。小牛5匙、羊2匙冲服（春季用温开水，冬季用川藏酒）。

（原西藏工布江达县畜牧兽医站提供）

（7）麝香6～9克，青稞酒（第一次馏出的）5 000～6 000毫升。牛每次灌50～60毫升，若用10～15毫升一次气管穿刺注射效果更好。

（原西藏工布江达县畜牧兽医站提供）

（8）藏酒1 000毫升、麝香3克、樟脑球半个，混合装瓶浸泡过夜后，向病羊两鼻孔各灌入1小勺，每日1次，连用3日。

（原西藏尼木县畜牧兽医站提供）

(9) 乌头草90克，囊距翠雀90克，白莨菪50克。称量，砸碎，制成5%的注射液。小牛8～10毫升，小绵羊、山羊3～7毫升，气管注射。注射后有轻微中毒症状，可灌一碗提炼过酥油的水，或放鼻翼血，以解毒。

（原西藏索县畜牧兽医站提供）

三、肠道线虫病

肠道线虫藏语称为“觉布”，意为肠虫。它寄生在各种家畜的肠道中，也有在胃中寄生的。藏族群众把寄生在胃中的线虫称为“戳巴”，意为胃虫。肠道线虫对绵羊的危害十分大，在草枯的冬春季节，可以引起大批死亡。肠道线虫种类很多，长短不一，颜色有淡有暗，有的红白相间，虽然各种肠道线虫的生活过程各有特点，但大致一致。有雌雄之分，雌虫在肠道产卵后，卵随粪便排出体外，在适当的环境中经数次蜕化，六七天成为侵袭性幼虫，幼虫随水草再进入胃肠道，逐步发育为成虫。个别的肠道线虫幼虫还能穿过家畜皮肤，然后随血液循环达胃肠道。

【症状】贫血和腹泻是肠道线虫病的主要症状。严重病畜的下颌、胸前、腹下发生水肿，压之如面团，被毛一片片脱落，体质极度消瘦，稀粪将尾根和两后肢污染，行走迟缓摇摆，有的甚至后躯麻痹，不能起立，最后抽搐瘦弱而死。

【诊断】若在畜群中发现大批绵羊腹泻，病畜极为消瘦，结膜苍白浅蓝，被毛脱落时，应首先怀疑是否为肠道线虫感染。可剖检尸体，查出大量虫体而确诊。

【治疗】

(1) 花椒6～9克、苦楝子12～24克、贯众9～15克，混合磨粉。加水空腹灌服，日服1次，连服4次。

（原西藏类乌齐县生城公社兽医组提供）

(2) 牡蒿膏：牡蒿（数量不限），按1∶8加水，熬至1∶3时，弃渣取汁，再以小火熬制成膏状备用。牛、马一次口服18～30克，猪、羊5～9克。

（原四川省若尔盖县红星公社畜牧兽医站提供）

【预防】避免在沼泽地放牧，有条件时搞好轮牧。早出晚归，延长放牧时间，抓好夏秋膘，修棚搭厩，贮备冬草，防饿防冻，经常打扫厩舍，粪便堆积发酵，杀死虫卵，春秋两季搞好药物驱虫。

四、绦虫病

绦虫藏语称为“嘎勒仁玛”，意为白扁长虫。家畜绦虫病的发生多有区域性，呈地方性流行，常只见于某一乡镇或某一个自然村。对牛、羊的危害很大，尤以绵羊发病更多。在病畜粪便中常可见到白色碎挂面样的节片。绦虫有头节、颈节和体节之分，没有雌雄之别。在粪便中见到的白色节片，即绦虫体节后面成熟了的孕卵节片，其内含有很多虫卵，卵内含有幼虫。节片内的卵被牧场上的某一种地螨吞食后，幼虫便在地螨体内蜕化为有侵害能力的幼虫。因地螨体型很小，常被牛、羊连同牧草一并吃进，幼虫就在肠道破卵而出，逐渐发育长大为成虫。牛、羊的绦虫长短不一，短的有 1 米，长的有 4～5 米。

【症状】病畜腹泻严重，粪便有人粪样臭味，排粪困难，有的粪中混有许多黏膜和血液。病畜喜卧，常有慢性瘤胃臌气，体质消瘦。有的病畜出现神经症状。

【诊断】粪便检查发现绦虫节片即可确诊。

【防治】

（1）贯众 500 克，大黄 250 克，土大黄 250 克，野棉花 250 克，大戟 90 克，香茶菜 250 克，马蔺子 250 克。共研细末，小羊 9～18 克，加水灌服，日服 1 剂，连服 3 剂。

（原西藏当雄县畜牧兽医站提供）

（2）应用本节肠道线虫病处方“牡蒿膏”。

五、脑包虫病

脑包虫藏语称为“勒布”，意为脑虫。脑包虫病是由犬、狼、狐狸肠道内的多头绦虫的幼虫——脑包虫寄生在二三岁的幼畜脑内而引发的一种疾病。本病的特点是病畜转圈、仰头、垂头等，所以又称为“回旋病”。牛、羊脑包虫病目前尚无有效的药物治疗，只有手术取虫。

脑包虫的生长发育史：犬体内的绦虫排出含有脑包虫的虫卵，污染水草，牛、羊吃了这种虫卵，幼虫穿破肠壁随血流入脑，在脑膜上发育为脑包虫，含有脑包虫的牛、羊头被犬吃后，脑包虫又在犬的肠道内生长为多头绦虫。脑包虫的生长发育要比线虫慢得多，所以当年生的牛、羊不表现出脑包虫病症状。

【症状】由于脑包虫在脑内生长的部位不同，病畜所表现的症状也不一致，有的向左侧转圈，有的向右，有的头后仰或弯向一边，有的垂头向前直冲。病畜少食或不吃，最后衰弱死亡，或摔死、淹死。

【诊断】藏兽医根据病畜的特殊动作确定是否为脑包虫病，又根据触摸头部骨质的软化程度确定其所在部位。

【防治】

(1) 脑包虫取出术。先局部剪毛消毒（实际上当头骨软化后，毛自行脱落），用刀在术部切开三角形皮肤一块，然后仔细切开骨膜，发现脑包虫包囊（包囊大小不一，有的大如拇指头，有的如胡桃，有的如鸡蛋，青白色，包囊内充满透明清水，阳光下有光泽，内含许多白色小点）后，将畜头向下按，捏住病畜鼻孔，包囊即从开口处自行流出。若未自行出来，可轻轻夹出。在取出脑包虫时，动作一定要轻，不能让包囊中的水液及小白点滴入脑内。最后缝合皮肤，局部消毒，加强术后病畜的饲养管理，最好圈养 1～2 天。

(2) 给牧犬驱绦虫，堆集处理犬粪，掩埋病死牛、羊头，防止被犬吃入，消灭狼、狐狸等兽害。

六、猪蛔虫病

猪蛔虫藏语称为“科囊参布热玛”。本病对 3～6 月龄小猪危害较大，使小猪发育受阻，增重缓慢。本病危害主要由蛔虫幼虫所致，幼虫在移行过程中，可以危害病猪的肝、胆、肺等脏器而导致猪发病死亡。蛔虫有雌雄之分，雌虫在肠道排卵后，卵随粪便排出体外，在适宜环境中，虫卵孵化为有侵袭力的幼虫。猪吃入这种虫卵以后，幼虫即在肠道内穿肠而入血管，随血循环入肝，肺，最后移行到小肠内，定居发育为成虫。

【症状】病猪毛焦拱背，发育迟缓，眼结膜苍白，呕吐下痢，咳嗽发热，呼吸困难，食欲减退，精神不振，个别发生痉挛等神经症状。

【诊断】剖检尸体，可发现蛔虫。有时也可见到粪便中有蛔虫。

【防治】

(1) 贯众 250 克，槟榔 90 克，甘松 500 克，大黄 250 克。上药为末，小猪 5～6 克，加水灌服，日服 1 次，连服 3 次。

（原西藏当雄县畜牧兽医站提供）

(2) 鹤虱草 12 克，使君子 12 克，槟榔 12 克，贯众 15 克，苦参 12 克，苦楝子 12 克，大黄 15 克，芒硝 15 克，厚朴 12 克。上药煎水灌服。此为中等猪用量。

（原四川省汶川县雁门公社畜牧兽医站提供）

七、羊鼻蝇幼虫病

羊鼻蝇幼虫藏语称为“那布”，对绵羊的危害很大，尤其在春天水枯草黄时，由于绵羊体质瘦弱，鼻腔被黏性鼻液堵塞，影响绵羊采食。羊鼻蝇的生活史可分四个阶段：夏、秋季天气炎热时，羊鼻蝇飞入羊鼻腔产卵；卵孵化为幼虫，在鼻部附近的通腔中发育，有的直达羊的角根生长；在春季天气转暖时，幼虫随绵羊打喷嚏而落在地上，幼虫即钻进土中孵化为蛹；蛹变为能够飞翔的成虫——羊鼻蝇。因此，本病对绵羊的危害主要是由羊鼻蝇幼虫所致。

【症状】 病畜以流出带血的黏性、脓性鼻涕为特征，频频打喷嚏，不断在地上、石头上、棚圈围墙上擦鼻，摇头不安，呼吸困难，鼻部和眼睑浮肿。

【诊断】 病羊打喷嚏时，可见到喷出的幼虫如蛆状，淡黄白色，头小体大，能蠕动。羊鼻蝇幼虫可钻入病羊脑内，发生与脑包虫类似的症状，但脑包虫病不如羊鼻蝇幼虫病那样大量发生，另外也无流鼻等症状，以此鉴别。

【防治】

(1) 参见第四章藏兽医经验专题研究资料“中草药防治羊鼻蝇幼虫病试验总结”。

(2) 铁棒七 1 克，75%酒精和蒸馏水各 5 毫升，混合浸泡 3～7 天备用。在角根两侧剪毛消毒，用锥子穿破颅骨后注入上药液各 2～5 毫升。一般一次即愈。

（原四川省若尔盖县红星公社畜牧兽医站提供）

八、疥 癣 病

疥癣病藏语称为“俄”或“工木”，也有称为“工热”的。病原是微小的疥癣虫，通过家畜的直接接触或鞍具等传染。疥癣虫寄生在家畜体表的任何部位，但以寄生在头、颈、胸、背、腹、四肢、尾根等处为多。有的在体表钻孔打洞，有的吸吮病畜血液，有的则以病畜体表渗出的体液为生。由于疥癣虫的寄生能引起家畜的剧烈瘙痒，因此家畜不断摩擦或啃咬患部。疥癣在冬、春季节能引起牲畜死亡，特别会引起山羊成批死亡。这是由于冬季天寒，家畜喜相互拥挤一起，增加了传染机会。

【症状】 疥癣病的主要症状为病畜发痒脱毛，极度消瘦。病情严重的脱毛处被擦伤或咬伤流血，皮肤增厚龟裂。若人工搔痒时，病畜站立不动，频频举起上唇。

【诊断】 根据症状和发病情况便可确诊。

【治疗】

(1) 瑞香狼毒（每年 10 月到翌年 3 月挖根，洗净、晒干备用）10 千克，加水 25 升，煎煮取液，待温加入陈酥油 500 克即成。

用上药擦洗患部，应在 9 月进行。擦洗时严防人的中毒。

（原西藏类乌齐县畜牧兽医站提供）

(2) 东莨菪根5千克，加水25升。制备、用法同1法。

(原西藏类乌齐县畜牧兽医站提供)

(3) 纪氏瑞香50千克、大杜鹃、刺柏叶、西藏圆柏各25千克，莨菪根、叶子烟、瑞香狼毒各5千克。

制法：按药物1∶8加水，煎至1∶3，滤渣取汁，将汁再熬一次即成。

用法：每牛取药500克涂擦患部。

(原西南民族学院提供)

(4) 白芷（鲜品）1 000克，杜鹃（鲜品）500克，大戟（鲜品）1 500克。上药混合捣成糊状，加水适量置木桶中，外面用棉絮等厚包静置3天，过滤去渣。用滤液涂患部，若第二次用药，须相隔10天。

(原西藏工布江达县畜牧兽医站提供)

(5) 大戟5千克，细叶草乌2.5千克，青油1千克，一扫光适量。上药加水15～20升煎汤，过滤去渣，趁热擦患部。

(原西藏工布江达县畜牧兽医站提供)

(6) 瑞香狼毒560克，硫黄650克，醉马草根250克，囊距翠雀150克，石灰150克，大戟150克。上药共研细末，加水九倍擦洗患部。

(原西藏当雄县畜牧兽医站提供)

(7) 温泉水洗浴病畜。

(原西藏那曲县畜牧兽医站提供)

【预防】改善饲养管理。经常打扫和消毒厩舍，清洗用具，粪便堆积发酵杀虫。要保证患病动物只只治好，群群治彻底。擦药前宜先将患部癣皮刮掉，用微温水或加肥皂擦洗抹干，然后涂药。疥癣药毒性较大，一般宜分期分部位擦药，以防中毒。

第四章 常用藏兽药验方的药效学研究专题资料汇编

黄岩酊试治羔羊、犊牛腹泻病及大家畜腹泻病报告①

羔羊、犊牛腹泻病是危害幼畜生长发育的严重疾病之一。每到接羔育幼季节均大批发病，若防治不及时或措施不妥，往往造成大批死亡，给畜牧业发展带来损失。大家畜的腹泻病多造成生产能力下降和劳役能力减弱，或者继发其他疾病。我们在总结、整理藏兽医诊疗经验的同时，不断向基层广大的贫下中农和兽医人员学习防治本病的土方、土药和经验，初步选取亚东县畜牧兽医站防治家畜腹泻病的中草药验方黄岩酊，对其进行了毒性测定和临床验证，以期为防治此病提供有效的药物。我们先后治疗犊牛腹泻 172 头，痊愈 156 头，治愈率为 90%；治疗羔羊腹泻 212 只，痊愈 193 只，治愈率为 91%。现将试验方法和小结报告如下。

一、试验药物

1. 处方 岩青 500 克、三颗针 700 克。

岩青：采自亚东县，为一种苦苣苔科植物。多年生草本植物，高 15～30 厘米。多生于海拔 3 400～4 700 米的高山石缝或小灌木丛中。根状茎，粗如手指，节间短，具多数须根，干后呈黑褐色。叶基生，肥厚有柄，倒卵形或长椭圆形，全缘或呈波状。花葶由叶丛抽出，紫红色或粉紫色。花蓝紫色，着生于花葶顶部。药用其根，味苦而涩，全年可采。洗净泥沙，切碎入药。

三颗针：采自当雄县，为小檗科小檗属植物，别名刺黄连、刺黄柏，藏名“介尔巴”。落叶灌木，高 1～2.5 米。主根粗大，断面鲜黄色。茎直立或丛生，幼时红色，二年生枝灰棕色。叶革质，多簇生，叶片倒披针形或狭倒卵形，叶

① 本研究资料由原西藏畜牧兽医科学研究所和亚东县畜牧兽医站提供。

腋生有 3 个分叉针刺。花小，1～2 朵生短枝上，花被 6 片，黄色。浆果呈圆形，熟时红色或紫黑色。多生于山野、路旁或向阳灌木丛中。全区各地均有分布。药用其根，性味苦寒。采根刮去外皮，粉碎入药。

2. 炮制 两药分置两个容器内，分别加入普通水 7 倍，浸泡 12 小时左右，直火煎煮 2 小时左右，多层纱布滤过，收集滤液。药渣再加适量水煎煮 1 小时左右，滤出药液，合并先后两次滤液。两种药液的浓度均应调整到 50%（多时浓缩，少时冷开水补足），然后将两药液混合。混合后，两种药液即产生黄褐色沉淀，室温下静置 24 小时，再以多层纱布过滤，滤液中按 10%比例加入酒精，即 50%黄岩酊。装瓶备用。

3. 剂量用法 羔羊 2～15 毫升，犊牛 10～15 毫升，大羊 20～50 毫升，猪 50～100 毫升，牛、马 500～1 000 毫升。每日灌服一次，连用 3～5 天。

二、毒性测定

取体重 23～32 克小鼠 40 只，随机分为 5 组，以剂间比 0.8∶1 取每千克体重 39.32、49.15、61.44、76.8、96.0 克生药五个剂量，每组用一个剂量作腹腔注射一次，观察中毒症状和 7 天内的死亡数，以简化概率单位法计算半数致死量。

结果：中毒症状为沉郁伏卧不动，死后四肢挛缩状。半数致死量为每千克体重 62.03 克生药。

三、试验方法

1. 病例 将 2 日龄以上羔羊或腹泻犊牛均收为病例，进行分型试治。轻型：排糊状粪便，体温正常，精神、哺乳尚好。重型：排粪便水样、带血和黏膜、有腥臭，体温 40℃左右，精神委顿，食欲减少或不食。昏迷型：排水样便或不腹泻，昏迷，不食，体温低或正常。一般将腹泻大家畜，均收为病例试治。

2. 检查 对试治病例，均检查泻粪类型、气味，精神和食欲变化，测体温，详细记载。

3. 投药 根据日龄（年龄），腹泻程度，体况、精神食欲等，灌服黄岩酊。幼畜 2～15 毫升/次，大家畜 20～1 000 毫升/次，每日 1 次，连续服药 1～5 次。

4. 疗效标准 粪便呈条状、粒状，精神明显恢复，哺乳正常、维持 5 天以上者痊愈，粪便呈绸糊状或半成形，腹泻次数减少，精神食欲正常者为好转。经服药 5 次，腹泻不止，食欲极差，精神衰弱者为无效。

四、结　　果

（1）共试治羔羊腹泻病80只，投黄岩酊1～3次，治愈74例，无效5例，死亡1例，治愈率92.8%。在试治的80只中有40只记有详细病案。这40个病例中，轻型的29例，均痊愈；重型的10例，亦均痊愈；昏迷型的1例，死亡。从而初步说明，黄岩酊对轻、重两型的效果好，而对昏迷型无效。

（2）试治大羊腹泻症10例，每次服黄岩酊20～50毫升，每日1次，连续服药3～5次。结果9例治愈，1例死亡。

（3）试治15日龄至4月龄犊牛腹泻病5例，灌服黄岩酊10～15毫升。投药一次即愈。

（4）试治猪消化不良腹泻症5例，灌服黄岩酊100～150毫升。一次即愈。

（5）试治病马一例：来诊时发病已2日。腹泻，排水样粪便。粪中带有草渣、黏膜，有腥臭。耳耷头低不食，体温36.4℃。当即静脉输入葡萄糖生理盐水2 000毫升，肌内注射安痛定20毫升，并以黄岩酊1 000毫升灌服。第2日来诊，腹泻停止，食欲恢复，精神大为好转，再服黄岩酊500毫升。第3日痊愈。

五、讨　　论

（1）通过上述临床试治病例结果来看，黄岩酊对幼畜大家畜腹泻病，作用确实，疗效显著。

（2）黄岩酊方剂组成药味少，所用药物在我区大部分地方均有分布，具有药源广，采集、炮制简便，效果显著，投药方便等优点，是防治家畜腹泻病有效的中草药验方之一。

止泻散治疗牛羊腹泻病的疗效观察①

我区地处高寒，气候多变，经常发生牛、羊腹泻病。我们在总结藏兽医经验中，充分利用我区中草药资源，自力更生试制中草药止泻散治疗牛羊腹泻，效果较好。

1. 处方　三颗针500克、大黄90克、船形乌头120克、纤毛婆婆纳150克、车前草150克、水柏枝180克、花椒60克、角茴香120克、头花蓼60克、侧花徐长卿150克。

用法：以上各药混合研末，开水冲服或煎服。

---

① 本研究资料由原西藏山南地区畜牧兽医总站和贡嘎县畜牧兽医站提供。

剂量：牛每次150～250克，羊每次30～50克，每日1～2次。

方义：本方用三颗针、大黄以清热解毒消炎；船形乌头、纤毛婆婆纳、车前草清热利湿；水柏枝发汗解表；花椒、角茴香温中镇痛、健胃；头花蓼、侧花徐长卿和胃助消化以涩肠。

2. 主治 消化不良、肠炎引起的腹泻。

3. 疗效观察 治疗由于肠炎引起的腹泻病14头，痊愈13头，治愈率90.3%。治疗由于消化不良引起的腹泻病10头，痊愈9头，治愈率90%。

4. 病例

【例1】 贡嘎县东拉区孜农公社一队社员的奶牛，腹泻10多天，1975年3月30日就诊。体检：体温37.7℃，呼吸每分钟21次，心跳每分钟72次，体瘦毛焦，粥样粪便污染臀部，鼻镜干燥，口干臭，胃肠蠕动亢进。当天给药250克，第2天有所好转，又给250克，第3天痊愈。

【例2】 贡嘎县江雄公社二队山羊一只，1975年4月2日腹泻，3日就诊。体检：体温、呼吸、心跳正常；胃肠音亢进，排粥样粪便。用本方140克，每次35克，早晚各1次，连服2天，治愈。

藏兽医治疗羔羊、犊牛腹泻病经验总结①

羔羊、犊牛腹泻病是危害幼畜生长发育的严重疾病之一。每到接羔育幼季节大批发病，若防治不及时，往往造成大批死亡。藏兽医对治疗本病具有丰富的经验。我们在总结、整理藏兽医诊疗经验中，广泛调查了广大贫下中农和兽医人员防治本病的土方、土药，从中总结出三个有效处方，经多次试验，证实其对羔羊、犊牛腹泻病均具有较好的疗效。现介绍如下：

一、石榴皮山柰方

处方：石榴皮30克，山柰15克，白胡椒、荜茇各6克，肉豆蔻、桂通、草果、山茴芹籽、草蔻（或白蔻）各3克。

方义：温中散寒，行气止痛，健胃消食，涩肠止痢。

制法：制成散剂，煎剂、注射剂均可。将散剂发酵后，滤出水液（发酵酒）喂服，疗效最好。

发酵酒制作法：先将荜茇、山柰、白胡椒碾成粉，加入黄酒曲，按1∶3加水，加温发酵，取出阴干作为三香曲酵母。将散剂药按1∶3加水煮沸后，冷却至20℃左右，加入三香曲（每500克散剂药加三香曲30克），充分拌匀

① 本研究资料由原四川省若尔盖县红星公社畜牧兽医站提供。

密闭。发酵罐（以陶瓷器皿为佳）温度保持在20℃左右，经过5～7日，待发出酸气为止。液体呈黄色如清油状，为混合糊状物，过滤密封备用。

注射液制作法：将制发酵酒时过滤出的药渣加水至高出药渣表面2厘米，置蒸馏器内蒸馏。蒸馏出的液体即注射液。分装、灭菌，密封，备用。

用法用量：发酵酒每次3～5毫升，每天1～2次，内服；散剂每次3～7克，每天1～2次，内服，注射剂肌内或静脉注射，每次3～5毫升。

疗效：对600多只病羊用发酵酒治疗，治愈率达95%以上。绝大多数病羔服药一次即愈。另外，用注射液治疗60只病羔，均痊愈。阿西公社畜牧兽医站用此方治疗病羔295只，治愈235只，仅死亡10只，治愈率达96%以上。

二、水杨梅方

处方：水杨梅500克。

方义：清热解毒，散瘀止痛。

制法：上药加水5 000毫升，熬至3 000毫升时，去渣取汁备用。

用法用量：内服，犊牛每次10～20毫升，羔羊每次5毫升，日服2次。

疗效：1973年年底至1974年年初在阿西公社共治发病犊牛434只，治愈415只，疗效95.6%；治疗发病羔羊740只，治愈705只，疗效95.27%。一般2～3次即愈。对犊牛副伤寒也有效。

三、小叶杜鹃丛菔方

处方：小叶杜鹃、丛菔各30克，桂皮，白姜、荜茇各15克。

方义：温中散寒，理气镇痛，开结止咳，醒脾健胃。

剂型：发酵酒、散剂均可。

发酵酒制法：各药捣碎，按10∶1加入温水和适量的三香曲（制法见石榴皮山柰方），搅拌均匀，置陶罐内密封。放于炕上保持恒定温度28℃左右，发酵7天，取出，过滤，滤液呈青油状，备用。

用法用量：牛犊、马驹每次内服5～10毫升，每日2～3次。羊羔每次内服3～5毫升，每日2～3次。

疗效：从1970年起，用此方共治病羔羊5 600只，痊愈5 326只，治愈率为97%。治牛犊4 000余头，治愈率为95%。

典型病例：

【例1】1965年7月，一头1月龄的黄牛犊，已病5日，下痢日达7次之多、色黄，发热，精神委顿，食欲减少。每日用上方散剂15克内服，每日

2次,共治疗2日，精神好转，食欲恢复，痊愈。

【例2】1970年12月，一只杂种羔羊下痢，日达8次以上，便稀色黄，混有黏液和血液。用发酵酒5毫升，2次治愈。

二黄二白散对牛羊热痢病的疗效观察①

玛曲县地处牧区，牛、羊热痢发病较多。如群强公社东风大队1977年夏季发病牛有63头，占总头数的16.6%；死亡9头，占发病牛的14.3%。临床症状主要为下痢前1～3天牛开始发热，体温为39.9～40.3℃，随后出现下痢。开始下痢时粪稀呈白色，1天后粪中带血，此时体温升高与下降交替出现。为了找出对本病比较满意的治疗方法，笔者在广泛收集中兽医、藏兽医治疗经验的基础上，制订了二黄二白散处方，将其用于生产实际，获得了较好的疗效。

二黄二白散的处方：黄连3克、黄柏60克、白头翁90克、白术60克、秦皮60克、车前草60克、瞿麦60克、萹蓄90克、茯苓60克、陈皮45克、唐古特马尿泡12克。将以上十一味药共研为末，装瓶备用。大牛50～100克/次、小牛15克/次，羊15～27克/次，日服2次，连服3～5天。这个方剂经反复试用，对热痢病疗效显著，但对寒痢病无效。先后治疗大牛热痢病47头，均在24小时内止泻，3～5日痊愈。治疗犊牛热痢病7头，每日投药3次，24小时内见效，3日左右止泻，7日内痊愈。治疗绵羊热痢病24只，24小时内止泻，4日内痊愈。

幼畜地方性肺炎治疗经验的验证②

选用藏兽医治疗幼畜地方性肺炎的常用方（陇蜀杜鹃、镰形棘豆、高山辣根菜等），进行疗效验证。通过对28例病畜的试治，证明这个方剂具有疗效高、疗程短的特点，是治疗幼畜地方性肺炎的有效方剂。现将验证情况报告如下。

一、处方和用法

处方：陇蜀杜鹃400克、镰形棘豆400克、高山辣根菜200克、麻黄200克、柴胡300克。

方义：陇蜀杜鹃和镰形棘豆均有广泛的抗菌作用，对肺炎双球菌、金色葡

①本研究资料由原甘肃省玛曲县畜牧兽医站提供。

②本研究资料由原四川省若尔盖县红星公社畜牧兽医站提供。

萄球菌的抑制作用尤为显著，属于广谱抗菌的草药。藏医常将其作为重要的清热解毒药使用。高山辣根菜祛痰消炎，润肺制泌，尚有镇咳作用，可助陇蜀杜鹃之不足。再加麻黄以宣肺定喘，加柴胡以和解退热，协调上下。故对幼畜地方性肺炎有较好的疗效。

剂型：针剂制法是按药的重量加 3 倍水，温浸 24 小时，煎煮 2 次。将前后两次的煎液混合后浓缩成每毫升内含生药 1 克，用 3 倍 95%酒精沉淀 72 小时，过滤，脱醇，精滤 2 次。加入 0.2%冰片防腐，用 10%氢氧化钠溶液滴定，调整 pH 至 7.0。分装，消毒备用。

用法和用量：肌内、静脉或胸腔注射均可。每日 2 次，两侧交替进行。重症病例除每日胸腔注射 1 次外，还应肌内、静脉交替注射 1 次，以增强疗效。1～2 月龄犊牛，胸腔或肌内注射 10～20 毫升/次，静脉注射 10～15 毫升/次；2～3 月龄犊牛，胸腔或肌内注射 20～30 毫升/次，静脉注射 15～20 毫升/次；羔羊肌内或静脉注射 8～10 毫升/次。无论哪种注射方法，每日均应注射 2 次，否则会影响疗效。

二、疗效观察

用本方治疗犊牛地方性肺炎 28 例，除 1 例因久病在治疗中腹泻虚脱而死亡外，其余均治愈，治愈率为 96.8%，疗程平均为 3～7 天。治疗羔羊肺炎 3 例，全部治愈，疗程平均为 3～4 天（只作肌内注射），治疗中均未使用抗生素等药物。

三、典型病例

纳木区供销社一头 2 月龄的犏犊牛患病，1973 年 7 月 10 日就诊。据放牧员说，2 天前发现该犊咳嗽，精神沉郁，不爱吃奶。

临床检查：病畜呈腹式呼吸，喘咳，流脓性鼻涕，体温 41.3℃，听诊肺部有捻发音，结膜发绀、呈树枝状充血，便秘。根据症状及发病季节，诊断为地方性肺炎。

处理：以上述注射液 20 毫升进行静脉注射，下午改为肌内注射 25 毫升。呼吸稍见平静。7 月 11 日，呼吸已平静，咳嗽减轻，体温 38.4℃，食欲基本恢复。用药方法改为上午胸腔注射，下午肌内注射，剂量均为 20 毫升。7 月 12 日，脓涕收敛，咳嗽亦大大减轻，仅偶尔咳嗽数声，腹泻 3 次，体温 37.3℃，食欲完全恢复正常，精神好转。处理方法同前。7 月 13 日、14 日仍按 11 日方法处理，停药痊愈。1 个月后追访未复发。

四、讨　　论

（1）幼畜地方性肺炎具有季节性和流行性特点。在高原地区7、8月雨季，天阴地湿，家畜抵抗力降低时，易患本病。往往呈地方性流行。发病率70%以上，黄杂犊牛发病率最高。

（2）"邪之所凑，其气必虚"。幼畜病如能早期治疗，可以缩短疗程，提高疗效。根据观察，凡病程长者，开始就有便秘，以后下泻，久则虚脱而死。这是因为肺和大肠相表里，肺气不肃降而便秘，中气虚则制纳无权，故清浊不分而泻下。所以治疗本病在后期要从"虚"字上着眼，采取中西医结合，强心、输液、收涩等措施。

（3）本方由常见草药组成，疗效高，无副作用。这里记载的病例，均逐个观察过。其余使用的则未作记载、统计。由于使用时间不长，病例不多，有待今后进一步验证。

（4）本方加曼陀罗籽30克，对猪气喘病也有一定的疗效。

藏兽医治疗羊肺病的经验总结[①]

在川西北牧区，羊发生肺病的较多，其中包括急性和慢性支气管炎、急性肺炎等。我们在总结藏兽医诊疗经验中，收集了有关治疗羊肺病的处方，对其中三个进行了临床验证，获得了满意的效果。

第一个处方名为"大勒足周"（处方名为藏语，下同），主要用于治疗慢性支气管炎，共治疗病羊81只，除1只死亡外，其余均痊愈。第二个处方名为"苏罗西汤"，主要用于治疗急性支气管炎，共治疗病羊30只，治愈29只。第三个处方名为"罗采更塞尔"，主要用于治疗急性肺炎，共治疗病羊90只，全部治愈。现将处方和用法介绍如下：

"大勒足周"：黄花杜鹃2份，石榴皮、肉桂、荜茇、草豆蔻、川红花，木香、丁香、沉香、肉豆蔻、葡萄干、滑石、螃蟹、甘草、广酸枣、大株红景天各1份。上药混合，稍打碎，按干药500克加水5 000毫升进行蒸馏，可得药液约3 000毫升。再将药液蒸馏，可得1 750～2 000毫升。再蒸馏1次后，用8层纱布过滤，装瓶。在0.1MPa压力下消毒20分钟，取出蜡封，即注射剂。所剩药渣，加水7 500毫升，熬到药液至5 000毫升时，即煎剂。

每只病羊每日早晨静脉注射15～20毫升，下午内服煎剂40～50毫升，连

① 本研究资料由原四川省若尔盖县阿西公社畜牧兽医站提供。

续用药 5～7 天。此方除可用于治疗慢性支气管炎外，对消化不良、肚胀、水肿等也有治疗作用。

“苏罗西汤”：甘草、高山辣根菜、紫胶、大株红景天各 1 份。按“大勒足周”的制法制成注射剂。

每只病羊每日静脉注射 1 次，25～30 毫升。

“罗采更塞尔”：滑石 4 份，大株红景天、朱砂各 3 份，甘草、新木香各 2 份，高山辣根菜 6 份，红花、牛黄、白檀香、紫檀香各 1 份。按“大勒足周”的制法制成注射剂和煎剂。

每只病羊每日早晨静脉注射 15～20 毫升，下午口服煎剂 40～50 毫升，连续用药 5～7 天。

犊牛、羔羊“颠古病”的防治[①]

一、流行概况

我区那曲地区、昌都地区、拉萨市等所属牧区和半农半牧区，每年接羔（犊）育幼时期，经常发生 4～30 日龄犊牛、羔羊“颠古病”（藏语名，疑似脐静脉炎和脐动脉炎）。据那曲地区安多县红海公社五队第一小组 1974 年调查，产羔 140 只，发病死亡 40 只，占产羔数的 28.5%，其中“颠古病”27 只，占发病数 90%。1975 年产羔 166 只，发病死亡 13 只，占产羔总数 7.77%，其中“颠古病”11 只，占发病死亡数 84.6%。从发病、死亡的病畜种类来看，山羊羔多见，其次是绵羊羔和犊牛；从性别来看，公多母少；从母畜分娩的环境来看，圈内分娩的多，野外草场分娩的少；从临床观察和尸体解剖来看，发生脐静脉炎的较多，脐动脉炎的次之，但也有少数脐静脉炎和脐动脉炎并发的。

二、临床表现

羔羊、犊牛患“颠古病”后，弓背弯腰，四肢并齐站立，有时两前肢跪在地上，有时表现犬坐姿势；呼吸紧促，腹泻，粪便腥臭，哺乳次数减少，精神沉郁；体温升高 1～2℃或以上，行走困难，步态不稳，喜卧呻吟，严重者卧地不起。一般病程 2～3 天死亡。

---

① 本研究资料由原西藏丁青县畜牧兽医站和那曲地区畜牧兽医总站提供，西藏畜牧兽医科学研究所整理。

三、初步诊断与防治措施

(1) 犊牛、羔羊患"颠古病",根据临床症状表现和产羔后的时间,就可以初步确诊。首先从脐部触摸病畜脐根部,如果脐根部变粗、变硬如筷子状,而向前延伸到脐静脉,感觉有粗如粉条样且滑动的脉管,则为本病。触诊病畜右侧肋骨和剑状软骨左面时,可摸到肿大的肝脏。一般触摸肝脏和脐根部病畜特别敏感,有疼痛的表现。

(2) 预防犊牛、羔羊"颠古病"的一般措施是对于刚出生的羔羊和犊牛的脐带断端进行严格消毒。在结扎脐带时,羔羊的脐带断端留 3.3 厘米长,犊牛脐带断端留 6.6～10 厘米长,剪断后用 5%碘酊或来苏儿消毒。对幼畜要加强饲养管理,给予适当运动,定期对羔舍进行清扫和消毒,保持干净。如发现并发症状,应采取对症治疗。

四、手术疗法

使病犊或病羔仰卧,由一人保定好四肢,在脐部左侧 2 厘米处剪毛消毒(有条件时可用 1%的普鲁卡因 10 毫升作皮下浸润麻醉)。然后距脐孔 2 厘米同脐平行切开 2 厘米的切口,将食指伸进腹腔,触摸前后脐静脉和动脉管,将其拉出腹腔外,用镊子或止血钳夹住,两头结扎,然后剪断。再将脐静脉或脐动脉的瘀血挤净,撒上消炎粉。最后把伤口缝好,5%碘酊消毒。手术后加强护理 1～3 天即愈。那曲兽医总站 1977 年接羔育幼期间,在红旗公社三、四、五队用此法治疗,取得满意的结果。1972—1974 年,昌都地区丁青县兽医站手术治疗犊牛 1 750 头,治愈 1 713 头,治愈率达 97.9%,死亡 37 头、占 2.1%。

五、小　　结

犊牛、羔羊"颠古病",昌都地区丁青县称为"青巴丁勾病",长期以来,严重危害仔畜的成活率,在治疗方面尚未找到有效的药物。采用手术疗法,获得了 97.9%的疗效。但关于病因和预防,还有待进一步探讨。

中草药麻醉在兽医临床上的初步应用①

在毛主席医疗卫生路线的指引下,我们根据藏医藏药的理论,从 1974 年开始,选择了 25 种在临床上对"龙"(气)有抑制作用的中草药,对家畜进行局部麻醉试验。经过 60 多次试验发现,中草药"布卡"(藏名)的麻醉作用较

① 本研究资料由原四川省若尔盖县红星公社畜牧兽医站提供。

好，后又将其运用于兽医临床，共做手术62例，除1例因用药过量而死亡外，其余均获成功。现将麻醉方法介绍如下。

一、操作方法

10%“布卡”注射液的制备：取“布卡”生药10克，用适量的95%乙醇浸泡1个月，过滤。在药渣中再加适量乙醇，浸泡一夜后过滤。如此反复一次。将上述药液合并，回收乙醇至低浓度时，加蒸馏水90毫升，再于水浴上挥发剩余的乙醇，至药液无醇味为止。然后，药液加蒸馏水100毫升，过滤、灭菌、备用。

用量及用法：在术部周围进行点状浸润麻醉。每点注射0.1～0.2毫升，每次用药总量不得超过10毫升（即1克）。

二、麻醉效果

药液注射后30分钟即可麻醉，麻醉时间大约1.5小时。通过我们所做的62例牛、羊的瘤胃切开术和子宫切开术来看，切皮、切肌及牵拉内脏均无反应，仅在切开腹膜时有轻度躲闪。此外，我们还用食品公司收购的羊15只，做了瘤胃及子宫切开术，术后1周，创口全部愈合。

三、讨　　论

（1）关于用药量问题。马、牛不得超过10毫升，羊不得超过7毫升。若用药量过大，则会发生中毒。其中毒症状表现为呼吸困难，口流白沫，胃内容物从口中流出，视力出现障碍。此时，可用20%的“达得拉”（藏名）5～10毫升肌内注射，注射后15分钟即可解毒。

（2）“布卡”“达得拉”的植物名及所含有效成分，有待于分析鉴定。

（3）关于“节卡”的适宜用量及对其他部位手术的麻醉效果，还需进一步探索。

电针麻醉在兽医外科手术上的应用①

几年来，我们将电针麻醉应用于马、牛、羊的外科手术，与江雄公社兽医人员一起，先后对25头（只）牲畜进行了颈部、胸部、腹部及难产的手术12种，均获得成功。现将应用结果报告如下。

---

①　本研究资料由原西藏山南地区畜牧兽医总站和贡嘎县畜牧兽医站提供。

一、器材与方法

1. 器材 九江电子仪器厂出产的JD71-3型牲畜电疗机或天津产SB71-2型兽用麻醉治疗综合电疗机一台，13.3～20厘米毫针2支。

2. 手术家畜 马、驴、绵羊、黄牛。

3. 取穴 百会、寰枢、抢风、三阳络、天平、追风穴。

4. 保定 侧卧或半仰卧保定。

5. 针法及针感

百会穴：最后腰椎与第一荐椎结合部凹陷处正中一穴。马、牛直刺6.6～10厘米，羊直刺3.3～6.6厘米。针感为弯腰、举尾。

寰抠穴：颈部一侧寰椎翼后缘直上3～5厘米处。针刺1.67～3.33厘米。针感为眨眼、吞咽。

抢风穴：三角肌后缘，臂三头肌长头与外头之间的方形孔内。直刺8.33～10厘米。针感为肩胛部肌肉收缩。

三阳络穴：前肢桡骨外侧韧带结节下方6.7厘米处的肌沟中。针体与皮肤呈15°～20°角，由三阳络沿桡骨后缘，针向内下方夜眼穴刺入10～13.3厘米，不穿透夜眼穴。针感为提腿。

天平穴：第十三胸椎与第一腰椎棘突之间的凹陷中。直刺3.3～6.7厘米。针感为弯腰反射。

追风穴：第一、二尾椎棘突间凹陷中。直刺3.3～6.7厘米。针感为举尾。

6. 电麻机使用 进针后在两根针的针柄上接上电源，打开开关，频率逐渐加大，电流输出量逐渐加大。最大刺激量表现为麻醉区肌肉紧张或全身暂时强直，然后调节输出量，使肌肉松弛。诱导时间为5分钟左右。家畜安静，针刺术部无疼痛反应，则表示已进入麻醉状态，即可进行手术。手术过程中一直通电，一般不变动频率及输出量。手术结束后，频率及输出分别调回零点。最后关闭电源，取出针具，消毒。

7. 效果判定

优：在切开皮肤和肌肉、组织分离、止血、牵拉内脏、缝合等手术操作中，家畜安静，肌肉松弛，无任何反应。

良：手术中有时家畜有轻微暂时骚动，但手术仍能顺利进行。

失败：电麻无效，手术无法进行。

二、手术结果

根据对马、驴、牛、羊12种手术共25例的电针麻醉效果观察，成功率为

100%。其中，瘤胃切开术2例，麻醉效果均为优；腹腔切开术2例，优与良各1例；真胃切开术1例，优；结肠切开术1例，优；气管切开术4例，3例为优，1例为良；静脉结扎术1例，优；肋骨切除术2例，均为优；肠吻合术1例，优；创伤性腹膜破裂缝合术1例，优；阴茎转向术3例，1例为优，2例为良；阴道脱出整复术3例，均为优；剖腹产术4例，均为优。以上合计，优为21例，占84%；良为4例，占16%。

电针麻醉对家畜的种类、性别、年龄在应用效果上无明显差别。电麻手术过程中，家畜始终神志清楚。电钟麻醉开始时，家畜心跳、呼吸稍有加快，肌肉紧张，但适当调节频率及输出，家畜很快恢复正常。手术区域痛觉消失，表现安静，手术可顺利进行。手术结束后，家畜即能站立行走，采食自如，无其他副作用。

三、病　　例

【例1】贡嘎县朗杰学公社五队母绵羊，7岁，白色。4月23日放牧时由山上掉下来，腹下有小孩头大的肿胀，不吃草，卧地不起，4月24日就诊。

临床检查：创伤性腹膜破裂，创口长达20厘米。采用电针麻醉整复缝合。

保定：侧卧保定。

取穴：百会、天平穴。

通电后；肌肉紧张，5分钟后肌肉恢复正常，频率130赫兹，电流输出量9安，针刺术部无反应。手术进行1小时，无任何疼痛反应。

效果：优。

【例2】贡嘎县朗杰学区江雄公社三队社员的母黄牛，3岁。难产，进行电麻削腹产术。

保定：采用百会、寰枢穴。通电后随频率及输出量增大，四肢强直，自行倒地。频率90赫兹，电流输出量17安。侧卧，用绳子系好前后肢，拴上木棒，术者用双脚踩住，一人护牛头。

取穴：百会、天平穴。

将寰枢穴针取出刺入天平穴，百会穴不变。通电后术部肌肉紧张，5分钟后恢复正常，针刺术部无骚动。频率90赫兹，电流输出量10安。手术进行1小时，全过程无叫、挣扎等反应。术后牲口行走自如，吃草料正常。

效果：优。

四、体会与讨论

(1) 通过临床实践证明，采用电针麻醉进行家畜一般手术是有效的。它具有操作简便、易于掌握、费用低廉、手术安全等优点，深受牧民欢迎。电针麻醉符合多、快、好、省的要求，也适合平时、战时的需要。

（2）所做的25例手术，均无药物辅助，家畜安静，手术能顺利进行，术后家畜行走自如，吃喝正常。

（3）电针麻醉时的注意事项：电针麻醉时，镇痛作用与电量、频率、穴位均有很大关系。电量足够，频率适当，穴位准确，镇痛作用就好；电量不足，穴位不准，频率不当，镇痛作用就差。

家畜针刺麻醉的效果观察①

在学习家畜针刺麻醉经验的基础上，经过深入钻研和反复实践，终于使针刺麻醉在西藏高原上获得成功。我们先后用百会、腰旁、抢风、肺门等几组穴位进行电针麻醉，给马、骡、牛、羊做了腹腔、头面、颈及会阴等手术9种，共50余例，成功率达95%以上。

一、针麻组穴的选择

针刺麻醉是在机体的某些穴位上运用白针、电针等给予一定的刺激，达到镇痛而进行手术的方法，并不是把针扎在所有的穴位上都能收到预期的效果。因此，穴位选择得当与否是针麻的关键。最初，我们不会选穴，只是照搬别人的经验，没有自己的独创精神，在工作中遇到了不少具体问题，所以就设想，能否找到诱导时间短、便于操作和不易引起弯针的穴位呢？我们这一设想提出来以后，立即得到领导的支持，又组织我们学习了全国各兄弟单位的先进经验和有关资料，参观了人医针麻手术。通过学习和参观，得到启发，初步懂得了针麻的取穴方法：①循经取穴，根据手术切口部位所循行通过的经络，选取在临床运用时效果较好、感应强的穴位；②局部取穴，是选取在手术部位附近的穴位；③直接刺激神经干，就是直接刺激支配手术区域的神经干。根据针麻的经验和取穴的方法，了解到家畜的百会穴是督脉会阴经穴，它起着统摄调剂六条阳经的作用，也是治疗后躯疾病的主要穴位。因此，我们就以百会为主穴，以巴山、阴俞为配穴进行试扎。试验结果：百会、巴山一组的诱导时间长，麻醉范围小，百会、阴俞一组虽然诱导时间短，麻醉效果也好，但麻醉范围仍局限在会阴、阴囊及股内侧，亦不理想。后来，我们采用循经取穴与直接刺激神经干的方法，以百会为主穴，以腰旁1、2、3、4穴为配穴，分别进行试验，获得了预期的效果。经用于腹部、会阴等部手术，证明此法镇痛效果良好，诱

---

① 本研究资料由原西藏军区后勤部军马防治检验所提供。

导时间短，一般只需 3～8 分钟就能麻醉。以后，我们又用这种选穴方法选取穴位，做了马、骡、牛头颈部及胸腹部的手术，效果也较好。实践证明，采用循经取穴与直接刺激神经干的取穴方法选取穴位，可以提高麻醉效果，缩短诱导时间。

二、组穴配方

根据针刺麻醉的临床效果观察，我们认为，在不同的部位进行手术，应选取不同的穴位，这样容易收到较好的效果。现介绍如下：

1. 头面部手术

额部：风门、天门。

眼部：风门、垂睛。

下颌部：风门、下关。

2. 颈、鬐甲、胸部手术

颈部：抢风、肺门。

鬐甲：抢风、膊尖。

胸部：抢风。

3. 后躯手术

腹腔：百会、腰旁 2 或 3 穴。

臀部：百会、巴山。

去势：百会、腰旁

会阴及股内侧：百会、阴俞。

腰旁穴位说明：腰旁 1、2、3、4 穴分别在第一、第二、第三、第四腰椎横突后缘。

针法：针体斜向对侧肷窝部刺入 5～8.3 厘米。

针感：腰及肷部皮肤颤动。

三、操作方法及注意事项

1. 器材　电麻机一台，6.7～13.3 厘米毫针两根。

2. 保定　横卧或站立。

3. 穴位　百会、腰旁 2 或 3 穴。

4. 麻醉　选好主穴进针得气后，在针柄上分别连接电疗机两条输出导线通电，此时局部呈现与频率相一致的波动，逐渐加大频率至局部波动消失，再逐渐加大输出至患畜的最大耐受量为止，待术部针刺无痛觉时，即可进行手术。手术过程一直通电，频率不动，输出可适当调整。

5. 注意事项

（1）针和穴位要严格消毒，以防感染。

（2）取穴必须准确，进针深度要适宜，发现弯针或针体移位时应立即纠正。

（3）打开电源前，应将旋钮扭回“O”上，以防输出或频率过大而引起患畜骚动。

（4）给骡进行电麻时应适当延长诱导时间。

四、效果评定

1. 优 麻醉效果好，切开皮肤、肌肉、腹膜及牵拉肠管时，患畜保持安静无痛。

2. 良 麻醉效果较好，切开皮肤、肌肉等有微痛，患畜无骚动。

3. 有效 麻醉效果差，切开皮肤、肌肉有明显疼痛，但不妨碍手术进行。

4. 无效 疼痛剧烈，不能进行于术，改用药麻。

五、病例介绍

【例 1】 母马，栗毛，8 岁。

病史：该马于 1973 年 8 月 11 日上午卧下时左腹部被木桩顶伤，当即形成肿块，于同日下午 1 时就诊。

检查：体温 38℃，脉搏每分钟 52 次，呼吸每分钟 30 次。患畜带一匹1 月龄小驹，被毛焦燥，营养很差。左腹部第十八肋软骨后下方有一直径 25 厘米圆形肿胀。触诊肿胀部位，质软，病马表现疼痛，压迫肿胀中心，内容物能被推回，可摸到疝轮。诊断为外伤性腹壁疝。

治疗：腹壁疝手术。

麻醉：百会、腰旁 3 组穴电针麻醉。

手术经过：左侧肷部最后肋软骨后下方切口 25 厘米，切开皮肤、皮下组织，空肠跃出创口，红紫色皮下筋膜与腹外斜肌间有少量血凝块。先送回肠管，然后清理创口及血凝块，最后分层缝合。手术共 50 分钟。术中安静。术后患畜立即站起吃草。

效果判定：优。

转归：痊愈。

【例 2】 骟马，骝毛，9 岁。

病史：该马受伤的原因不明，在牵去饮水时发现额部流脓，随即牵来就诊。

检查：病畜精神尚好，体温、脉搏、呼吸均正常，唯额部流出少量脓汁。拨开鬃毛时，发现一个长约 15 厘米的弧形撕裂口，撕裂皮肤可掀到枕骨外，创内有少量污物。诊断为感染创。

治疗：手术缝合。

保定：右侧横卧保定。

麻醉：风门，天门穴电针麻醉。

手术经过：先用 0.1%的呋喃西林液洗涤创面，用锐匙刮除坏死组织，然后修整创缘，最后进行缝合。手术时间共 45 分钟。术中患畜一直保持安静。

效果判定：优。

转归：痊愈。

【例 3】骗马，栗毛，8 岁。

病史：开山炸石崩飞石块时，眼球被打破。

检查：右眼球已破，化脓，外观似菜花样，恶臭。

治疗：手术摘除。

保定：左侧横卧。

麻醉：风门、垂睛穴电针麻醉。

手术经过：先用 0.1%高锰酸钾液冲洗患处，后切开四周结膜和附着在眼球上的其他组织，最后剪断视神经，摘除眼球。创内撒布青霉素粉，后用纱布包扎。手术历时 30 分钟。手术过程中患畜一直保持安静。术后牵走，后来换药 3 次。

效果判定：优

转归：痊愈。

【例 4】母黄牛，黑毛，3 岁。

病史：主诉病牛在半年前头部长了一个瘤，后来越长越多。检查：患畜的精神、食欲尚好，体质良好，但在鼻梁、眼睑、角基、下颌、颈、肩胛及肛门等部长满了大小不等的瘤子（大的有拳头大、小的如蚕豆大），有的瘤子表面呈菜花状，还有些肿瘤流出少量黄色、黏稠、带有恶臭的渗出物，所有肿瘤皆可随皮肤移动。初步诊断为乳头状瘤。

治疗：手术摘除。

保定：右侧横卧保定。

麻醉：抢风、肺门穴电针麻醉。

手术经过：首先用止血钳夹住肿瘤基部，剥离周围皮肤，摘除肿瘤，大的肿瘤摘除后进行缝合，小的摘除后进行烧烙。手术约 6 小时 15 分钟。共摘除大小肿瘤 87 个。手术过程中除在眼睑和角基部肿瘤摘除时有轻微疼痛外，患畜一直保持安静。

效果判定：良。

转归：痊愈。

六、体　　会

（1）针麻组穴具有一定的区域性。如百会、腰旁 1 穴对膝部及会阴部的镇痛效果好，而对胸、颈部效果较差。因此，我们认为不同部位的手术应选取不同的组穴，这样可以避免镇痛不全的现象，提高麻醉效果。

（2）进针必须准确，深度力求适宜，这是保证针麻成败的关键。

（3）采取循经取穴与直接刺激神经干的取穴方法，可以提高麻醉效果，缩短诱导时间。

（4）针刺麻醉安全有效，便于操作，不受地理、气候条件的影响，特别是在西藏交通不便、运输困难的情况下开展针刺麻醉更有着现实意义和战略意义。

“客观现实世界的变化运动永远没有完结，人们在实践中对于真理的认识也就永远没有完结。”我们的针麻工作仅仅是开始，虽然取得了一点成绩，也有一些肤浅的体会，但仍然存在着许多问题。如针刺麻醉的作用机制究竟是什么、如何找到更为理想的针麻组穴等，还有待于我们在今后的工作中进一步摸索和探讨。

雪莲方剂治疗牛胎衣不下的疗效观察[①]

胎衣不下是母畜产后在较长时间内其胎衣不能自动坠下的一种疾病。各种家畜都能发病，但以牛为多见。产犊牦牛的发病率可高达 3%～5%。

发生本病的主要原因是：产前劳役过度，营养不良，身体瘦弱，元气不足；母畜生产时，气虚血少，血少则难拈，胞衣粘着子宫；母畜产犊时气虚，胞衣停滞；或者冷风乘袭，致使血道闭塞；胎儿生出之后，血入胞中，胎衣胀大。

此外，胎儿过大，产道狭小，也可引起本病。

胎衣不下的患畜，初发时食饮欲正常。时久，则出现精神沉郁，站立不安，郁闷卧地，不时努责；最显著的是胎衣停留产门，垂于体外，形如烂肠。对本病须及时治疗，否则，胎衣存留于子宫内，易腐败引起中毒，也可因过度努责而发生子宫脱出。

我们根据温补散寒、活血通瘀的治疗原则，采用以雪莲为主的复方，治疗

① 本研究资料由原青海省甘德县畜牧兽医站提供。

本病，获得了良好的效果。起初用雪莲汤治疗 177 例，治愈 166 例，另 11 例因胞衣腐败而中毒死亡。以后将雪莲汤改制成复方雪莲注射液，治疗 44 例，治愈 41 例，死亡 3 例。现将两种方剂的制备和使用方法分述如下：

雪莲汤：雪莲花 30 克、小叶假耧斗菜 30 克、白酒 200 毫升为引。共为细末。一般灌服一次。

复方雪莲注射液：雪莲花 500 克、小叶假耧斗菜 500 克。

制法：将上药加适量常水煎煮，收集蒸馏液 250 毫升，并滤取煎液。再在药内加水煎煮，滤取煎液。将两次煎液合并后浓缩至 750 毫升，以三倍乙醇沉淀 24 小时，回收乙醇，制得药液 750 毫升。将药液与蒸馏液 250 毫升合并，共得注射液 1 000 毫升。

用法：每日两次肌内注射，每次 10～20 毫升。

讨论和小结

（1）雪莲具有补肾壮阳、通经活络、促进宫缩的功能，小叶假耧斗菜则有活血去瘀、促进宫缩的作用。将二者制成雪莲汤和复方雪莲注射液，对各种类型的胎衣不下，均有显著的疗效，共治疗牦牛胎衣不下 221 例，治愈 207 例，治愈率为 93.7%。而且药源丰富，易于采集，临床应用安全，无副作用。

（2）使用雪莲汤一般在服后 5～6 小时开始排出胎衣，个别病例须在次日再服 1 剂。应用复方雪莲注射液，一般次日才能排出胎衣，而且多数病例需注射 2～3 次，因而注射的剂量尚须进一步研究。

（3）雪莲方剂治疗牛胎衣不下，凡是及时治疗者几乎都能奏效，但是对胞衣腐败、全身症状恶化的，必须采取对症疗法，以免耽误病程。用复方雪莲注射液治疗的病例中，有 3 例拖延 3 天才开始治疗，为控制其胞衣腐败中毒，采取对症疗法，每日以 90 万～120 万单位的油剂青霉素肌内注射，经 2～3 日治疗，胎衣排出，患畜痊愈。

（4）关于雪莲花的有效成分和雪莲方剂治疗牛胎衣不下的机制，还有待进一步探讨。

雪莲鼯鼠酒治疗牛胎衣不下的疗效观察[①]

自 1972 年以来，我们采用藏区草药雪莲花配合鼯鼠肉制成雪莲鼯鼠酒，用以治疗牧区的常见多发病——牛胎衣不下，获得了预期的效果。现将药剂的制法、用法及疗效介绍如下。

① 本研究资料由原甘肃省玛曲县畜牧兽医站提供。

雪莲鼯鼠酒：将雪莲花150克和鼯鼠肉7～13克放在30%酒精或白酒中浸泡7天，取酒备用。大牛每次口服70～100毫升，每日服药2次。一般在投药后24小时即可见效。

1972年3月，玛曲县尼玛公社万玛大队的牛发生流产，有相多牛在流产后3～7天仍排不出胎衣，同时从阴道内流出大量恶露，精神沉郁，站立不安，不时努责。一些病情严重的病牛，因胞衣腐败造成中毒死亡。当时我们即以此方试治13头，都在服药后19小时内排出胎衣，以后，我们一直使用本方治疗牛胎衣不下。至1977年5月，5年中共治疗患畜1 923头，痊愈1 910头，治愈率为98.5%，死亡13头。现已在全县推广应用。

家畜胎衣不下的治疗经验①

胎衣不下是我县家畜的常见多发病之一。我们根据藏兽医经验，采用本县出产的中草药，拟定治疗胎衣不下的处方，自1961年以来，先后治疗各种牲畜近万头，绝大部分都获痊愈。现将治疗方法介绍如下。

处方：鼯鼠肉30克，大戟狼毒15克（火灰中煨透，刮去外皮），小叶假耧斗菜15克，赤小豆15克，亚大黄15克。

方义：鼯鼠肉化瘀通经，小叶假耧斗菜解毒催产，亚大黄活血消炎，狼毒推荡，赤小豆导下。

剂型：煎剂，按1∶8加水，熬3小时取汁服用。

用量：大家畜60～120毫升，小家畜30～50毫升。

治疗：本方除适用于胎衣不下外，还可用于因阵缩微弱而引起的难产。

典型病例：

【例1】1961年红星某大队一只大母羊，分娩2天后，胎衣仍不见下。阴唇肿胀，阴道发炎，体温升高，拒绝哺乳。用上方煎剂50毫升灌服，胎衣全部排出。

【例2】1963年红星四大队一头黑色母牛，分娩后胎衣不下达2天以上。阴道发炎，体温升高，不吃草。用上方煎剂120毫升灌服，仅服3次胎衣全部排出。

中草药治疗马腺疫的试验②

马腺疫是马、骡、驴的一种急件传染病，以颌下淋巴结发炎化脓为特征。主要发生于幼驹。以往对此病多采用抗生素或磺胺类药物治疗。为了寻找更简

---

① 本研究资料由原四川省若尔盖县红星公社畜牧兽医站提供，原西南民族学院整理。

② 本研究资料由原四川省若尔盖县红星公社畜牧兽医站提供。

便、经济、有效的治疗方法，我们总结了藏兽医的经验，提出了一个中草药处方。近几年来用这个方法共治疗病马 200 多匹，疗效达 97%以上。现已在四川省阿坝藏族羌族自治州推广应用。我们使用的中草药处方由诃子肉、土木香、睡菜、草红花各 30 克，雪上一枝蒿（制）15 克，麝香 3 克组成。其作用是抗菌消炎，理气止痛，活血散瘀，镇静强心。剂型为注射剂。大马每次静脉注射 50～100 毫升，早晚各 1 次，小马减半。

注射剂的制法：将所有药物捣碎，用纱布包好，放入蒸馏锅内，按 1∶4 的量加水，蒸馏。当蒸馏到药与水的比例为 1∶1 时，收集蒸馏液，将水煎液过滤；再在药渣中加水到原量，仍蒸馏到 1∶1，收集蒸馏液，过滤水煎液，然后按同法再处理一次。最后，将三次蒸馏所得到的蒸馏液与三次所得的水煎处理液合并，经分装、灭菌即成注射液。

雪上一枝蒿炮制法：雪上一枝蒿有毒，使用前须先行炮制。将砂子放在锅内炒热，然后将雪上一枝蒿根放入锅内的热砂中，炒至药物的气体挥发完为止。经过炮制的雪上一枝蒿根，应变成微黄色，方可作为药用。炒时炮制人员不要与炒锅过于接近，以防吸入气体中毒。

用中草药试治马腺疫的疗效观察①

马腺疫是由马腺疫链球菌所引起的一种急性传染病，主要发生于 3 岁以下的幼驹。本病用青霉素、磺胺类等药物治疗，虽然有较高的疗效，但药品常不能满足需要，所需费用也较多。因此我们积极采用中草药制剂进行治疗，取得了较满意的效果。所用的处方是以诃子为主药的“阿尔按哇”（藏语名），具有抗菌消炎、行气活血、强心解毒等作用。处方：诃子 60 克，木香、石菖蒲、铁棒锤各 30 克，麝香 1.5 克。前 4 味药混合研细为末，按 500 克药加水 5 000 毫升进行蒸馏。将所得药液再蒸馏 2 次，第 3 次蒸馏时加入麝香。最后过滤药液、装瓶、灭菌、备用。所剩药渣可制为煎剂。

用量及用法：上午静脉注射 50～70 毫升，下午灌服煎剂 150～200 毫升。

疗效：共治疗病马 34 匹，治愈 33 匹。一般在用药后 1～2 天，颌下淋巴结即破溃，体温下降，食欲恢复，全身症状好转，经 3～5 天痊愈。

胡黄圆柏丸治疗羔羊痢疾的试验②

羔羊痢疾是发展养羊业的大敌，严重影响羔羊的生长发育，并能造成大批

① 本研究资料由原四川省若尔盖县阿西公社畜牧兽医站提供，原西南民族学院整理。

② 本研究资料由原甘肃省玛曲县畜牧兽医站提供。

死亡。患羔病初头垂背弓，停止吃奶和采食，随即腹泻。粪便稀，呈黑黄色，并带血，有恶臭。体温升高，心跳及呼吸加快，眼窝下陷，被毛粗乱。如不及时治疗，最后多因脱水中毒而死亡。我们根据藏兽医的经验和高寒地区特有的中草药，研制了治疗羔羊痢疾的胡黄圆柏丸，先后两次在欧拉公社欧强大队试治病羔，均获得了良好的效果。第一次试治羔羊痢疾病羔 25 只，均痊愈；第二次试治 43 只，治愈 39 只，好转 2 只，死亡 2 只。现将处方和治疗方法介绍如下。

胡黄圆柏丸是由两个处方合成的。

第一方：圆柏 60 克、水柏枝 60 克、镰形棘豆 24 克、黄花杜鹃 90 克、陇蜀杜鹃叶 60 克、甘草 120 克（剂量可按比例增加）。混合研末，制成散剂。然后将散剂取出 1 份，加常水 5 份，熬成膏剂。

第二方：土胡连（可用黄连或土黄连代）1 500克、黄刺根中层皮（可用黄柏代）48 克、披针叶虎耳草 500 克，银老梅 1 500 克、小叶假耧斗菜 1 500 克、翼首花 500 克、异叶青兰 500 克、黄花铁线莲1 500克、丁香 500 克、山柰 500 克、桃花散（陈石灰 2 份、大黄 1 份）250 克。混合研末，制成散剂。

将第二方的散剂加入第一方的膏剂中，其量以能做成丸剂为度。丸剂的大小，以 1 克左右为宜。2 月龄的羔羊，每次服 1 丸，每日服 2～3 次，连用 3～5 天，但一般服药一次即可见效。此方对羔羊痢疾，犊牛腹泻及消化不良等症均有效。在服药时，最好给患畜服用适量的淡盐水。

病畜服药后的表现：服药后 12 小时腹泻即可停止，精神基本恢复正常，能吃奶采食，37 小时左右粪便恢复正常，接近痊愈。曾对一些病例观察到 52 小时以后，没有复发现象。

贯众散对西藏牦牛肝片吸虫病的疗效试验及毒性观察①

肝片吸虫病是严重危害家畜健康的一种寄生虫病。我区的拉萨、那曲、日喀则、山南、昌部各地区的家畜都不同程度地感染此病，使农牧业生产遭受重大损失。为了进一步控制肝片吸虫病的发生和流行，找出西藏中藏药对肝片吸虫病疗效较好的方剂，1975 年 4—11 月，在当雄县拉根多公补 5 个生产队进行了中藏药方剂对牛肝片吸虫病的疗效试验和毒性观察。现将试验经过及结果报告如下。

① 本研究资料由原西藏畜牧兽医科学研究所和当雄县畜牧兽医站提供。

一、材料和方法

1. 试验药物　根据西藏所产中藏药的种类，仿照《兽医手册》、四川农学院等有关方剂，并总结藏兽医经验，利用当雄县兽医站现有药物，配制了五个方剂。各方组成如下：

（1）当雄县畜牧兽医站新贯众散　贯众650克、连翘250克、香茶菜150克、野棉花茎150克、囊距翠雀150克、杜鹃叶250克、当归150克、龙胆草150克、甘草90克。

（2）仿四川农学院中草药组（1974年7月）贯众散　贯众650克、车前草180克、木通180克、槟榔180克、土茯苓180克、当归180克、龙胆180克、苏木250克、甘草97克。

（3）仿《兽医手册》贯众散　贯众650克、苏木500克，当归150克、木通150克、槟榔500克、龙胆草150克、土茯苓500克、甘草150克。

（4）当雄县贯众十九味　贯众5 000克、槟榔7 500克、苏木1 000克、肉豆蔻1 500克、当归2 500克、木通5 000克、龙胆草5 000克、甘草150克、天南星2 500克、泽泻5 000克、土茯苓5 000克、唐古特青兰5 000克、香薷草5 000克、藏黄连28 000克、囊距翠雀2 500克、桑叶1 000克、香茶菜2 500克、白莨菪籽500克、黑莨菪籽500克。

（5）桑日县杜鹃汤　杜鹃叶2份、土碱1份。

2. 实验动物

（1）动物来源　为当雄县拉根多公社5个生产队自然感染肝片吸虫病的西藏牦牛。

（2）动物选择　用粪便检查法挑选。投药前取新鲜牛粪5克，用反复沉淀法，做3次定性定量检查，求出每头牛的平均虫卵数，即感染率；然后根据虫卵的数量适当搭配分组，使各组虫卵总数基本一致。

3. 投药剂量及分组疗效　试验共分6个组，每组5头牛。投药组各个处方中的药物剂量都是按《西藏中草药手册》中规定的最大剂量计算。对照组不给药。然后选出疗效好的处方，进行重复试验。

4. 投药方法　将药研成粉末加水拌成稀糊状，经口灌服，每天1次，连灌3次。

5. 药效判定

（1）临床观察　投药前后对实验牛做3～5天的一般临床观察，包括精神、食欲、排粪、呼吸、心跳等。

（2）虫卵检查　药后20天用反复沉淀法连续进行3次虫卵检查（每次用

粪便 5 克)，求出每牛平均虫卵数与投药前相比较，计算虫卵减少率和虫卵转阴率，对照组同时进行检查，以资比较。

(3) 解剖检查　重复试验组药后 25 天，将试验牛全部剖杀，用局部蠕虫学检查法检查肝脏，收集所有虫体，鉴定其是否成熟，死虫、活虫分别计数，求其粗计驱虫率和精计驱虫率。

二、试验结果

1. 第一次疗效试验　共选择 30 头牛，分为 6 组，每组用 5 头牛进行本试验。5 组牛分别经口灌服第一、第二、第三、第四、第五等 5 个方剂，1 组不灌药作对照。投药后 20 天以虫卵检查的方法进行效检。试验结果表明，投药后试验牛全部安全，未见药物反应，一、二、三、四、五组的减卵率分别为 38.1%、57.3%、42.6%、53.7%、57%。同期检查对照组的牛，虫卵略有增加。

2. 毒性观察和第二次疗效试验　在第一次疗效试验的基础上，为了判明当雄县贯众十九味的毒性，给下一次试验提供剂量依据，我们选择 15 头牛，分别按每千克体重 1.3、1.5、1.7 克的剂量经口灌服，投药后观察 5 天。在投药时为了减少死亡，方法是第一天灌第一个剂量组，第二天灌第二个剂量组，第三天灌第三个剂量组。在灌第一、二个剂量组时无药物反应。在灌第三个剂量组时，牛只全部出现毒性反应：10 号牛，投药后 4 小时出现精神沉郁，走走闻闻，很少采食，8 小时后开始吃草；6 号牛，投药后 3 小时出现走路不稳，咬牙，不吃草，呼吸加快，经常喝水，腹泻，26 小时后好转，开始采食；4 号牛，投药后 4 小时开始停食，6 小时后开始吃草；1 号牛，投药后 6 小时后出现不吃草，摇动，站立不稳，9 小时好转，第二天正常；8 号牛，投药后 4 小时出现卧地，咬牙，不食，呼吸、心跳加快，第二天开始吃草，恢复正常。在第一次试验之后，把贯众十九味作了重新配伍。新方组成为：贯众 650 克、槟榔 60 克、苏木 90 克、当归 45 克、藏茴香 18 克，木通 45 克，龙胆草 60 克、甘草 30 克，土茯苓 60 克，唐古特青兰 75 克、香薷草 75 克、藏黄连 90 克、囊距翠雀 45 克、香茶菜 75 克、莨菪籽 45 克、野棉花 60 克、土连翘 45 克、甘松 60 克、藏黄芪 30 克。同时，以此处方进行毒性观察。在此基础上，我们又做了第二次疗效试验。选择 10 头牛分为治疗和对照两个组。治疗组的投药量为每千克 1.5 克，投药后 20 天以虫卵检查的方法进行效检。试验结果表明，投药后牛全部安全，未见药物反应，投药组的减卵率为 78.4%，同期检查对照组的牛，虫卵略有增加。为了进一步验证其确实效果，又选择 12 头牛，分成 3 个组，每组 4 头，进行试验。两个给药组的药物剂量均以最大每千克体重

1.5 克投给，一组不灌药作对照。在整个试验过程中，未发现临床反应，投药后 25 天将牛全部剖杀，结果发现对照组牛胆管内均有成熟的活虫体，总数为 527 条；而两个投药组的牛胆管内均发现较少的活虫体和个别死虫，驱虫率分别为 85.5%和 84.6%，取得了较满意的效果。

3. 疗效扩大试验　在疗效和毒性试验的基础上，为了使本方在生产上尽快使用，我们按每千克体重 1.5 克的剂量，用药用灭菌水搅拌成稀糊状，经口灌服了 319 头牦牛。药后观察牛只全部安全，未见药物反应。药后 20 天以粪便检查的方法，抽查了 10 头牛，每头牛都发现较少的虫卵，减卵率为 79.3%。

三、讨论与小结

根据本试验，使用改进后贯众散的最大剂量，可以达到 85%以上的疗效。从反复试验中可以看出，这个方剂的疗效随着剂量的增加而逐步提高。在每千克体重 1.5 克剂量以下时，投药后未发现临床反应；而在每千克体重 1.7 克时，投药后全部不同程度地出现中毒症状。一般经 2～6 小时即恢复正常。较严重的表现为卧地，咬牙，心跳、呼吸加快，停止采食，但持续 24 小时以后，就开始采食，逐步恢复正常。本次试验所用的牛全部是 3～17 岁，体重 200～350 千克。试验牛全部从当雄县拉根多公社五个生产队中的牛群选出，据我们检查的情况，5 克粪便中虫卵最多的为 1 097 个，感染率为 82%，故须加强防治工作。另外，这个贯众散处方还具有剂量大、不易灌服、槟榔仍要从内地购进等不足之处，有待今后在实践中改进提高。

中草药防治牛羊肝片吸虫病的经验总结①

多年来，我县肝片吸虫病发生不少，尤其是白嘎、山扎等半农半牧区最为常见，牧区也有此病，但较少。一般在低洼潮湿的沼泽地放牧，容易发生本病，而且往往造成牲畜的大批死亡。集中公社四队有 400 只山羊感染了本病，死亡了 230 只、死亡率达 57.5%。面对这样严重的问题，当地群众根据肝片吸虫生长发育史的特点，采取了不少措施，如不在潮湿地方放牧、把沼泽地围起来、不让牛羊进入等，虽然取得了一些成效，但不能根除。为了寻找一种简便有效、药源充足的治疗方法，我们从 1970 年开始深入群众调查了解藏兽医防治此病的经验，在总结群众经验的基础上，制订了防治处方，并着手试验。据 1973 年在集中三队、夏日二队等地的试验观察，在灌服中草药的 1 444 头

① 本研究资料由原西藏比如县畜牧兽医站提供。

（只）中，只死亡 8 头（只），占 0.55%。

根据上述试验结果，1974 年以后，在白嘎、山扎区有肝片吸虫病流行的社队，都用中草药进行预防性的驱虫，共灌服 1 260 头（只），其中只死亡了 2 只小山羊，占 0.15%。1975 年，灌服 1 723 头（只），无死亡。由于逐年用中草药进行预防驱虫，到 1976 年，这两个区就基本上见不到有患肝片吸虫病的牛、羊了。

现将用中草药驱除肝片吸虫的处方介绍如下。

乌双龙胆 600 克、翻白草 450 克、秦艽 450 克、囊距翠雀 450 克、假耧斗菜 250 克、麝香 0.3 克、马先蒿 250 克、草乌 90 克、西河柳 300 克、菖蒲 15 克。混合磨成细末，装瓶备用。

剂量：大牛 30～45 克，小牛 24～30 克，羊 15～30 克。

用法：在每年的 11—12 月，把药用适量的藏酒调成稀糊状灌服。灌时须小心不能呛肺。灌药后一天内不能饮水，在阳坡放牧。

用中草药防治肝片吸虫病，群众普遍反映良好，费用低，效果较好。白嘎七队原来牛、羊肝片吸虫病极为严重，1971 年未进行驱虫，绵羊死亡 63 只，山羊死亡 47 只，大牛死亡 28 头，小牛死亡 42 头，共 180 头（只），占全队总牲畜数量 976 头（只）的 18.8%。1973 年用中草药驱虫后，只有 11 只山羊和 1 头牛死亡，占全队总牲畜数量 1 389 头（只）的 0.95%。1974 年以后未见有死于肝片吸虫病的牛、羊了。

松萝酸钠驱除绵羊大型肺丝虫实验报告①

我们在整理、总结藏兽医诊疗经验的基础上，针对严重危害绵羊的肺丝虫病，初步选取具有抗菌、抗原虫作用强的中草药——长松萝，对其有效成分进行了提取，试用于治疗绵羊大型肺丝虫病，取得了初步结果。试验步骤如下：

一、药　　物

药物长松萝系采自工布江达县林区，为松萝科松萝属植物长松萝（*Usnea longissima* Ach.），别名云雾草，藏名星拜。属地衣类，植物体线状，细长，长达 1 米以上。松萝酸为其有效成分之一。其提取和钠盐的制法如下：

1. 松萝酸的提取　取定量长松萝切碎，加苯（低于 60℃）淹没浸泡。置回流器中回流 3 次，取下。滤过药液，浓缩至原来药液的 1/10～1/5。静置冷却 12～24 小时，即析出松萝酸结晶（粗制品）。取粗制品，加入苯、醇

① 本研究资料由原西藏畜牧兽医科学研究所提供。

(1∶20)溶液，加热回流。待完全溶解后，取下过滤。静置24小时后，析出金黄色针状结晶，80℃干燥，得精制松萝酸结晶。

2. 松萝酸钠的制法　取精制松萝酸100克，加入85%乙醇2 000毫升，置回流器内。在水浴锅上，加热回流下，滴加由碳酸氢钠25克和蒸馏水260毫升配成的溶液，回流30分钟后，过滤。将滤液在减压下回收乙醇，至剩原液1/3时，取下静置，即析出结晶，过滤干燥，得松萝酸钠结晶。

3. 松萝酸钠液配制　取松萝酸钠结晶，以蒸馏水配成1%～2%溶液装瓶，流通蒸汽灭菌30～60分钟后备用。

4. 剂量用法　小羊8～10毫升，大羊10～15毫升，气管注射，每日1次，连续给药2次。

二、试验用羊

由当雄县供给，即由自然感染肺丝虫严重的羊群中，用贝尔曼氏法检查幼虫，选取染虫率高、无其他病状、2岁以上的绵羊作为实验用羊。

三、试验方法

1. 幼虫的计数及实验羊的分组　试验前3天起，每日早晨采取新鲜羊粪5克，分离计数大型肺丝虫幼虫，以三次计数幼虫的平均数的量适当搭配，分为试验、对照两组进行试验。投药后第6天、第12天，以同法进行两次幼虫计数，作为试验前后对比。

2. 临床检查　试验期间，每日早晨进行常规检查，详细记录。

3. 投药　药物剂量以羊只体况和体重计算，气管注射，每日1次，连续1～2次。对照组注射葡萄糖生理盐水10毫升，每日1次，连续3次。

4. 效果的判定　以试验前后幼虫的增减情况作为指标。

四、结　　果

试验组在投药后，两次幼虫检查结果，其对绵羊大型肺丝虫幼虫总驱虫率为85.6%，对小型肺丝虫幼虫无作用。药后第14天剖检76号试验羊，肺脏中仅有小型肺丝虫成虫3条；对照组在试验后幼虫明显增高，其总增虫率为27.3%，实际上增虫率要高达40%以上。因为试验后第一次检查幼虫的增虫率为35%以上，第二次检查虽然为2只羊的数据，其幼虫也增高了58%以上。从上述结果可以初步看出，松萝酸钠对绵羊大型肺丝虫驱虫作用明显，有必要进一步扩大试验，求出其精确驱虫率及有效的投药途径，以便推广应用。

五、讨　　论

（1）长松萝性平味甘，具有清热解毒、化痰正咳功效，其有效成分为松萝酸，可用于治疗肺结核、慢性支气管炎、外伤感染和各种炎症。但兽医临床应用很少，尤其是用于驱除绵羊肺丝虫尚未见有报道。我们将松萝酸的钠盐试用于驱除绵羊大型肺丝虫，取得初步成效，但还应做进一步的探索研究，以便推广应用。

（2）本次试验以绵羊大型肺丝虫幼虫的增减情况作为衡量药效的指标，由于实验用羊缺乏和具体条件限制，不能剖检求其精确驱虫率，这是不足之处。另外，试验期间正值排虫季节，故其驱虫效果难免有所出入，有待今后进一步证实。

蓝花侧金盏治疗疥癣的经验总结①

疥癣是牧区牲畜发生较多的传染性皮肤病。皮肤发痒、发炎、脱毛和生痂为其主要表现。病初起时多见于头部，以后逐渐蔓延到背部及体侧，甚至遍及全身。患部奇痒难忍，故患畜到处揩擦，皮肤干燥脱毛，或形成痂屑，状如麸皮。疥癣各种牲畜都可感染，时间长久能使患畜生长受阻、消瘦甚至造成死亡，是发展畜牧业的大敌。

现有的治疗疥癣的药物虽多，但在牧区大面积使用均有一定困难。为了找出一种在牧区药源广、疗效高、价格低、使用方便的药物，我们根据藏兽医的经验，用藏区草药蓝花侧金盏进行治疗疥癣的试验，获得了良好的效果。

这种疗法是用蓝花侧金盏（藏名豆洛）25 克，碾为细末，过筛后，调清油或柴油 500 毫升，制成油膏。放置 7 天以上即可使用（放置时间越长越好）。一般是每月给患畜全身擦药 1 次，最多不超过 3 次。

蓝花侧金盏为毛茛科植物，刺激性极强，有直接杀灭疥癣虫的作用，故对疥癣的疗效较好。1962 年，我们用这种方法治疗患马 500 多匹，除 1 匹马死亡外，其余全部治愈。现已在四川阿坝藏族自治州推广应用。

蓝花侧金盏的毒性较大，在炎热季节擦药，易发生全身水肿、腹胀、颈和四肢强直、食欲废绝等中毒症状。为了解决这一问题，我们根据藏兽医经验，制订了解毒处方，一般服药 1～2 次，即可恢复正常。其处方是：土木香 30 克、缬草 15 克、甘草 15 克、唐古特莨菪 9 克、甘松 15 克、亚大黄 15 克。将药物按 1∶8 加水，煎至水剩 1∶3 时，倒出药液，将药渣再煎一次，倒出第二次药液。两液混合备用。大马每次服 150 毫升，小马每次服 50 毫升；大羊每次服 30 毫升，小羊每次服 15 毫升。

---

① 本研究资料由原四川省若尔盖县红星公社畜牧兽医站提供。

在上述结果的基础上，我们又试制了蓝花侧金盏针剂，共治疗疥癣患马300多匹，亦均治愈。蓝花侧金盏针剂的制法和用法：取蓝花侧金盏生药20克，阴干。制作前，先在药上洒水少许，然后用4～5层绸子将药包好。用适量95%乙醇浸泡7～30天。然后加蒸馏水200毫升，回收乙醇后，将药液浓缩至100毫升。放置冷处24小时，过滤、灭菌备用。使用时，在疥癣周围行点状注射，每点注射0.5毫升，每次总量不得超过25毫升。间隔6～7天可再注射一次，一般注射1～2次即可治愈。

中草药防治羊鼻蝇幼虫病试验总结①

羊鼻蝇幼虫病是羊鼻蝇幼虫寄生于绵羊的鼻腔及其附近的腔窦而引起绵羊的一种以不安和慢性鼻炎等症状为特征的寄生虫病。在我县柴仁区的良曲、孟庆、嘎曲三个公社过去每年或轻或重都有发生。发病的患羊表现不安，摇头或低头使鼻靠近地面，妨碍吃草，从而影响抓膘，降低畜产品的产量，个别生产队患羊死亡数还较多，给畜牧业生产和群众生活带来了一定影响。柴仁区兽防组几年来为消灭羊鼻蝇做了大量的工作。他们因地制宜，就地取材，用当地的中草药防治羊鼻蝇幼虫病，取得了可喜的效果。现将羊鼻蝇幼虫病在该地区的流行情况、发病症状，中草药的防治方法等分述于下。

一、流行情况

据了解，羊鼻蝇幼虫病在良曲、孟庆和嘎曲三个公社，过去年年都有发生。1970年，这三个公社都发生了羊鼻蝇幼虫病，病情比较严重，造成了羊的大量死亡。据区兽医防疫组当时在孟庆公社的统计，全公社有大绵羊457只，除个别羊只未发病外，大部分均患羊鼻蝇幼虫病，死亡124只，死亡率达27.13%。

二、症　　状

羊一般在7—8月天气较为暖和时发病，于翌年3月症状才见明显。当羊患病后不久，幼虫进入鼻腔，由于幼虫的刺激而引起鼻腔发炎。起初流浆液性鼻涕，以后逐渐变成脓性鼻涕，有时还带血。病羊呼吸有困难，打喷嚏，在地上摩擦鼻端，拱鼻，头顶墙，有的把头上的毛都磨光了。羊乱跳，互相顶撞而不安，不好好吃草。这样时间长了，膘情变得很差。到了翌年春天，患羊整个头部发生肿胀，头无法抬起，精神萎靡不振，体质消瘦而最后死亡。其死亡时间的早晚，决定于患羊膘情的好坏。

① 本研究资料由原西藏比如县畜牧兽医站提供。

三、防治方法

1971 年 11 月 24 日，先在良曲公社三队进行了药物防治试验。共选择 30 只患羊，都在羊角根部钻眼，每只羊 6 毫升，分两边角根部注射。其中 10 只羊注射中草药药液，10 只羊用 10%敌百虫溶液注射，10 只羊用 10%的来苏儿溶液注射。注射后敌百虫组和来苏儿组患羊表现骚动不安，精神不振，食饮欲变差，1 周后鼻黏膜呈黑红色，同时流铁锈色鼻液。中草药组注射后，患羊无异常反应，只见鼻液一天天减少，鼻黏膜逐渐变成鲜红色或粉红色。患羊吃草与未给药前相比开始好转。

根据这一试验结果，进行了中草药的防治试验，并且取得了较为满意的效果。其具体做法如下：

取大狼毒的种子 23 克和根 23 克、贯众 60 克、野葱 25 克、马蔺子 120 克、螺蛳 90 克、结血蒿 500 克、花椒 600 克、防风 500 克。将上述药稍微碾一下，盛入干净的锅内加水 10 200 毫升，烧开，用微火再熬 3 小时。放置冷处 24 小时，过滤、灭菌备用。在患羊的每边角的前外侧、角与皮肤交界处的上方 1～2 厘米处（大羊约在 2 厘米处、小羊约在 1 厘米处）剪毛消毒后，用兽医针灸三棱针自上而下钻一斜眼（注意钻过角质后，其质地较软，应细心钻，不能出血，直至钻完较软的角质后为止）。钻好后，大羊每边角根注射 3 毫升。小羊每边角根注射 1.5 毫升，共 3 毫升。注射应徐缓注入。一般注射一次即可达到治疗的目的。个别羊在注射后 1 周仍有症状者，可再重复注射一次。这个防治方法从 1972 年 3 月开始在良曲公社全面推广，从而消灭了羊鼻蝇幼虫病，至今未再复发。

二十四种中草药对四种病原菌的抑菌试验①

我区地处高原，野生药用植物资源十分丰富，千百年来劳动人民利用野生药用植物防病、治病，积累了丰富的经验。为了充分利用我区中草药资源，防治畜病，促进畜牧业生产的发展，摸索西藏高原中草药对本地区病原菌的抑菌效能，我们利用在日喀则帕里地区收集的二十四种野生药用植物，对我区家畜四种常见病的病原菌进行了抑菌试验。现将试验结果报告如下：

一、材料准备

1. 药液的煎取 对供试验用的中草药不进行选择，凡收集到的均予使用。

①本研究资料由原西藏畜牧兽医工作队提供。

取草药各 20 克，置烧杯内，加蒸馏水 100 毫升，浸渍过夜，煎 20 分钟，用纱布滤过。将滤渣倒回原烧杯内，加水 100 毫升，煎 20 分钟，用纱布滤过。合并两次药液，浓缩成 40 毫升。装瓶灭菌备用。

2. 菌种来源　取本队诊断室分离保存的菌种四株（表 1），经培养后镜检无杂菌。

表 1　菌种来源

菌种名称	来　源
大肠杆菌	当雄县“久崩”（藏语）病料分得
坏死杆菌	堆龙德庆县患病山羊蹄部分得
沙门氏杆菌	丁青县黄牛病料分得
肉毒梭菌	安多县奶牛“苏中”（藏语）病料分得

二、试验方法

采用平皿法试验。取营养琼脂 15～20 毫升，倾入预热的平皿中凝固。再取 0.9%马丁肉汤琼脂 3 毫升，加热至 47℃使之溶化，加入有关细菌 24 小时马丁汤培养物 0.07 毫升。充分混合后，倾入已凝固的琼脂平皿中，使成薄层凝固后，用直径 6 毫米的无菌打孔器取 5～6 个孔，每个孔内分别加入不同的草药煎剂 0.1 毫升。置 37℃恒温箱中培养 12 小时，观察抑菌效果（生长缓慢的细菌，适当延长观察时间）。对有抑菌作用的草药，反复试验 4 次。

三、试验结果

平皿经培养后，迅速翻转，用卡尺测量抑菌圈直径，以毫米计算。记录 4 次试验结果的平均值（表 2）。

表 2　二十四种中草药对四种病原菌的抑菌试验

单位：毫米

药　名	细　菌			
	大肠杆菌	沙门氏菌	坏死杆菌	肉毒梭菌
地　丁	18	20.5	12.7	—
贯　众	—	15.2	—	—
黄　连	15	14.5	—	—
泽　泻	14	21.5	11	—

（续）

药名	细菌			
	大肠杆菌	沙门氏菌	坏死杆菌	肉毒梭菌
紫沙参	—	—	—	—
大　黄	15	18	18	—
黄　精	—	—	—	—
藏黄连	15	24	15	—
拳　参	18	20	18	—
三颗针	16	11.5	10	22.0
辣　蓼	18	20.5	11.25	—
菟丝子	—	—	—	—
五灵脂	—	—	—	—
西河柳	15	22.5	—	—
安　吉	—	27.8	12	—
菌毛葡	16	—	—	—
翻白草	—	—	—	—
谷精草	—	16.5	—	—
白沙参	—	—	—	—
拉空组	16	24	12.75	—
太子参	—	—	—	—
党　参	—	—	—	—
白　芨	—	22	—	—
糙　苏	11	16	—	15

注：“—”表示未测定。

基于中医传承辅助系统对630个藏兽医验方和纤毛婆婆纳组方规律分析①

摘要：基于中医传承辅助系统软件，采用改进的互信息法、复杂系统熵聚

① 本研究资料由西南民族大学生命科学与技术学院提供，尚未发表。

类、无监督的熵层次聚类等无监督数据挖掘方法，对 630 个藏兽医验方和纤毛婆婆纳的组方规律进行分析。结果表明，630 个方剂中使用频次最高的单味药物、药物归类、四气、五味和归经分别是诃子、菊科、温性、苦味和肝脏；从 26 个含有“纤毛婆婆纳”处方中筛选得到 2 个新处方。

关键词： 藏兽医验方；中医传承辅助系统；组方规律；纤毛婆婆纳

Composing principles of 630 Tibetan veterinary proved recipes and *Veronica ciliata Fisch*. based on the traditional Chinese medicine inheritance system

Abstract: [Objective] To analyze the composing principles of the prescriptions of 630 Tibetan veterinary proved recipes and *Veronica ciliata Fisch*., unsupervised data mining method such as revised mutual information, complex system entropy cluster and unsupervised hierarchical clustering were used based on the traditional Chinese medicine inheritance system software. [Results] The results showed that the single medicine, classification, four properties, five tastes channel-tropism with a higher use frequency in 630 proved recipes were *Terminalia chebula Retz*., *Asteraceae*, warm, bitter and liver individually; and two new prescriptions were mined from the 26 proved recipes including *Veronica ciliata Fisch*..

Key words: Tibetan veterinary proved recipes; traditional Chinese medicine inheritance system; composition principle; *Veronica ciliata Fisch*.

藏兽医学是祖国兽医学的重要组成部分，也是藏族劳动人民同家畜疾病做斗争的经验总结，是藏族劳动人民在长期的医疗实践中，吸取中医理论和外来医学的精华，再结合本地区的特色建立起来的具有独特理论体系的民族兽医学，具有悠久的历史、独特的理论体系和诊断方法，内容丰富，对于保证广大牧区畜牧业的发展有着重要的作用和贡献。藏区中草药资源非常丰富，长期的生活实践中，藏族同胞利用其独特的中草药资源优势用于人类和动物疾病的防控，并积累了丰富的用药经验。然而，长期以来，同时由于历史条件的限制，对藏兽医验方的收集和整理只限于部分畜牧业发达的地区，使得藏兽医验方资源的发展和传承受到一定的限制。因此，本研究利用中医传承辅助系统，对收集到的藏兽医验方和文献资料记载的方剂进行数据挖掘，对收集到的 630 个藏兽医验方和 26 个含有纤毛婆婆纳的验方进行组方规律分析，以期将宝贵的藏兽医验方得到系统的整理，为藏兽医经验在藏区发展和传播提供依据，同时为后期系统研究藏兽医验方的现代药理学机制奠定基础。

1 资料和方法

1.1 处方来源与筛选

藏兽医方剂主要来源于《藏兽医经验选编》[1]、《常用藏药志》[2]、《现代中兽医大全》[3]、《藏兽医验方选》[4]、《高原中草药治疗手册》及中国知网（CNKI）检索“藏兽医”和“藏兽药”关键词筛选到的相关文献（1975—2013年）[5-17]。

1.2 分析软件

“中医传承辅助系统（V2.0）”软件，由中国中医科学院中药研究所提供。

1.3 处方的输入和核对

将1.1文献资料中筛选的藏兽医验方方剂录入中医传承辅助系统。为确保数据源的准确性，避免录入过程可能出现遗漏或重复输入等错误，在完成筛选方剂的录入后，再由录入人员以外人员负责数据源的审核和修正，从而保证后续对筛选方剂的数据挖掘结果的准确性。

1.4 数据分析

利用中医传承辅助系统“数据报表系统”模块的“方剂分析”功能，对630个藏兽医方剂进行“常用药物频次分析”和“方剂药性分析”。同时，基于关联规则和熵聚变算法对含有藏药关键词“纤毛婆婆纳”的26个方剂进行组方规律分析，从而筛选新的药物组方，为分析和研究新组方剂的药效学奠定基础。

2 结果

2.1 630个方剂组方药物基本信息统计与分析

利用中医传承辅助系统软件对收集到的630个藏兽医方剂进行药物频次、归类统计、四气统计、五味统计和归经统计，分析其组方规律。

2.1.1 药物频次

从参考文献中共检索到630个藏兽医验方（其中四川省409个，西藏自治区119个，甘肃省59个，云南省3个，青海省15个，未提供验方来源单位25个），共有1 143味药物。对630个处方中的药物频次进行统计，使用频次高于20的药物统计结果见表1，从表中可以看出共有32味，其中植物药物25味、动物药物2味、矿物药物5味。

表 1　630 个方剂中频次高于 20 的药物

序号	中药名称	频次	序号	中药名称	频次
1	诃子	91	17	硫黄	25
2	麝香	87	18	丁香	25
3	大黄	71	19	广木香	25
4	甘草	71	20	囊距翠雀	24
5	红花	48	21	石榴皮	24
6	木通	46	22	川芎	23
7	五灵脂	43	23	肉豆蔻	23
8	当归	41	24	藏木香	23
9	荜茇	37	25	雪上一枝蒿	22
10	木香	31	26	白术	22
11	石灰华	31	27	滑石	21
12	寒水石	29	28	金银花	21
13	安息香	27	29	陈皮	21
14	船形乌头	27	30	益智仁	21
15	纤毛婆婆纳	26	31	镰形棘豆	20
16	黄芩	26	32	土碱	20

2.1.2　药物归类

对使用频次高于 100 的科属进行归类分析，有 8 个种属的药物使用频次较高，其中使用最多的为菊科植物，其次为毛茛科、豆科、伞形科、唇形科、姜科、使君子科和玄参科植物（图 1）。值得一提的是，尽管其他科属药物使用频

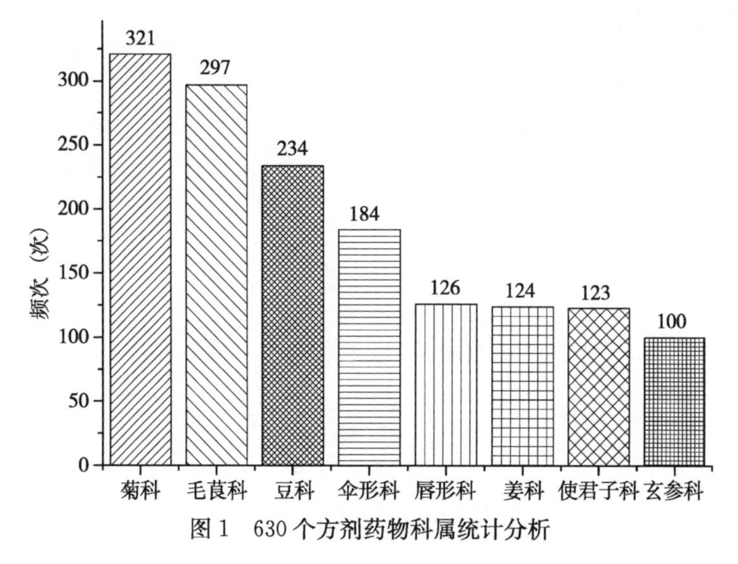

图 1　630 个方剂药物科属统计分析

次在 100 次以下，但其使用频次远远高于传统中兽医临床用药频次（如鹿科，数据未列出），这可能与藏区药物资源优势和藏兽药的使用习惯有一定关系。

2.1.3 四气统计分析

630 个方剂中药物的四气统计分析结果见图 2：温性药物的使用频次最高，共使用 1 371 次；热性药物使用频次最低，共使用 217 次。

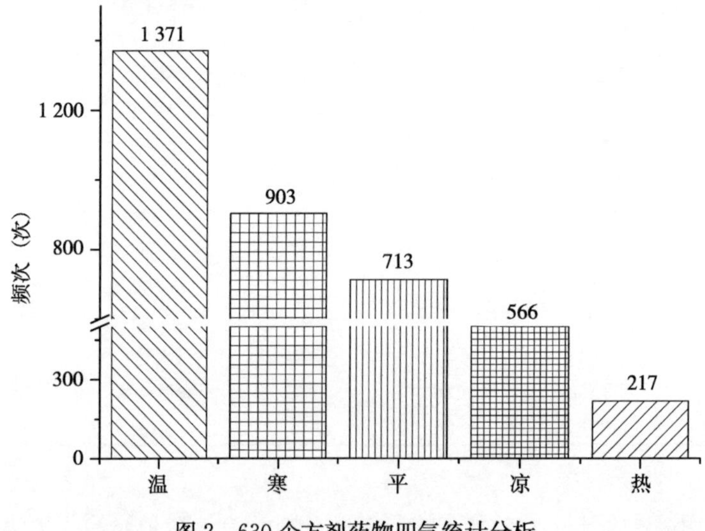

图 2　630 个方剂药物四气统计分析

2.1.4 五味统计分析

630 个方剂中药物的五味统计分析结果见图 3：苦味药物的使用频次最高，

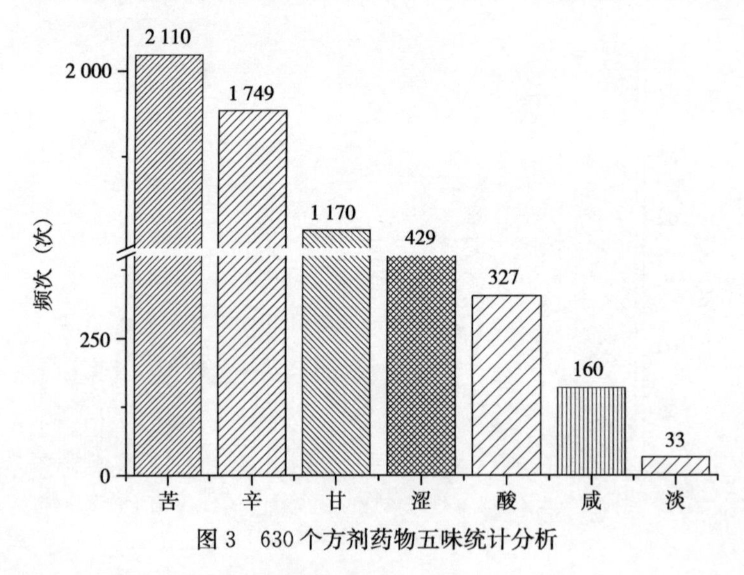

图 3　630 个方剂药物五味统计分析

共使用 2 110 次；淡味药物使用频次最低，共使用 33 次。其他性味使用频次顺序为辛＞甘＞涩＞酸＞咸。

2.1.5 归经统计分析

630 个方剂中药物的归经统计分析结果见图 4：归经频次最高的是肝脏，共 1 406 次；归经频次最低的是三焦，共 74 次。其他归经的统计结果显示，除了归经为胆、膀胱、小肠和心包的药物使用频次在 260 次以下外，其他归经的药物使用频次都在 600 次以上。

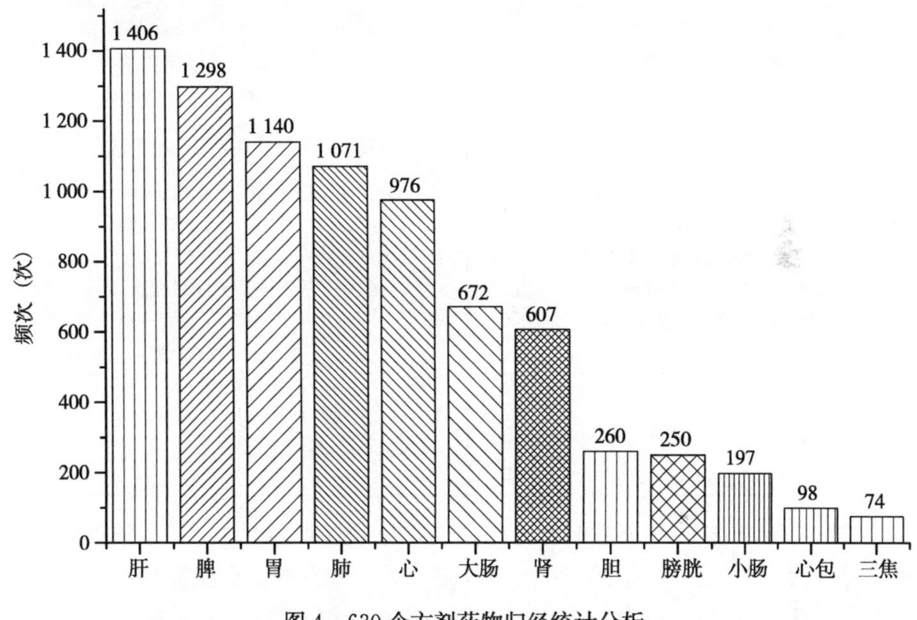

图 4　630 个方剂药物归经统计分析

2.2　藏药纤毛婆婆纳组方规律分析

从 630 个藏兽医方剂中共筛选到 26 个含有“纤毛婆婆纳”的方剂，共 166 味药物。利用中医传承辅助系统“方剂分析系统”模块，对其组方规律进行分析，从而筛选出新的组方。

2.2.1 基于关联规则分析的组方规律研究

（1）用药模式分析　在设置支持度为 20%和置信度为 90%的条件下，对 26 个含有“纤毛婆婆纳”的藏兽医方剂进行组方规律分析，26 个方剂中使用频次在 5 以上的组合见表 2。使用频次在 5 以上的用药组合共 35 个，其中排在前五位的组合分别是“五灵脂，纤毛婆婆纳”“诃子，纤毛婆婆纳”“广木香，纤毛婆婆纳”“波棱瓜子，纤毛婆婆纳”和“五脉绿绒蒿，纤毛婆婆纳”。

表2　26个方剂中使用频次在5以上的药物组合

序号	药物模式	出现频度	序号	药物模式	出现频度
1	五灵脂，纤毛婆婆纳	9	19	五灵脂，广木香	5
2	诃子，纤毛婆婆纳	9	20	广木香，五脉绿绒蒿	5
3	广木香，纤毛婆婆纳	9	21	红花，五脉绿绒蒿	5
4	波棱瓜子，纤毛婆婆纳	8	22	诃子，广木香	5
5	五脉绿绒蒿，纤毛婆婆纳	7	23	余甘子，广木香	5
6	牛黄，纤毛婆婆纳	6	24	红花，广木香	5
7	红花，纤毛婆婆纳	6	25	五灵脂，波棱瓜子，纤毛婆婆纳	5
8	五灵脂，五脉绿绒蒿	6	26	五灵脂，广木香，纤毛婆婆纳	5
9	红花，五灵脂	6	27	广木香，五脉绿绒蒿，纤毛婆婆纳	5
10	五灵脂，五脉绿绒蒿，纤毛婆婆纳	6	28	红花，五脉绿绒蒿，纤毛婆婆纳	5
11	红花，五灵脂，纤毛婆婆纳	6	29	诃子，广木香，纤毛婆婆纳	5
12	五灵脂，波棱瓜子	5	30	余甘子，广木香，纤毛婆婆纳	5
13	纤毛婆婆纳，伞梗虎耳草	5	31	红花，广木香，纤毛婆婆纳	5
14	纤毛婆婆纳，红檀香	5	32	红花，五灵脂，五脉绿绒蒿	5
15	纤毛婆婆纳，船形乌头	5	33	红花，五灵脂，广木香	5
16	甘草，纤毛婆婆纳	5	34	红花，五灵脂，五脉绿绒蒿，纤毛婆婆纳	5
17	益智仁，纤毛婆婆纳	5	35	红花，五灵脂，广木香，纤毛婆婆纳	5
18	余甘子，纤毛婆婆纳	5			

（2）规则分析　26个方剂药对用药规则见表3所示，共有12条规则。从表中看出，在2味药模式中，牛黄、波棱瓜子、五灵脂、五脉绿绒蒿、诃子和广木香与纤毛婆婆纳合用的概率较高；在3味药模式中，“五灵脂，五脉绿绒蒿”和“红花，五灵脂”组合与纤毛婆婆纳合用的概率较高。

表3　26个方剂中药物组合的用药规则（置信度＞0.9）

序号	规则	置信度	序号	规则	置信度
1	牛黄－>纤毛婆婆纳	1	7	红花－>纤毛婆婆纳	1
2	波棱瓜子－>纤毛婆婆纳	1	8	红花－>五灵脂	1
3	五灵脂－>纤毛婆婆纳	1	9	五灵脂，五脉绿绒蒿－>纤毛婆婆纳	1
4	五脉绿绒蒿－>纤毛婆婆纳	1	10	红花，纤毛婆婆纳－>五灵脂	1
5	诃子－>纤毛婆婆纳	1	11	红花，五灵脂－>纤毛婆婆纳	1
6	广木香－>纤毛婆婆纳	1	12	红花－>五灵脂，纤毛婆婆纳	1

注：“－>”表示置信度，左边为A，右边为B。当药物A出现时，B药物出现的概率（A出现后，参数越接近1，B出现概率越高）。

（3）网络展示　对26个方剂的12条规则进行网络显示，直观展示药物间相互关系，结果见图5。

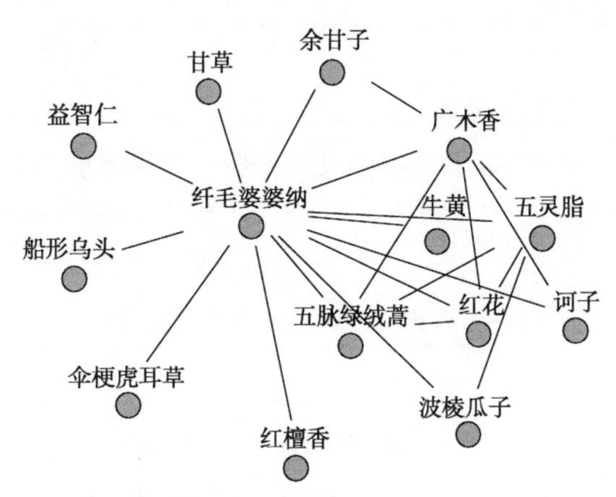

图5　支持度为5，置信度为0.9的药物网络展示

2.2.2　基于熵聚变的方剂组方规律研究

（1）基于改进的互信息法的药物间关联度分析　根据方剂的数量，同时结合经验判断，在设置相关度为8、惩罚度为2的情况下进行聚类分析，得到26个方剂中两两药物间的相关度，共得到149条药物关联信息，将关联系数0.08以上的药对列表（表4）。

表4　基于改进的互信息法的药物间关联度分析

药　对	关联系数	药　对	关联系数
五脉绿绒蒿，广木香	0.107 868	藏木香，铁屑	0.089 58
紫草茸，马蔺子	0.089 58	藏木香，白景天	0.089 58
紫草茸，冰片	0.089 58	藏木香，苦参	0.089 58
紫草茸，藏紫草根	0.089 58	藏木香，醋柳果	0.089 58
藏木香，覆盆子	0.089 58	藏木香，大籽蒿	0.089 58
藏木香，川楝子	0.089 58	五灵脂，胡黄连	0.087 83
藏木香，藏茵陈	0.089 58	波棱瓜子，红花	0.085 429
藏木香，野生姜	0.089 58		

（2）基于复杂系统熵聚类的药物核心组合分析　以改进的互信息法的药物间关联度分析结果为基础，按照相关度为8和惩罚度为2的约束规则，基于复杂系统熵聚类，得到4个药物核心组合（表5）。

表 5　基于复杂系统熵聚类的药物核心组合

序号	核心组合	序号	核心组合
1	翼首草，诃子，广木香	3	波棱瓜子，牛黄，藏马兜铃
2	余甘子，白檀香，高山龙胆	4	余甘子，白檀香，甘青青兰

（3）基于无监督熵层次聚类的新处方分析　在提取核心组合基础上，运用无监督熵层次聚类算法，得到 2 个新处方（表 6），候选新方的网络展示见图 6。

表 6　基于无监督熵层次聚类的新处方

序号	候选新处方
1	翼首草，诃子，广木香，波棱瓜子，牛黄，藏马兜铃
2	余甘子，白檀香，高山龙胆，甘青青兰

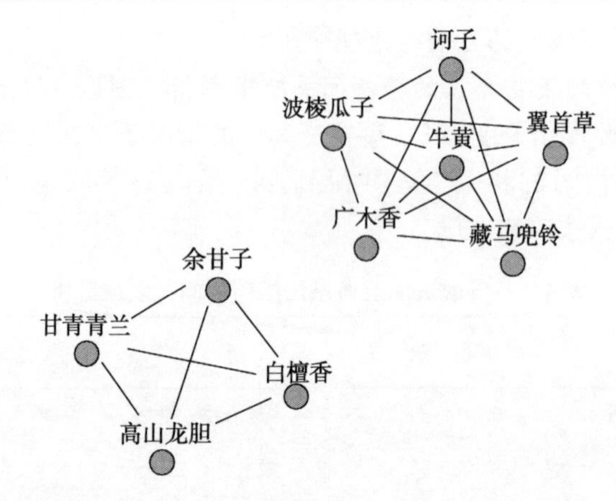

图 6　相关度为 8，惩罚度为 2 的新处方药物网络展示

3　讨论

3.1　中医传承辅助系统软件对藏兽医经验方的挖掘与开发

藏兽医药学是我国古老的科学文化遗产之一，也是我国传统兽医药学的重要分支。藏兽医药学随着藏区科学文化和畜牧业生产技术的进步而产生和发展。新中国成立后，藏区兽医教育迅速发展，改变了新中国成立前由于历史条件的限制使得很多古方和验方仅能采用口传心授方式传承下来的局面，出版了大量的兽医学著作并培养了大批兽医人员，使得藏兽医资源得到记录和传承。

中医传承辅助系统软件能够对医案进行数据挖掘和发现用药规律的总结，对中药的二次开发及古方和验方的开发研究，尤其是对中药新药的创制均具有重要的价值[18]。利用中医传承系统软件网络资源对藏兽医经验方进行统计和处理，同时对相关数据进行分析和挖掘，总结藏兽药的用药规律，对藏兽药的开发和传承都有一定的指导意义。同时，能够为藏兽药的现代药理学研究提供新的思路和方法，为筛选更好的新型方剂和开拓新的应用领域奠定基础。

3.2　藏兽医经验方组方的特点

本研究对检索到的630个藏兽医验方组方药物进行四气五味和归经等分析，同时以纤毛婆婆纳为例进行新药方筛选，在结果处理过程中发现收集到的验方组方有以下特征。

3.2.1　药物组成数量

收集到的630个藏兽医验方中，药物组成数量差别很大：最少的只使用1味药物，如沙棘膏，用沙棘果实制得；最多的方剂使用25味药物，如方剂“五味子二十五味”和“獐芽菜二十五味”，分别使用五味子和獐芽菜等25味药物组方。

3.2.2　药物使用剂量

在药物剂量方面，很多药物包括毒性较大的药物使用量比较大，如瑞香狼毒在治疗牛羊疥癣时使用剂量为15～30克[1]，考虑到个体差异因素很可能会引起动物中毒事件，在使用中必须加以重视。

3.2.3　药物使用种类

藏区中草药资源非常丰富，具有其他地区不可比拟的优势，在藏兽药的配方和使用中，其组方药材的种类也较多地使用了雪莲花、红景天和藏木香等大批高原地区稀有的药材资源。此外，除了植物药物外，还较多使用了动物药物和矿物药物（如五灵脂和硇砂等）。

3.3　藏兽医经验方的现代药理学研究

本研究中收集的630个方剂，虽然都来自书面文件，但较少来自专题研究资料，很多验方未能在实践中经过大量的动物试验验证，而且部分药物的学名、科属和性味功能等信息还需要进一步考证。因此，在后续的研究中，有必要对收集的验方方剂进行进一步考究，同时根据具体情况和处方来源，对组方药材的配伍和用量等信息进行核对，并通过现代药理学方法进一步研究其药效学和药动学，以使其在藏区养殖业中更好地发挥作用，达到真正的防治疾病的目的。

3.4　候选新方剂的分析

本研究利用中医传承系统软件筛选出2个新处方，分别与尕尔戈报道的“感冒散”和“龙胆十五味”组方有一定相似性[10]，为研究筛选的新方剂的药理学作用提供了参考依据和研究思路。然而，新筛选药方能否和报道的验方一样发挥药理学作用，还需要通过与相似度高的验方进行药理学比较分析，同时结合理论分析和临床验证才能作出全面的评价，从而为藏兽医的丰富和发展提供新的材料和思路。

致谢：软件的安装和数据处理过程得到中国中医科学院中药研究所研究生申丹的热情帮助指导，在此表示感谢！

参考文献（略）

蠔猪刺和乌樟水提物对禽源大肠杆菌和沙门氏菌抑菌作用的研究[①]

摘要：为考察蠔猪刺、乌樟水提物的体外抗菌活性及其与常用抗生素的联合抑菌效果，选择大肠杆菌 ATCC25922 标准菌株及临床采样分离纯化的大肠杆菌和沙门氏菌为检测菌，采用微量肉汤稀释法和棋盘稀释法分别测定蠔猪刺和乌樟水提物的最小抑菌浓度（MIC）及其与常用抗生素的部分抑菌浓度指数（FIC）。试验结果表明，蠔猪刺和乌樟与常用抗菌药物合用表现出协同或相加效应。

关键词：蠔猪刺；乌樟；最小抑菌浓度（MIC）；部分抑菌浓度指数（FIC）

Studies on Antibacterial Effect of *Berberis julianae Schneid* and *Cinnamomum camphora* (*L.*) *Presl*. to Avian *Escherichia coli* and *Salmonella*

Abstract: To observe the in-vitro antibacterial activity of *Berberis julianae Schneid* and *Cinnamomum camphora* (*L.*) *Presl* and their antibiotical effect when being used with commonly used antibiotics, broth microdilution method and checkerboard dilution method were used and the reference strain *E. coli* ATCC25922 and clinical sample separation of *E. coli* and *Salmonella* were selected to determin the minimum inhibitory concentration (MIC) and fractional inhibitory concentration (FIC), and the result showed that synergistic effect or additive effect were observed when they were applied with the commonly used antibiotics.

Key words: *Berberis julianae Schneid*; *Cinnamomum camphora* (*L.*) *Presl.*; Minimum inhibitory concentration (MIC); Fractional inhibitory

---

① 本研究资料由西南民族大学生命科学与技术学院提供，发表在《动物医学进展》杂志。

concentration (FIC)

抗生素在促进动物生长和提高养殖经济效益等方面发挥了重要作用，然而其不合理使用和滥用导致细菌产生耐药性并带来了很多新的问题[1]。世界卫生组织提出2012年重点控制抗生素耐药性问题，因为跨越动物、人和生态系统的疾病很多，60％对人构成危险的病原体来源于动物，并且可能引起人和动物发生严重的公共卫生事件，因此迫切需要加强和改善公共健康与动物健康系统之间的关系[2]。相关研究表明，由于中药的特殊性，细菌对中药尤其是中药复合制剂不易产生耐药性[3]。

乌樟又称香樟，在我国主要分布于长江以南及西南地区，尤其以四川省宜宾地区生长面积最广。除了具有净化有毒空气能力和用作建筑材料外，其含有的松油二环烃、樟脑烯、柠檬烃、丁香油酚等化学物质具有抗癌、防虫、治疗腹痛和皮肤瘙痒等功效[4,5]。

蠓猪刺属小檗碱科，主要分布我国湖北、四川、贵州、湖南、广西等省份，其中四川凉山州地区有十几种，在四川凉山和贵州省民间常被用作烧伤、腹泻等湿热疾病的治疗验方[6,7]。

本文旨在初步探讨蠓猪刺和乌樟及其与常用抗菌药物的联合应用对禽源沙门氏菌及大肠杆菌的体外抗菌作用，以期探究其对两种常见的禽类病原菌的抑制或杀灭效果，分析其与抗菌药物联合用药延缓细菌产生耐药性的原因。

1　材料与方法

1.1　材料

1.1.1　试验药物　蠓猪刺采自四川省巴中市南江县的丛林中；乌樟采自湖北省利川市市区的绿化带；抗菌药物（大观霉素、环丙沙星、红霉素、林可霉素和替米考星）购自中国兽医药品监察所，所有抗菌药物临用前配成5 120微克/毫升的母液备用。

1.1.2　试验菌株　大肠埃希菌标准菌株ATCC25922由西南民族大学兽医药理学教研室保存。试验中所用的沙门氏菌和大肠埃希菌采自四川省成都市洛带古镇某养殖场的跑山鸡粪便，经实验室分离纯化得到纯化菌株。

1.2　方法

1.2.1　蠓猪刺和乌樟水提物的制备　分别将采集的蠓猪刺和乌樟样品适当清洗，除去表面的污渍和泥沙，剪成约2厘米长短的小段后37℃烘干后备用。取乌樟干品1千克，蒸馏水浸泡2小时后煮沸，文火煎煮30分钟，反复3次，最后滤出煎液，合并三次煎煮液后浓缩定容至1 000毫升，使水提物相当于干物质含量为1克/毫升，121℃高压20分钟后置于4℃冰箱保存备用。在蠓猪刺水提物的制备过程中其煎煮步骤同乌樟，取蠓猪刺 4.0 千克，最后定容至 1 000毫升，使水提物相当于干物质含量为 4 克/毫升，121℃高压 20 分钟后置于 4℃冰箱保存备用。

1.2.2 菌悬液的制备　将标准菌株 ATCC25922 和纯化后的禽源大肠杆菌和沙门氏菌的菌种经 LB 肉汤增殖 24 小时后，制成含菌数为 10^5～10^6 个菌落单位的菌悬液。

1.2.3 MIC 和 FIC 测定　参照美国临床实验室标准化委员会（NCCLS）推荐的微量肉汤稀释法，对蠓猪刺和乌樟水提物及大观霉素等抗菌药物进行最小抑菌浓度（MIC）和部分抑菌浓度指数（FIC）的测定。

1.2.3.1　最小抑菌浓度测定　具体操作步骤如下：96 孔细胞培养板前 11 列各孔加 100 微升 MH 肉汤，然后分别在第 1、2 列的第 1 孔加入 100 微升药物 A，依次倍比稀释至第 11 列，第 1、2 列的前 11 孔各加入 100 微升制备好的菌悬液。同样，在第 3、4 列加入 100 微升药物 B，依次倍比稀释至第 11 列，最后第 3、4 列的前 11 孔各加入 100 微升制备好的菌悬液。37℃培养16～24h 后，计算最小抑菌浓度（MIC）。临床共分离到的 11 株大肠埃希菌和 16 株沙门氏菌，每个菌株对每个药物做两个重复。

1.2.3.2　联合药敏试验　棋盘稀释法进行联合药敏试验的步骤如下：96 孔细胞板的前 8 列各孔加入 100 微升 MH 肉汤，在第一列各孔加 100 微升药物 A，依次倍比稀释至第 8 列，最后吸出 100 微升加入第 9 列，同样在第一行前 8 孔各加 100 微升药物 B，依次倍比稀释至第 8 行，最后在前 10 列各孔加入 100 微升制备好的菌悬液，37℃培养 16～24 小时后，计算部分抑菌浓度指数（FIC）。因大观霉素、环丙沙星对沙门氏菌、大肠埃希菌、标准菌株大肠埃希菌 ATCC25922 的 MIC 值均为该药的最小稀释浓度，故联合药敏试验只做其余的药物。此外，联合药敏试验只做标准菌株大肠埃希菌 ATCC25922。

2　结果

蠓猪刺、乌樟和抗菌药物对沙门氏菌和大肠杆菌的 MIC 范围、MIC50 和 MIC90 如表 1 所示，从中可以看出，蠓猪刺和乌樟对沙门氏菌和大肠杆菌的最小抑菌浓度均为 1 克/毫升，其他抗菌药物对沙门氏菌和大肠杆菌的最小抑菌浓度在 NCCLS 提供的指控范围内。

虽然蠓猪刺和乌樟对大肠杆菌的最小抑菌浓度一样，但当两种中药分别与抗菌药物及另一种中药联合用药时，表现出不同的抗菌作用。从表 2 可以看出，蠓猪刺-红霉素、乌樟-红霉素、乌樟-替米考星、乌樟-林可霉素联合应用表现为相加作用；蠓猪刺-林可霉素，乌樟-蠓猪刺联合应用表现为无关作用；蠓猪刺-替米考星联合应用表现出无关作用。

表 1　蠔猪刺、乌樟和抗菌药物对沙门氏菌和大肠杆菌的 MIC 范围、MIC_{50}和 MIC_{90}

Table1　MIC range、MIC_{50} and MIC_{90} of Avian *E. coli* and *Salmonella* to *Berberis julianae Schneid*、*Cinnamomum camphora*（*L.*）Presl *and antibiotics*

药物种类 Drug type	MIC 范围、MIC_{50}和 MIC_{90} MIC range、MIC_{50} and MIC_{90}					
	大肠杆菌 *E. coli*			沙门氏菌 *Salmonella*		
蠔猪刺（*Berberis julianae Schneid*）	1～1	1	1	1～1	1	1
乌樟［*Cinnamomum camphora*（*L.*）*Presl*］	1～1	1	1	1～1	1	1
大观霉素（Spectinomycin）	0.125～16	0.5	32	0.125～32	0.125	1
环丙沙星（Ciprofloxacin）	0.125～0.5	0.125	16	0.125～16	0.125	0.25
红霉素（Erythromycin）	0.25～128	2	32	2～32	4	32
林可霉素（Lincomycin）	2～128	64	128	8～128	64	128
替米考星（Tilmicosin）	0.125～128	2	128	0.5～128	4	128

注：蠔猪刺和乌樟的浓度单位为克/毫升，抗菌药物的浓度单位为微克/毫升。

表 2　蠔猪刺、乌樟水提物和抗菌药物联合药敏试验结果

Table 2　Combined antimicrobic susceptibility test results of *Berberis julianae Schneid*、*Cinnamomum camphora*（*L.*）Presl *and antibiotics*

药物组合 Drug combination	部分抑菌浓度指数（FIC） Fractional inhibitory concentration（FIC）
蠔猪刺-红霉素 *Berberis julianae Schneid-Erythromycin*	0.508
蠔猪刺-替米考星 *Berberis julianae Schneid*-Tilmicosin	1.5
蠔猪刺-林可霉素 *Berberis julianae Schneid*-Lincomycin	1.5
乌樟-红霉素 *Cinnamomum camphora*（*L.*）*Presl-Erythromycin*	0.508
乌樟-替米考星 *Cinnamomum camphora*（*L.*）*Presl-Tilmicosin*	0.508
乌樟-林可霉素 *Cinnamomum camphora*（*L.*）*Presl-Lincomycin*	0.625
乌樟-蠔猪刺 *Cinnamomum camphora*（*L.*）*Presl-Berberis julianae Schneid*	2

3 讨论

3.1 煎煮过程对乌樟和蠓猪刺有效成分的影响

在煎煮过程中，乌樟和蠓猪刺中某些有效成分可能会有不同程度的损失，导致药物抑菌能力与抗生素相比不是十分理想，其主要原因为药物的有效成分不溶于水或者药物的有效成分性质不稳定，在遇到热源时易遭到破坏，导致其抑菌能力差，从而对试验结果造成一定影响，因此如何排除煎煮过程中各因素对中药抑菌效果的影响至关重要。

3.2 水提法提取乌樟和蠓猪刺优缺点分析

水提法较其他提取方法具有设备简单、成本低、操作简便易行等优点，尤其是中药提取物往往是多种成分的混合物，抑菌效果可能是各种成分共同发挥作用的结果，因此水提法广泛应用于植物药材有效成分的初步提取。在本试验的预试验中，采用水提法对乌樟和蠓猪刺根、茎和叶子等不同部位分别进行提取比较，其抑菌效果相差不大，在一定程度上可以保证试验的顺利进行。

3.3 中草药饲料添加剂在畜牧生产中的应用

大量试验的研究结果证实，中草药中含有蛋白质、糖类、脂类、维生素、微量元素、鞣质、色素、皂苷等物质[9-11]，具有增强机体免疫力、预防和治疗畜禽疾病、增进机体新陈代谢能力、促进蛋白质和酶的合成，以及提高动物生产性能等多重功效[12,13]。同时，针对乌樟和蠓猪刺分布区域比较广和采集方便等优点，我们设想是否可以考虑将蠓猪刺和乌樟作为中草药饲料添加剂，充分发挥其无毒、无害、低残留且不易产生耐药性的优点，还可大大增强家禽的免疫力，达到预防疾病的目的。因此，在下一步的试验中我们将继续研究其体内抑菌效果及其对细菌性感染疾病的防治，从而为其后续研究奠定一定基础。

参考文献（略）

鸡屎藤与鱼鳅串和抗生素联合抑菌试验研究①

摘要［目的］考察鸡屎藤、鱼鳅串水提物的体外抗菌活性及其与常用抗生素的联合抑菌效果。［方法］以金黄色葡萄球菌 CMCC29178 和大肠埃希氏菌 ATCC25922 标准菌株为检测菌，采用微量肉汤稀释法测定其最小抑制浓度（MIC）和联合抑菌指数（FIC）。［结果］鸡屎藤、鱼鳅串水提物对金黄色葡萄球菌和大肠埃希氏菌都具有一定的抑菌效果，与常用抗菌药物合用表现出不

① 本研究资料由西南民族大学生命科学与技术学院提供，发表在《安徽农业科学》杂志。

同程度的协同或相加效应。［结论］水提法可广泛用于对具有抗菌活性的植物药材的初步筛选。

关键词　鸡屎藤；鱼鳅串；抗生素；最小抑菌浓度

Antibacterial Effect of *Herba paederiae* and *Kalimeris indica* (*L.*) *Sch.-Bip* Combined with Antibiotics

Abstract: [Objective] To observe the in-vitro antibacterial activity of *Herba paederiae* and *Kalimeris indica* (*L.*) *Sch.-Bip* and their antibacterial effect when being used with commonly used antibiotics. [Method] *Staphylococcus aureus* CMCC29178 and *Escherichia coli* ATCC 25922 reference strains were used. The minimal inhibitory concentration (MIC) and fractional inhibitory concentration (FIC) index were determined using the broth microdilution method. [Result] The aqueous extracts of *Herba paederiae* and *Kalimeris indica* (*L.*) *Sch.-Bip* had certain antibacterial effects on *Staphylococcus aureus* and *Escherichia coli*. Synergistic effects or additive effects at different degrees were observed when they were applied with the commonly used antibiotics. [Conclusion] Water extraction can be widely used to primarily screen medicinal plants with antibacterial activity.

Key words: *Herba paederiae*; *Kalimeris indica* (*L.*) *Sch.-Bip.*; Antibiotic; Minimal inhibitory concentration

不合理使用抗生素，尤其是在广泛持续亚抑菌浓度的抗生素压力下，细菌会对抗菌药物产生不同程度的耐药性。如何恢复细菌对抗生素的敏感性已成为当今人们关注的问题[1]，而中草药对细菌耐药性的逆转作用也逐步成为一种新的研发途径和思路。鸡屎藤作为传统的中草药，在临床上广泛应用于消化系统疾病的治疗[2-3]，对金黄色葡萄球菌、痢疾杆菌、肺炎双球菌等都具有抑制作用，在兽医临床上也有广泛应用[4-5]。鱼鳅串，又名田边菊、马兰，属于菊科植物，人医临床上常被用于吐血、便血、外伤出血、咳嗽、小儿急性支气管炎、小儿疮积、腹泻、胃炎和胃溃疡等疾病的治疗[6-8]，兽医临床上也常被用于牛羊流行性感冒、家兔流行性感冒、鸭白痢、鸡瘟等疾病的防治[9-12]。笔者探讨了鸡屎藤与鱼鳅串和常用抗菌药物联合使用对金黄色葡萄球菌和大肠杆菌标准菌株的抑菌效果。

1 材料与方法

1.1 试验药物 鸡屎藤全草采自贵州省遵义市凤冈县凌云村，主要生长在阴坡的沙质酸性土壤；鱼鳅串采自四川省崇州市济民场田间土埂；抗菌药物（大观霉素、替米考星、红霉素、链霉素、泰乐菌素、阿米卡星、恩诺沙星、利福平、土霉素、氟苯尼考和庆大霉素）购自中国兽医药品监察所，除恩诺沙星 640 微克/毫升外，其余抗菌药物临用前配成 5 120 微克/毫升的母液，备用。

1.2 菌种 标准菌株金黄色葡萄球菌 CMCC29178，购自中国医学微生物菌种保藏管理中心；大肠埃希菌 ATCC25922 由西南民族大学兽医药理学教研室保存。

1.3 鸡屎藤和鱼鳅串水提物的制备 分别将采集的鸡屎藤和鱼鳅串样品适当清洗，除去表面的污渍和泥沙，剪成约 2 厘米长短的小段后 37℃烘干。取干品 120 克，置于烧杯中加蒸馏水 1 000 毫升浸泡 120 分钟，煮沸后文火煎煮 30 分钟，滤出煎液；再分别各加蒸馏水 1200 毫升煎煮 2 次，合并 3 次煎煮液后浓缩定容至 120 毫升，使水提物相当于干物质的含量为 1 克/毫升，121℃高压 15 分钟后置于 4℃冰箱保存备用。

1.4 菌悬液的制备 将上述供试菌种经 LB 肉汤活化 12 小时后，制成含菌数为 10^5～10^6个菌落单位/毫升的菌悬液。

1.5 抑菌试验 参照美国临床实验室标准化委员会（NCCLS）推荐的微量肉汤稀释法，对鸡屎藤、鱼鳅串水提物和克林霉素等抗菌药物进行最小抑菌浓度（MIC）的测定。考虑到药物颜色对试验结果的影响，鸡屎藤和鱼鳅串水提物同时作药物对照（即重复 1 个稀释系列，该系列各孔不加菌液）。联合药敏试验采用棋盘稀释法：96 孔细胞培养板的前 8 列各孔加入 100 微克 MH 肉汤后，在第 1 列各孔加 100 微克 8MIC 值浓度药物 A，依次倍比稀释至第 8 列，同样在第 1 行前 8 孔各加 100 微克 8MIC 值浓度药物 B，依次倍比稀释至第 8 行，最后在除第 8 列和第 8 行的各孔加入 100 微克制备好的菌悬液，37℃培养12～16 小时后，计算联合抑菌指数（FIC）。

2 结果与分析

从表 1 可以看出，鸡屎藤和鱼鳅串对大肠杆菌和金黄色葡萄球菌的最小抑菌浓度均为 0.25 克/毫升，其他抗菌药物对大肠杆菌和金黄色葡萄球菌的最小抑菌浓度在 NCCLS 提供的质控范围之内。

从表 2 可以看出，虽然鸡屎藤对大肠杆菌和金黄色葡萄球菌的最小抑菌浓度一样，但是鸡屎藤与鱼鳅串和抗菌药物对大肠杆菌和金黄色葡萄球菌联合杀菌试验结果表现出协同或相加效应。

表 1　鸡屎藤、鱼鳅串水提物和抗菌药物对大肠杆菌和金黄色葡萄球菌的最小抑制浓度

药物种类	各药物对菌株的最小抑制浓度	
	大肠杆菌	金黄色葡萄球菌
鸡屎藤	0.25	0.25
鱼鳅串	0.25	0.25
大观霉素	32.00	64.00
替米考星	—	4.00
红霉素	—	1.00
链霉素	4.00	8.00
泰乐菌素	—	4.00
阿米卡星	2.00	2.00
恩诺沙星	0.03	0.06
利福平	4.00	0.01
土霉素	2.00	0.05
氟苯尼考	8.00	8.00
庆大霉素	0.05	0.05

注：鸡屎藤和鱼鳅串的最小抑制浓度单位为克/毫升，抗菌药物的最小抑制浓度单位为微克/毫升。

表 2　鸡屎藤与鱼鳅串和抗菌药物对大肠杆菌和金黄色葡萄球菌的联合药敏试验结果

药物种类	各药物组合对菌株的联合抑菌指数（FIC）	
	大肠杆菌	金黄色葡萄球菌
鸡屎藤-鱼鳅串	0.750	1.000
鸡屎藤-大观霉素	0.625	0.280
鸡屎藤-替米考星	—	0.750
鸡屎藤-红霉素	—	0.750
鸡屎藤-链霉素	0.625	0.313
鸡屎藤-泰乐菌素	—	0.625
鸡屎藤-阿米卡星	0.500	0.500
鸡屎藤-恩诺沙星	<0.500	<0.500
鸡屎藤-利福平	1.000	<0.500
鸡屎藤-土霉素	0.500	1.000
鸡屎藤-氟苯尼考	0.500	0.750
鸡屎藤-庆大霉素	1.000	0.500

3 讨论

3.1 煎煮对药物有效成分的影响 在煎煮过程中，药物中某些有效成分可能会有不同程度的损失，导致药物抑菌能力下降甚至失去抑菌作用，其主要原因为药物有效成分不溶于水或者药物的有效成分性质不稳定，在遇到热源时易遭到破坏，导致其抑菌能力下降，从而对试验结果造成一定的影响。但是水提法较其他提取方法具有设备简单、成本低、操作简便易行等优点，尤其是中药提取物往往是多种成分的混合物，抑菌效果可能是各种成分共同发挥作用的结果。具体是哪种成分发挥主要作用还有待进一步研究，但水提法已被广泛用于对具抗菌活性的植物药材的初步筛选。

3.2 中药提取物颜色对试验结果判定的影响 中药尤其是复方制剂在煎煮过程中都会因药物颜色的因素对结果判定造成一定的影响，而且药物和肉汤混合后有时也会发生一些颜色深浅的变化，因此在进行中药的最小抑菌浓度测定时，建议同时作药物本身的对照，以监测药物本身颜色和药物与肉汤混合后颜色的变化。

参考文献（略）

附　　录

附表1　各种家畜不同年龄的用药比例

家畜名称	年龄	用药比例	家畜名称	年龄	用药比例
马	1～12岁	1	牛	3～8岁	1
	15～20岁	3/4		10～15岁	3/4
	2～5岁	1/2		15～20岁	1/2
	2岁	1/2		2岁	1/2
	1岁	1/12		4～8月龄	1/8
	2～6月龄	1/24		1～4月龄	1/16
猪	1.5岁以上	1	羊	2岁以上	1
	9～18月龄	1/2		1～2岁	1/2
	4～9月龄	1/4		0.5～1岁	1/4
	2～4月龄	1/8		3～6月龄	1/8
	1～2月龄	1/16		1～3月龄	1/16

附表2　不同种类畜禽用药量比例

畜禽名称	体重	用药比例	畜禽名称	体重	用药比例
马	300千克	1	猪	60千克	1/8～1/5
驴	150千克	1/3～1/2	犬	15千克	1/16～1/10
黄牛	300千克	$1\sim1\frac{1}{4}$	猫	3千克	1/32～1/20
牦牛	350千克	$1\sim1\frac{1}{2}$	鸡	1.5千克	1/50～1/20
羊	30千克	1/6～1/5			

附表3　常见毒药中毒症状和解救方法

药名	中毒症状	急救方法
大戟	咽部充血，肿胀、呕吐、剧烈腹痛。重者昏迷、痉挛、瞳孔散大，继呼吸麻痹，死亡	0.1%高锰酸钾洗胃。输液。注射可拉明、咖啡因

（续）

药名	中毒症状	急救方法
狼毒大戟	同大戟	同大戟
乌头类（包括铁棒七，雪上一枝蒿）	口腔发热，流涎，呕吐，腹泻，皮肤、口舌有蚁行感。全身麻木，脉转迟缓，血压下降，瞳孔散大，呼吸和心脏麻痹，继之死亡	①洗胃。给呼吸中枢兴奋药。输液，强心。腹痛服阿托品； ②布郎尔蕨同甘草煎服； ③远志1两，防风1两煎服； ④墨地3～5个研服； ⑤诃子2～3个同母山羊血10毫升内服
狼毒	同乌头	白蔹1两，水煎服。盐水2杯，或地浆2杯可解
照山白杜鹃	初期呕吐、腹泻，继之昏迷、血压下降，严重时呼吸麻痹	0.1%高锰酸钾洗胃。输液。服一剂常用解毒药。呼吸麻痹时注射可拉明。也可用：①栀子一两煎服；②松针叶煎水服
陇蜀杜鹃	同照山白杜鹃	同照山白杜鹃
野罂粟 绿绒蒿	嗜睡，呕吐，瞳孔散大，昏睡，脉搏缓慢，体温下降，心脏麻痹致死	洗胃，注射樟脑、士的宁、浓茶。昏迷时，注射抗生素，防止并发肺炎
苦参	流涎、步态不整。抽搐痉挛，呼吸频数，最后呼吸麻痹死亡	输液，镇静，服鲁米拉。呼吸抑制，注射咖啡因，可拉明
五朵云	恶心呕吐，腹痛腹泻，眩晕虚脱	镇静输液。肠黏膜保护剂
一枝蒿	头昏、眼花、呕吐气促	洗胃、镇静，（氯丙嗪、巴比妥）输液。甘草1～2两煎水服
羽叶千里光	参看一枝蒿	参看一枝蒿
黄花蒿	参看一枝蒿	参看一枝蒿
类叶升麻	头昏，惊厥，呕吐	洗胃、催吐、导泻、输液，镇静。服巴比妥、氯丙嗪
飞燕草	恶心呕吐，腹痛便秘，四肢强直	同类叶升麻
秋牡丹	腹痛、腹泻、呕吐、抽搐；谵妄、麻痹	0.1%高锰酸钾洗胃。输液
毛茛	同秋牡丹	同秋牡丹
常山	剧烈呕吐，腹泻，虚脱。血压下降，呼吸迫促	洗胃，输液，注射阿托品。虚脱、血压下降，可用兴奋剂
铁线莲	同秋牡丹	同秋牡丹
紫堇	昏迷、嗜睡，呕吐，脉缓，呼吸困难，心脏麻痹	内服华榭蕨、布郎尔蕨。洗胃、注射阿托品、可拉明。人工呼吸
天南星	咽部灼热，疼痛，声音嘶哑	保持口腔清洁，服姜汁可解，用止痛药

（续）

药名	中毒症状	急救方法
百部	呼吸徐缓，终因呼吸麻痹而死	输液、注射可拉明、咖啡因，人工呼吸
龙葵	咽部烧灼，头晕、头痛、恶心、呕吐、腹泻、体温下降。严重时常因呼吸麻痹，心脏衰竭而死	洗胃、输液、注射阿托品。呕吐剧烈，可注射冬眠灵25毫克。后期，呼吸麻痹，心脏衰弱时，用中枢神经兴奋药
白英	同龙葵	同龙葵
镰形棘豆	初期流涎，步态蹒跚，脉弱，呼吸加快。后期昏迷，呼吸麻痹而死	诃子研末内服（每服棘豆50克，诃子应用25克）
问荆	兴奋、眩晕、踉跄。严重时昏迷、全身痉挛、麻痹死亡。慢性中毒引起营养障碍	早期兴奋，眩晕时用镇静药 后期昏睡时，用咖啡因强心
木贼	汗出、小便多、腹泻。重病出现瘫痪，呼吸困难	饮水输液。后期用兴奋药
火麻	先兴奋、后沉睡。幻觉。脉频数不整，最后虚脱、瞳孔散大。慢性中毒，可形成狂躁，痴呆	洗胃，输液（5%葡萄糖生理盐水），对症疗法：兴奋、狂躁用镇静药。虚脱、衰竭注射可拉明
酸模	腹泻、肾炎、膀胱炎	输液。内服曼陀罗、莨菪可解
多葶驴蹄	溶血、尿道疼痛，胃胀出血	补液
曼陀罗	兴奋、狂躁、痉挛，口干，呕吐，瞳孔散大，脉速	洗胃、导泻、安静、服水合氯醛
莨菪	同曼陀罗	同曼陀罗。同时服山羊血、酸菜水
天仙子	呼吸麻痹	同莨菪。草木灰三钱、调水杯取澄清液内服，效果甚好
马先蒿	呕吐，腹泻，肠炎	洗胃输液，注射阿托品

参 考 文 献

尕尔戈，齐麦．1977. 藏兽医经验介绍［J］．畜牧兽医通讯（2）：35-44.

尕尔戈．1993. 藏兽医方药选辑（一）［J］．西南民族大学学报（自然科学版），19（3）：229-237.

何文，安海宏，张富亨，等．2009. 藏兽药治疗羔羊拉稀［J］．畜牧兽医杂志，28（6）：118.

江士辰，陆宏开．1977. 藏兽医验方选（三）——若尔盖县红星公社兽防站内、外、产科病验方［J］．西南民族大学学报（自然科学版）（1）：23-35.

江士辰．1980. 藏兽医验方选（五）——色达县大则公社藏兽医验方（续）［J］．西南民族学院学报（畜牧兽医版）（1）：36-41.

鲁国义．1986. 藏兽医治疗家畜疥癣病验方［J］．中国兽医科技（12）：56.

鲁国义．1988. 藏兽医对家畜肺炎和结症的治疗验方［J］．中兽医学杂志（1）：40-41.

陆宏开．1984. 藏兽医治疗几种牦牛病的经验［J］．西南民族大学学报（自然科学版）（4）：66-67.

若尔盖县红星公社兽防站．1975. 藏兽医验方选（一）［J］．畜牧兽医通讯（1）：44-49.

若尔盖县红星公社兽防站．1976. 藏兽医验方选（二）［J］．畜牧兽医通讯（1）：27-37.

若尔盖县红星乡兽防站．2011. 藏兽医验方选［M］．四川：四川民族出版社．

索南木．1983. 藏兽医验方、单方和偏方选［J］．西南民族大学学报（自然科学版），19（3）：59-61.

田淑琴，邓孝廷，张琦．1997. 常用藏药志［M］．四川：四川科学技术出版社．

涂立新．2002. 反相高效液相色谱法测定蠓猪刺根中盐酸小檗碱的含量［J］．湖南中医药导报，8（3）：131-133.

西南民族学院畜牧兽医教研组．1977. 藏兽医验方选（四）——色达县大则公社藏兽医验方［J］．畜牧兽医通讯（2）：28-34.

闫文德，陈书军，田大伦，等．2005. 樟树人工林冠层对大气降水再分配规律的影响研究［J］．水土保持报，25（6）：10-13.

姚海潮，色珠，拉巴次旦，等．2010. 一复方藏兽药体外抗菌活性及药效学实验研究［J］．广东畜牧兽医科技．

于船，陈子斌．2000. 现代中兽医大全［M］．广西：广西科学技术出版社．

《藏兽医经验选编》编写组．1979. 藏兽医经验选编［M］．北京：农业出版社．

YANG H J，CHEN J X，TANG S H，et al. 2009. New drug R&D of traditional Chinese medicine-role of data mining approaches［J］. Journal of biological systems，17（3）：329-347.